모여서 살기

내일의 공동 주택 설계를 위한
디자인 사례 탐구

居住空間デザイン講師室 編著
주거 공간 디자인 건축 강의 그룹 편저

김경연 · 전병권 옮김

MGH Books

주거 공간 디자인 건축 강의 그룹

이레이 사토시 伊礼智 _ 이레이 사토시 설계실 대표
이와이 타츠야 岩井達弥 _ 이와이 루미메디아 디자인 IWAI LUMIMEDIA DESIGN 대표
카메이 야스코 亀井靖子 _ 니혼대학 日本大学 생산공학부 건축공학과 주거 공간 디자인코스 전임강사
키노시타 미치오 木下道郎 _ 키노시타 미치오 워크숍 대표
키노시타 요코 木下庸子 _ 설계그룹 ADH 대표, 고카쿠인대학 工学院大学 공학부 건축학과 교수
쿠로사와 타카시 黒沢隆 _ 쿠로사와 타카시 연구실
쿠와야마 히데야스 桑山秀康 _ 쿠와야마 디자인사무소 대표
시노자키 켄이치 篠崎健一 _ 소켄 創建 대표
소네 요코 曾根陽子 _ 니혼대학 생산공학부 건축공학과 주거 공간 디자인코스 교수
나카무라 요시후미 中村好文 _ 레밍하우스 Lemming House 대표,
　　　　　　　　　 니혼대학 생산공학부 건축공학과 주거 공간 디자인코스 교수
나카야마 시게노부 中山繁信 _ TESS계획 연구소
야치다 아키오 谷内田章夫 _ 야치다 아키오 워크숍
와타나베 야스시 渡辺康 _ 와타나메 야스시 건축연구소

표지 디자인

야마구치 디자인 사무소 山口デザイン事務所 / 야마구치 노부히로 山口信博, 오오노 아카리 大野 あかり

모여서 살기

목 차

제1장. 모여 사는 〈형식〉 ············ 009

나열하다 ············ 012
둘러싸다 ············ 014
밀집하다 ············ 022
분산하다 ············ 026
독립하다 ············ 028
연결하다 ············ 030
단면상에서 조합하다 ············ 032
입체적으로 조합하다 ············ 036

⊙ COLUMN
시 랜치 Sea Ranch ············ 016
객가客家 주택 ············ 020

제2장. 모여 사는 〈관계〉 ············ 041

영역을 다이어그램으로 생각하기 ············ 044
사람 중심으로 생각하기 ············ 046
프리 스페이스 Free-Space ············ 050
공적 공간과 사적 공간의 중간 영역 ············ 052
접근 공간의 장치 ············ 054
자연과의 중간 영역 ············ 060
분리된다는 것 ············ 062

⊙ COLUMN
표출 ············ 056
사람이 모이는 장소 ············ 058
시선을 모으는 빛 ············ 064
대상을 나누는 빛 ············ 066
시타마치下町 나가야長屋의 생활 ············ 068

제3장. 모여 사는 〈구조〉 ············ 073

1인 주거 ············ 076
셰어 하우스 ············ 084
참여 ············ 092
지속가능성Sustainability ············ 096
공공 주택Public-Housing ············ 100

⦿ COLUMN
'개인용 주거 단위'라는 과제 ············ 078
코 하우징 ············ 088

제4장. 모여 사는 〈장소〉 ············ 105

외부의 적 ············ 108
혈연 ············ 110
지형·자연·풍토 ············ 112
도시·거리·도로 ············ 116
농촌의 구조 ············ 118
자연의 구조 ············ 120
백년의 계획 ············ 122
녹지와 코먼 ············ 124
랜드스케이프Landscape ············ 126

⦿ COLUMN
마 비스타 하우징Mar Vista Housing ············ 130
다섯 개의 하드웨어와 하나의 소프트웨어 ············ 132

참고 사례 건축 개요 ············ 136
참고 문헌 ············ 142
마치며 ············ 147
저자 약력 ············ 148

들어가면서

우리는 대체로 도시와 거리, 주택지 등의 마을에서 산다.
내가 사는 집의 이웃에는 타인의 집이 있다. 또한 집안에는 개인이 쓰는 방과 특정한 그룹(가족이나 같은 건물에 사는 사람들 등)이 함께 사용하고 교류하는 복도, 방, 마당 등을 가질 수도 있으며, 집밖에는 골목과 공원이나 도서관이나 역 등의 누구나 이용할 수 있는 장소도 있다. 즉, 자신만이 사용하는 전용의 장소, 여러 명이 함께 쓰는 공용의 장소, 모두가 이용 가능한 공공의 장소가 있어서 경우에 따라 이 공간들을 사용하고 있다.

실제 생활의 영역에서는 그 같은 전용, 공용 및 공공의 공간은 뒤섞여서 일체가 된다. 이런 측면에서 보면 단독 주택이나 아파트나 세계의 어느 도시나 마을에서도 밀도라든지 형태라든지 또는 평면 구조 등의 세세한 차이는 있더라도 현실은 공통점이 더 많다.
이처럼 '모여서 살기'라는 관점에서 본다면 세계의 도시와 마을을 하나의 공동 주택으로 생각할 수도 있다. 예를 들면, 이탈리아나 프랑스 또는 이슬람 국가들의 도시나 일본 교토京都의 상가 지역 등에서는 건물을 지을 수 있는 토지의 면적이 한정되어 있다. 따라서 인구 밀도 역시 높다. 이런 도시들에서는 단위 블록 속의 건물들이 한 덩어리를 이루어 관계를 맺고 있는 것을 알 수 있으며, 골목과 중정은 아파트의 복도와 외부 공간처럼 좁다. 하지만 그런 환경 속에서도 이웃과의 관계가 잘 유지되도록 하고, 여러 가지 일들을 수행 하는데 편리할 뿐만아니라, 풍부하고 매력적인 생활 환경을 만들어 내도록 다양한 연구들이 이루어졌다. 이런 연구들을 살펴보면, 우리가 단독 주택이나 공동 주택 등을 계획할 때 고려할 수 있는 귀중한 힌트들을 충분히 찾을 수 있을 것이다.

이러한 배경으로 이 책에서는 중요한 힌트가 될 만한 풍부한 사례들을 4가지 측면에서 소개하고 있다.
제1장에서는 〈모여서 살기-형식〉을 공동 주택을 중심으로 탐구해본다. 모여 사는 방법에도 다양한 종류와 특징들이 나타남을 알 수 있다.
제2장에서는 〈모여서 살기-관계〉를 커뮤니티와 프라이버시의 시점에서 보다 상세하게 해석해 본다. 그 관계가 주거 환경을 좌우하는 요소 중 하나임을 알 수 있을 것이다.

제3장에서는 〈모여서 살기-구조〉에 주목하여 고찰한다. 함께 사는 사람과 사람 사이의 관계까지 파고들면 새로운 가능성이 확대될 것이다.
제4장에서는 〈모여서 살기-장소〉를 보다 넓은 교외나 마을의 차원에서 생각해 본다. 단독 주택지에서도 아직 생각해 볼 것이 있음을 알게 될 것이다.

전체적인 관점에서 체계를 구성하기보다 다양한 사례를 펼쳐놓고 보는 것이 더 흥미로울 것이고, 새로운 가능성을 부각시킬 수도 있을 것이다. 오늘날의 경우들 또는 오래된 다양한 사례들을 비교해 보면 모이는 방식은 비슷하면서도 구체적으로는 다른 여러 가지 방법이 있음을 알 수 있다. 공동 주택이나 마을의 섬세한 배치 방식이나 주민들의 관계에 이르기까지 다양한 규모와 수준에서 공통된 점, 혹은 차이점들이 다시 보이게 될 것이다.
이 책에서는 기본적으로 도면의 북쪽을 위로 하고, 배치도는 1/1000(1cm가 10m), 단위 주호간의 구성과 관계를 나타내는 도면은 1/500(1cm가 5m), 단위 주호의 도면은 대체로 1/200(1cm가 2m)의 축척에 맞추어 10mm 간격의 그리드에 표현하였다. 아마도 이 책을 열면 스케치북에 그려진 도면을 보는 것처럼 느껴질 것이다.
또한 이 책에서 다루는 것은 사례의 일부로 책의 마지막에 참고 자료와 참고 문헌을 제시하였으므로 더 관심을 갖게 되면 더욱 깊이 있게 알아볼 수 있을 것이다.

마지막으로 이 책은 '미야와키 마유미 주택 설계 학원宮脇檀住宅設計塾'의 공동 주택 편으로서 니혼대학日本大学 생산공학부 건축공학과 '주거 공간 디자인코스'의 강사진들이 정리한 것이다.
처음에는 학생들의 공동 주택 설계입문에 도움을 주는 차원에서 시작한 작업이었다. 하지만, 논의 과정에서 앞으로 공동 주택을 건축학으로 접하게 되는 경우라면 넓은 차원에서 '모여 산다는 것은 무엇인가'라는 명제를 바탕에 두고 공동 주택을 고려해야 될 것임을 새삼 깨닫게 되었다. 그것은 주거 환경이나 도시를 생각하는 맥락과도 서로 이어져 있는 것이다.

2010년 9월
주거 공간 디자인 건축 강의 그룹居住空間デザイン講師室 대표, 와타나베 야스시渡辺康

집필분야

◎ 장 담당(게재순)

와타나베 야스시渡辺康　　제1장 모여서 살기〈형식〉
키노시타 미치오木下道郎　　제2장 모여서 살기〈관계〉
야치다 아키오谷内田章夫　　제3장 모여서 살기〈구조〉
이레이 사토시伊礼智　　제4장 모여서 살기〈장소〉/ pp.106-117
시노자키 켄이치篠崎健　　제4장 모여서 살기〈장소〉/ pp.108-129

◎ 칼럼(게재순)

나카무라 요시후미中村好文　　시 랜치Sea Ranch (제1장)
소네 요코曾根陽子　　객가客家 주택(제1장), 표출(제2장)
쿠와야마 히데야스桑山秀康　　사람이 모이는 장소(제2장)
이와이 타츠야岩井達弥　　시선을 모으는 빛(제2장), 대상을 나누는 빛(제2장)
나카야마 시게노부中山繁信　　시타마치下町·나가야의長屋 생활(제1장)
쿠로사와 타카시黒沢隆　　'개인용 주거 단위'라는 과제(제3장)
키노시타 요코木下庸　　코 하우징Co Housing (제3장)
카메이 야스코亀井靖子　　마 베스타 하우징Mar Vista Housing (제4장)
미야와키 마유미宮脇檀　　다섯 개의 하드와 하나의 소프트(제4장)

모여서 살기

제1장

모여 사는 〈형식〉

[1-1]
베네치아Venezia의 블록/이탈리아Italy

[1-2]
튀니스Tunis의 블록/튀니지Tunisia

'모여서 살기'라는 관점에서 생각해보면 단독 주택이나 공동 주택을 계획할 때, 또는 가로나 지역을 계획할 때 계획 방법이 각각 다르다고 주장하는 것은 조금 이상하다.

확실히 계획하는 관점에서 보면 소유 형태도 다르고 완공 시기도 저마다 다르게 한 채씩 건설할지, 혹은 여러 세대를 한 번에 제공할지는 차이가 있으며, 특히 여러 세대가 함께 거주하는 공동 주택의 경우에는 거주인에게 공통되는 속성이 있는지 등의 차이는 중요하다. 하지만 어떤 시설을 사용하거나, 주택에 주거하는 사람의 입장에서 이런 환경을 어떻게 이용할 것인지 생각해보면 도심 주택, 교외 주택, 타운하우스나 공동 주택, 나아가 기숙사나 양로원이라도 이는 모두 단위 주호의 집합으로 볼 수 있으므로 구별하지 않고 고려해야하는 공통된 속성이 있는 것이다. 즉

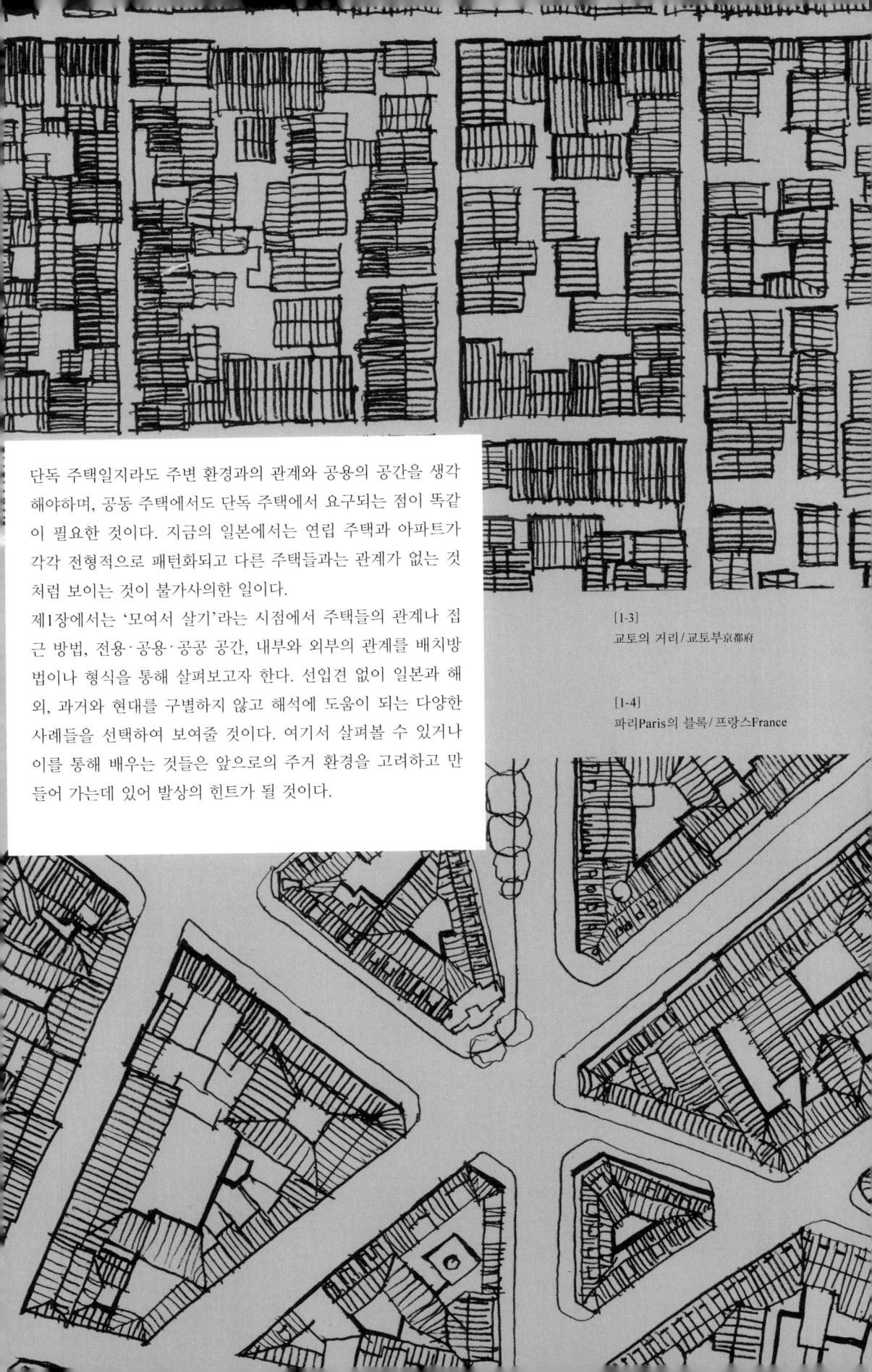

단독 주택일지라도 주변 환경과의 관계와 공용의 공간을 생각해야하며, 공동 주택에서도 단독 주택에서 요구되는 점이 똑같이 필요한 것이다. 지금의 일본에서는 연립 주택과 아파트가 각각 전형적으로 패턴화되고 다른 주택들과는 관계가 없는 것처럼 보이는 것이 불가사의한 일이다.

제1장에서는 '모여서 살기'라는 시점에서 주택들의 관계나 접근 방법, 전용·공용·공공 공간, 내부와 외부의 관계를 배치방법이나 형식을 통해 살펴보고자 한다. 선입견 없이 일본과 해외, 과거와 현대를 구별하지 않고 해석에 도움이 되는 다양한 사례들을 선택하여 보여줄 것이다. 여기서 살펴볼 수 있거나 이를 통해 배우는 것들은 앞으로의 주거 환경을 고려하고 만들어 가는데 있어 발상의 힌트가 될 것이다.

[1-3]
교토의 거리/교토부京都府

[1-4]
파리Paris의 블록/프랑스France

평면〈부분〉

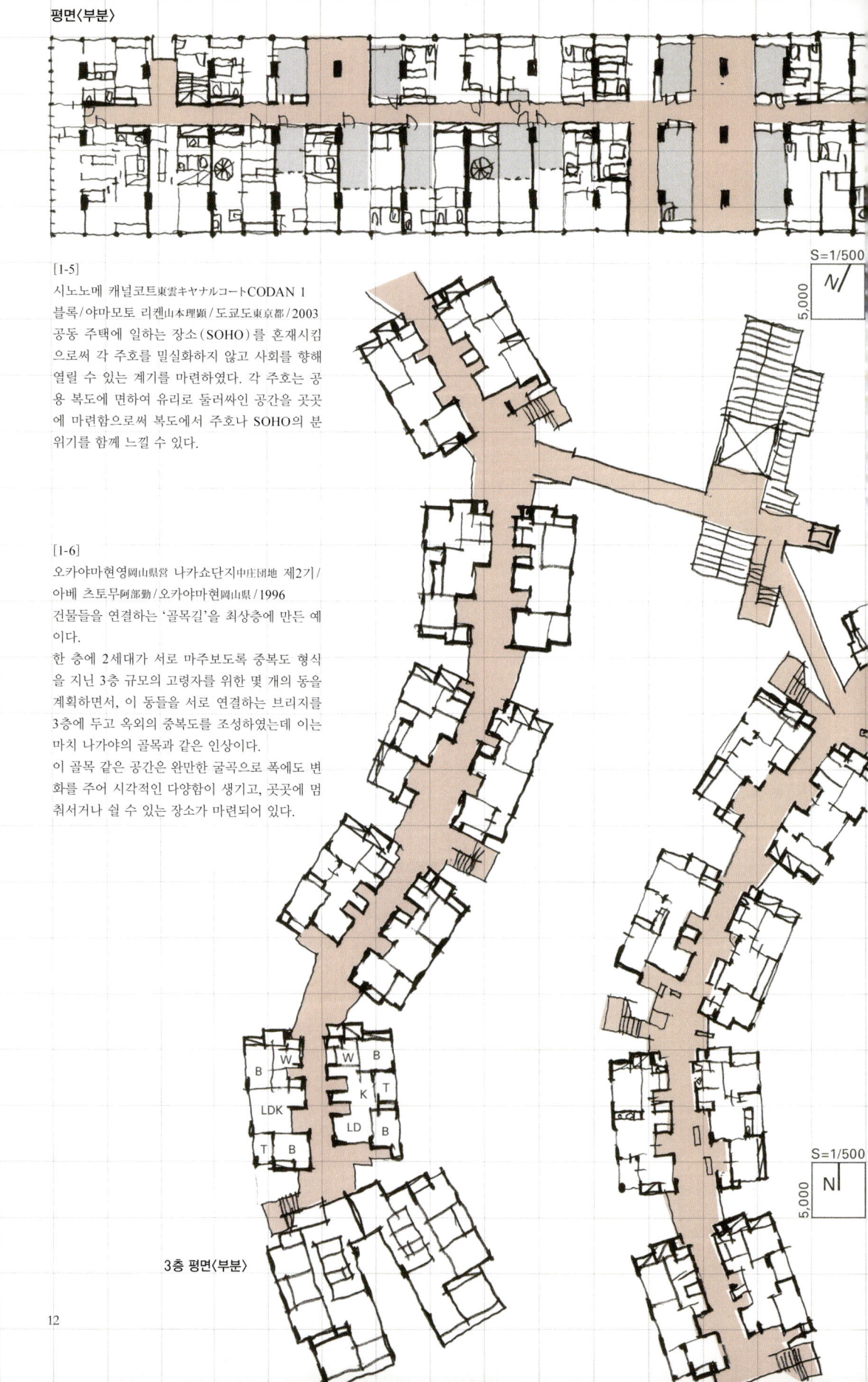

[1-5]
시노노메 캐널코트東雲キヤナルコートCODAN 1 블록/야마모토 리켄山本理顕/도쿄도東京都/2003
공동 주택에 일하는 장소(SOHO)를 혼재시킴으로써 각 주호를 밀실화하지 않고 사회를 향해 열릴 수 있는 계기를 마련하였다. 각 주호는 공용 복도에 면하여 유리로 둘러싸인 공간을 곳곳에 마련함으로써 복도에서 주호나 SOHO의 분위기를 함께 느낄 수 있다.

[1-6]
오카야마현岡山県영 나카쇼단지中庄団地 제2기/아베 츠토무阿部勤/오카야마현岡山県/1996
건물들을 연결하는 '골목길'을 최상층에 만든 예이다.
한 층에 2세대가 서로 마주보도록 중복도 형식을 지닌 3층 규모의 고령자를 위한 몇 개의 동을 계획하면서, 이 동들을 서로 연결하는 브리지를 3층에 두고 옥외의 중복도를 조성하였는데 이는 마치 나가야의 골목과 같은 인상이다.
이 골목 같은 공간은 완만한 굴곡으로 폭에도 변화를 주어 시각적인 다양함이 생기고, 곳곳에 멈춰서거나 쉴 수 있는 장소가 마련되어 있다.

3층 평면〈부분〉

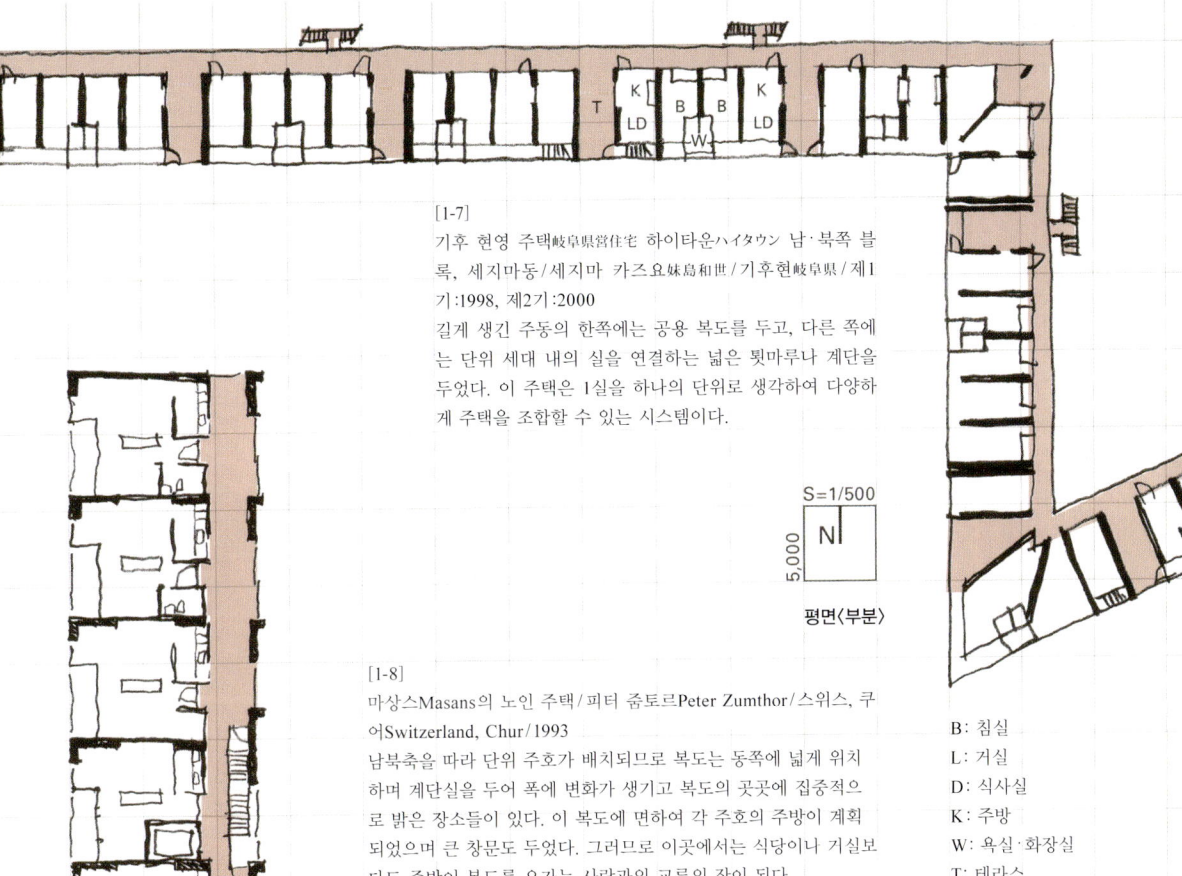

[1-7]
기후 현영 주택岐阜県営住宅 하이타운ハイタウン 남·북쪽 블록, 세지마동/세지마 카즈요妹島和世/기후현岐阜県/제1기:1998, 제2기:2000
길게 생긴 주동의 한쪽에는 공용 복도를 두고, 다른 쪽에는 단위 세대 내의 실을 연결하는 넓은 툇마루나 계단을 두었다. 이 주택은 1실을 하나의 단위로 생각하여 다양하게 주택을 조합할 수 있는 시스템이다.

S=1/500
평면〈부분〉

[1-8]
마상스Masans의 노인 주택/피터 줌토르Peter Zumthor/스위스, 쿠어Switzerland, Chur/1993
남북축을 따라 단위 주호가 배치되므로 복도는 동쪽에 넓게 위치하며 계단실을 두어 폭에 변화가 생기고 복도의 곳곳에 집중적으로 밝은 장소들이 있다. 이 복도에 면하여 각 주호의 주방이 계획되었으며 큰 창문도 두었다. 그러므로 이곳에서는 식당이나 거실보다도 주방이 복도를 오가는 사람과의 교류의 장이 된다.

B: 침실
L: 거실
D: 식사실
K: 주방
W: 욕실·화장실
T: 테라스

S=1/500
평면

나열하다

가로를 따라 주택이 늘어선 교토나 파리처럼 복도를 따라 단위 주호가 늘어선 형태는 계단이나 엘리베이터를 통해 여러 주택으로의 접근이 효율적으로 이루어질 수 있는 배치이다. 대부분의 공동 주택들은 경제성이 중시되고 시공 상으로도 효율이 좋은 똑같은 평면의 주호가 특별한 변화 없이 줄지어 배치되고, 공용의 복도 역시 좁고 북쪽에 위치하여 황량해지기 쉽다. 또, 외관도 한쪽은 테라스가 다른 쪽 복도가 일률적으로 배치되어 단조로워지고 주동의 볼륨도 커지므로 주위 환경에 대하여 이질적인 경우가 많다. 일찍이 미야와키 마유미宮脇檀는 '복도를 단지 복도로 생각할 것인가, 일종의 길로서 사람들의 접촉 장소로 볼 것인가'의 선택에서 "어두운 회색의 복도를 밝은 커뮤니티의 장으로 만들 수 있다"라고 하였다.

어느 조사에서 현관은 단독 주택에서는 '겉表'의 이미지가 강하지만, 아파트에서는 '속裏'의 이미지가 강하다고 하였다. 이 현관에 사는 사람의 표정을 드러내는 겉의 이미지가 나타나지 않으면 공용 공간에는 활력이 생기지 않을 것이며, 밝고 즐거운 장소가 될 수 없을 것이다.

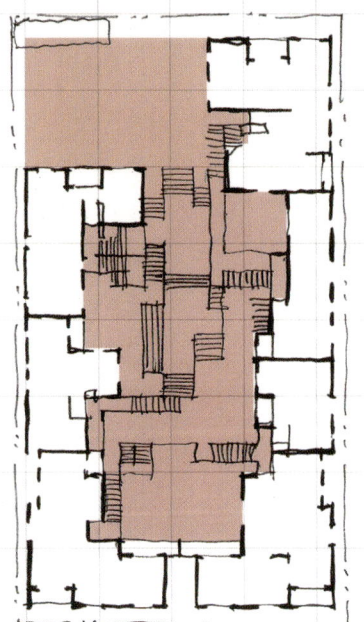

[1-9]
라비린스Labyrinth / 하야카와 쿠니히코早川邦彦 / 도쿄도 / 1989
지중해 프로치다Procida 섬의 마을처럼 색깔이 다른 여러 주호가 모여, 차곡차곡 겹쳐진 것처럼 중정을 에워싼다. 중정에는 각 주호로 접근하는 계단이 미로처럼 배치되어 있다. 이 '입체미로'의 곳곳에는 테라스도 있으며, 이동할 때마다 다양한 공간의 체험을 동반한다.

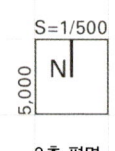

S=1/500

3층 평면

둘러싸다

대지의 규모가 어느 정도 여유가 있고 주위와 적극적으로 관계를 갖지 않아도 된다면, 중정을 두고 건물로 에워싸도록 배치할 수 있다. 그런 경우, 중정은 주위에 대해 보호된 오픈 스페이스가 되므로 여기에서 각 주호로 접근할 수 있다.

단독 주택의 중정인 경우도 마찬가지지만 중정을 둘러싸는 배치는 주위 상황에 영향을 받지 않는 독자적인 환경을 만들 수 있으므로 엄격한 형태의 질서를 가지는 마을이나 주거에서도 종종 볼 수 있는 형식이다. 공동 주택에서는 중정을 통해 거주인 사이의 일체감을 키울 수 있고 이를 친밀한 커뮤니케이션의 장으로 살릴 수도 있다. '나열하다'에 비하면 향에 따라 단위 주호의 환경에서 차이가 생기기 쉬우므로 계획적인 고려가 필요하다. 또 중정의 넓이와 에워싸는 건물 사이의 관계도 공간의 압박감과 친밀감의 균형이라는 측면에서 살펴봐야 한다.

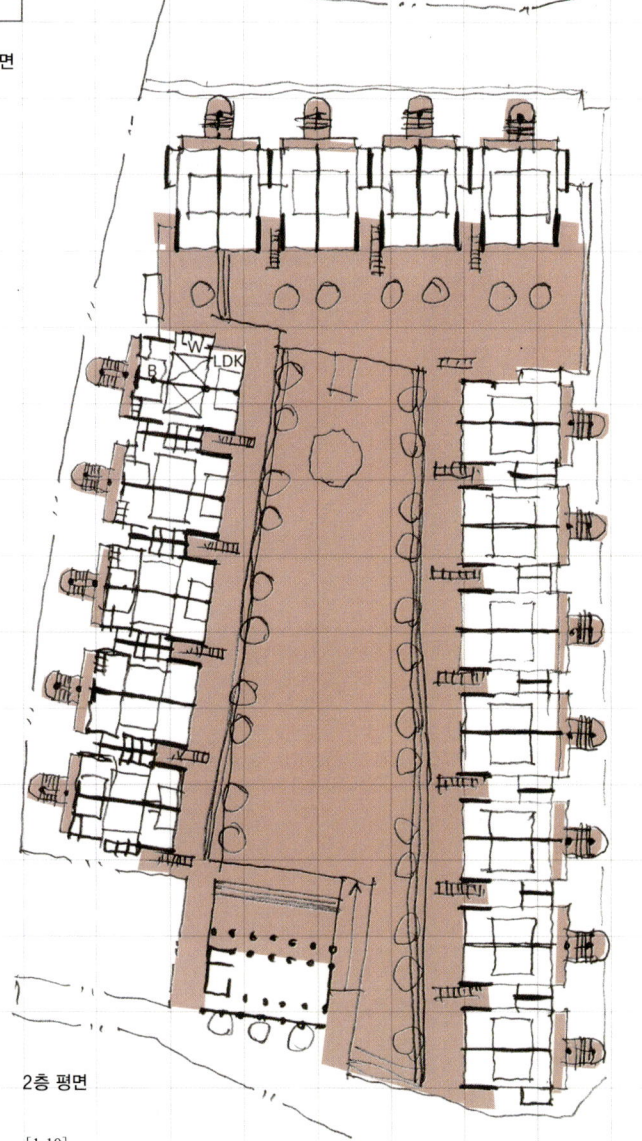

2층 평면

[1-10]
쿠마모토 현영熊本県営 호타쿠보保田窪 제1단지 / 야마모토 리켄 / 쿠마모토현熊本県 / 1991

각 주호는 외부와 중정 쪽으로 각각 계단을 가지며, 밖에서 주호를 통과하지 않으면 중정으로 들어갈 수 없다. 여기서는 각 주호와 공용부, 그리고 주택 단지 외부와의 관계에 대해서 어떻게 생각하는지를 되묻고 있다. 또 단위 주호의 평면도는 외부-방-거실의 순으로 배치되어 외부-각 주호-중정이라는 전체 배치와 연관성을 지니고 있다.

S=1/1000

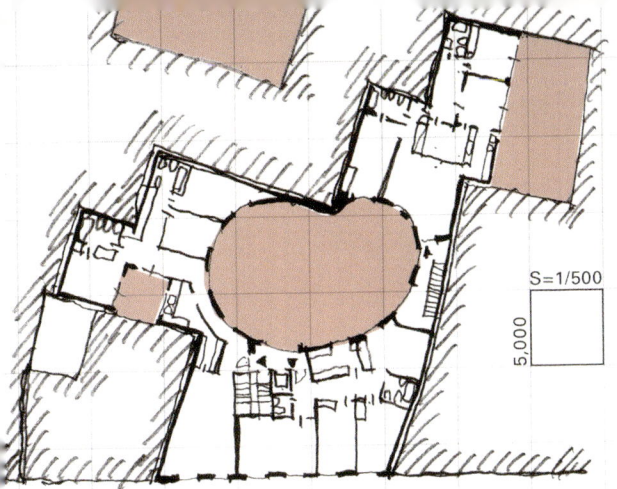

기준층 평면

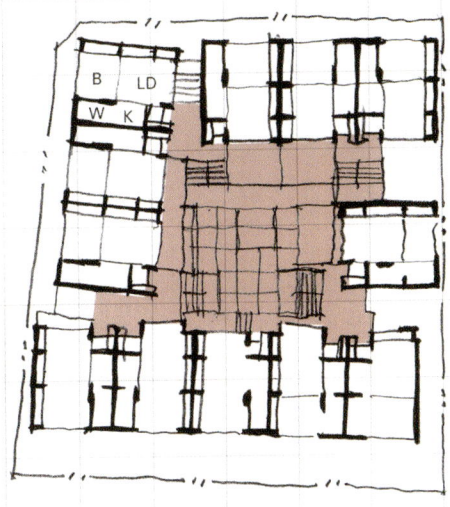

1층 평면

[1-11]
도나 마리아 코로넬 거리Calle Doña María Coronel의 공동 주택/안토니오 크루스Antonio Cruz+안토니오 오르티스Antonio Ortiz/스페인, 세비리아Spain, Siviglia/ 1976
밀집한 거리의 비정형 대지에 주택이 들어섰다. 자유로운 형태의 중정이 이를 감싸며 층마다 3개의 주호가 배치되었다. 여기에서는 중정이 아니면 주호는 성립되지 않는다.

[1-12]
카미타카다上高田의 공동 주택 SQUARES/야치다 아키오谷内田章夫/도쿄도/1995
몇 개의 입구를 통하여 중정으로 접근할 수 있다. 중정에는 수공간과 함께 수목과 같은 오브제가 있으며, 여기저기 복도나 계단참에는 벤치와 테이블이 마련되어 옥상 정원과 함께 풍부한 공용 공간을 제공한다.

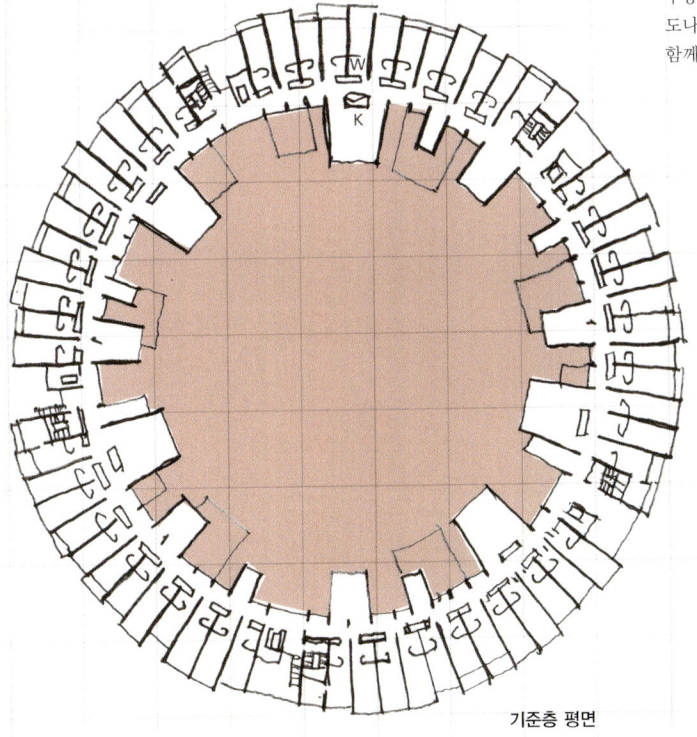

기준층 평면

[1-13]
티에트겐 학생 기숙사Tietgen Student Hall/룽가르드 & 트랜버그Lundgaard & Tranberg/덴마크Denmark, 코펜하겐Copenhagen
코펜하겐 대학 내, 수로를 낀 열린 장소에 비슷한 또래의 학생들을 위한 기숙사라는 점에 착안하여 원형 평면이 채택되었다.
객가客家에서도 참고한 기념비적인 형태는 각 주호의 요철과 공용 공간의 돌출부에 의해 친숙한 표정을 풍부하게 보여준다. 중정에서는 모이는 사람의 정도에 따라 다른 규모의 활기를 부여한 공간을 제공하였다. 작은 모임이나 파티 등에 사용하도록 주방 시설을 갖춘 공용 공간이 중정 쪽으로 공중에 돌출해 있다.

Column

시 랜치 Sea Ranch

시 랜치의 콘도미니엄 (공동 주택)은 샌프란시스코에서 북쪽으로 160km 떨어진 해안가에 위치한다. 이 주변의 해류는 수온이 낮으며, 태평양에 면한 절벽과 이어지는 초원을 향해 끊임없이 습한 북서풍이 불어와 1년 내내 기온이 낮고 황량한 환경이 특징이다.

이 프로젝트가 시작될 때 랜드스케이프 건축가인 로렌스 할프린 Lawrence Halprin과 스텝들은 우선, 해변에 면한 길이 16km, 면적 5000ac에 이르는 토지의 생태계를 철저히 조사하였다. 건축설계를 담당한 찰스 무어와 그 동료들로 구성된 설계그룹 MLTW/Chales W. Moore, Donlyn Lyndon, William Turnbull. Jr, Richard Whitaker. Jr은 할프린의 조사 결과를 기초로 하여, 이런 황량한 바닷가 절벽 위에 어떤 별장이 어울리는지를 논의하는 데에서 작업을 시작하였다. 개발업자와 건축가들은 수목이 드물고 거칠지만 아름다운 자연 속에 교외형 주택과 같은 소박한 단독 주택으로 별장을 군데군데 짓는 것은 정답이 아니라고 결론을 내렸다. 이를 설명하는 무어의 말이 색다르다.

"아름다운 자연 속에 홍역의 발진 같은 것들을 흩뿌려 풍경을 망치고 싶지 않았다."라고 한다. 일본의 별장지에서의 질서나 통일감 없는 모습을 떠올려보면 그의 적확하고 유머러스한 표현에 그저 쓴웃음을 짓게 된다.

그들은 먼저, 에게해의 미코노스 Mykonos, Aegean 마을 같은 건물의 집합체를 떠올렸고, 스페인의 안달루시아 Andalucía, Spain 지방의 마을을 참고해 '답답한 스케일이 아니면서 평원 위에 뚜렷한 실루엣을 드러내는 주택의 집합체', 즉 콘도미니엄이라는 형태를 채용하자는 방안에 도달한 것이다.

콘도미니엄은 내부에는 두 개의 중정을 에워싸는 10호의 단위 주호로 구성된 대지의 경사를 살린 배치가 가장 매력적이다. 경사 지붕을 가진 7.2m × 7.2m 모듈의 단위 주호를 기본으로 하여 이를 변형한 직방체로 계획하였고, 방위, 풍향, 조망, 일조 등을 고려한 배치 패턴을 각 설탕을 이용하여 늘어놓거나 쌓거나 무너뜨리면서 조절했다고 한다. '개척자 정신'이라고 하기에는 억지스러울 수도 있으나, 한가운데 광장을 두고 유닛을 집합하는 배치 형태에서 서부 영화에 등장하는 마차부대가 야영할 때 원형으로 둥글게 배열하는 것을 연상하였다. 하나의 단위 주호가 한 대의 마차가 되는 것처럼…

이 콘도미니엄 단위유닛의 기본 사이즈는 모두 같지만, 각 세대에 고유의 '특별한 장소'를 마련한 것이 가장 큰 특징이다. 무어의 유닛은 콘도미니엄의 서쪽 제일 끝에 위치하고 있으며, 이곳의 특별한 장소는 건물 바로 앞에 있는 작은

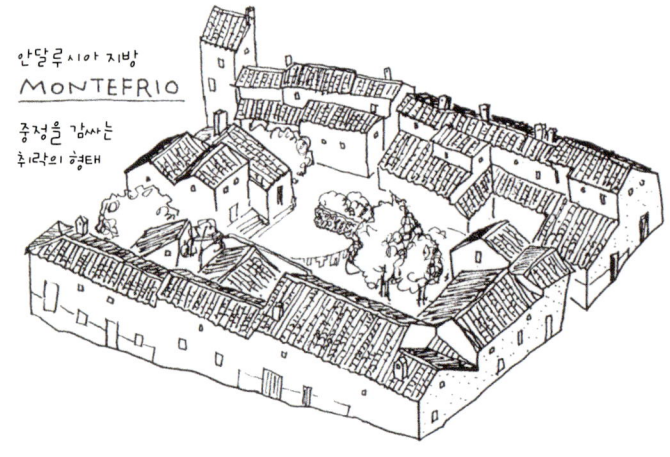

안달루시아 지방
MONTEFRIO
중정을 감싸는 취락의 형태

옥외 정원이다. 무어가 '아침식사용 테라스'라고 불렀다는 그 정원에서는 이 유닛의 또 하나의 특별한 장소인 '선룸Sunroom' 너머로 바다를 바라볼 수 있다.
테라스를 지나 현관에 들어서면 4개의 원기둥에 둘러싸인, 뭐라고 설명하기 힘든 매력적인 공간이 나온다. 정면에 벽난로가 있고 소파 등도 놓여 있기 때문에 용도는 '거실'이라고 할 수 있지만 흔히 생각하는 거실은 아니다. 4개의 기둥으로 둘러싸인 것만으로도 특별한 장소가 되는 것이다. 어쩌면 사방에 기둥을 세운 독특한 분위기의 장소를 먼저 마련하고 '거실'이라는 용도를 부여했다고 하는 편이 적절한지도 모른다. MLTW는 이를 '작은 신전(애디큘러Aaedicula)'이라고 불렀다. 그 아이디어는 예전부터 건축이나 회화 속에서 신들이나 영웅을 기리는 경계 또는 공간장치로 쓰여 온 수법인 건축 속에 상징적인 미니어처 건축을 둔 것처럼 집의 중심이 되도록 한 것이다.

이처럼 사방에 기둥을 세우고 그곳에 상징적인 공간을 만드는 것은 만국 공통의 수법답게 처음 잡지에서 사진으로 보았을 때, 지신제地鎭祭때 설치하는 푸른 대나무와 금줄을 친 좌석이 떠올랐다. 그러나 MLTW의 애디큘러와 금줄이 다른 것은 그것이 보다 구조적이며 건축적이라는 점이다. 그 4개의 기둥은 수면공간(침실이라고 부르기 어려운 장소)으로 쓰이는 상부의 망루를 받치고 있다. 게다가 그 수면을 위한 공간은 마치 텐트처럼 상부에서 드리워진 커튼으로 완전히 둘러싸여 있다.
이 장소에서 서부 영화에 등장하는 마차의 '장막'을 연상했는데 MLTW의 설명에 따르면 이는 고대로부터 제왕의 권위를 표현하는 상징인 '천개天蓋'를 변형한 것으로, 이 역시 집안의 특별한 장소를 가리키는 역할을 한다.
마지막으로 시 랜치에서 잊어서는 안 될 장소를 소개하고자 한다. 그것은 건물 내부에 특별하고 아늑

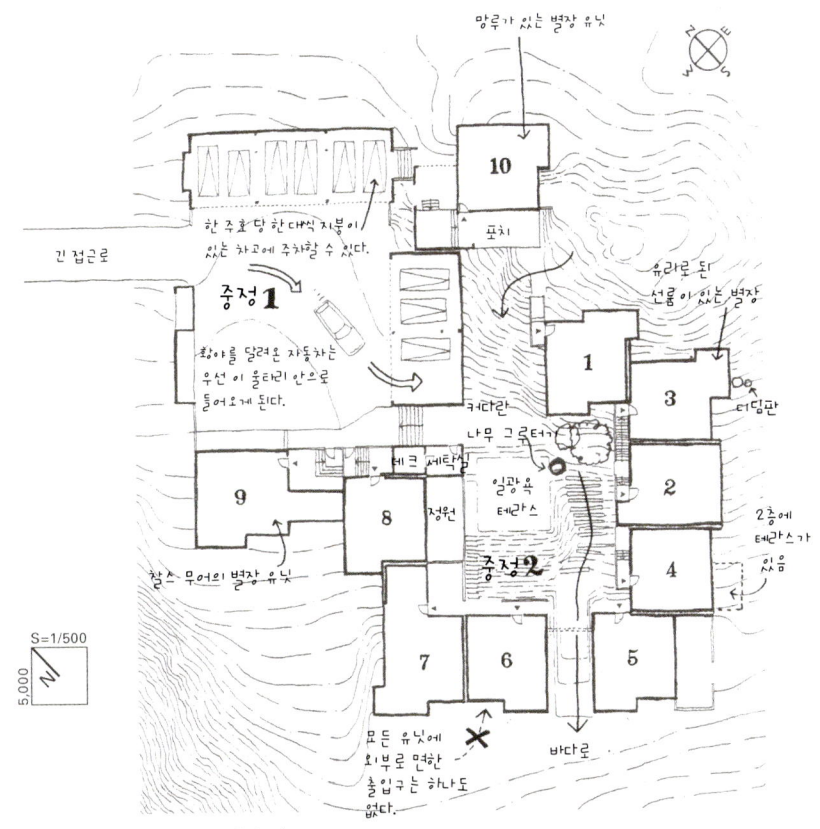

[1-14]
시 랜치Sea Ranch/MLTWMoore, Lyndon, Tutnbull, Whitaker/
미국, 캘리포니아America, California/1966

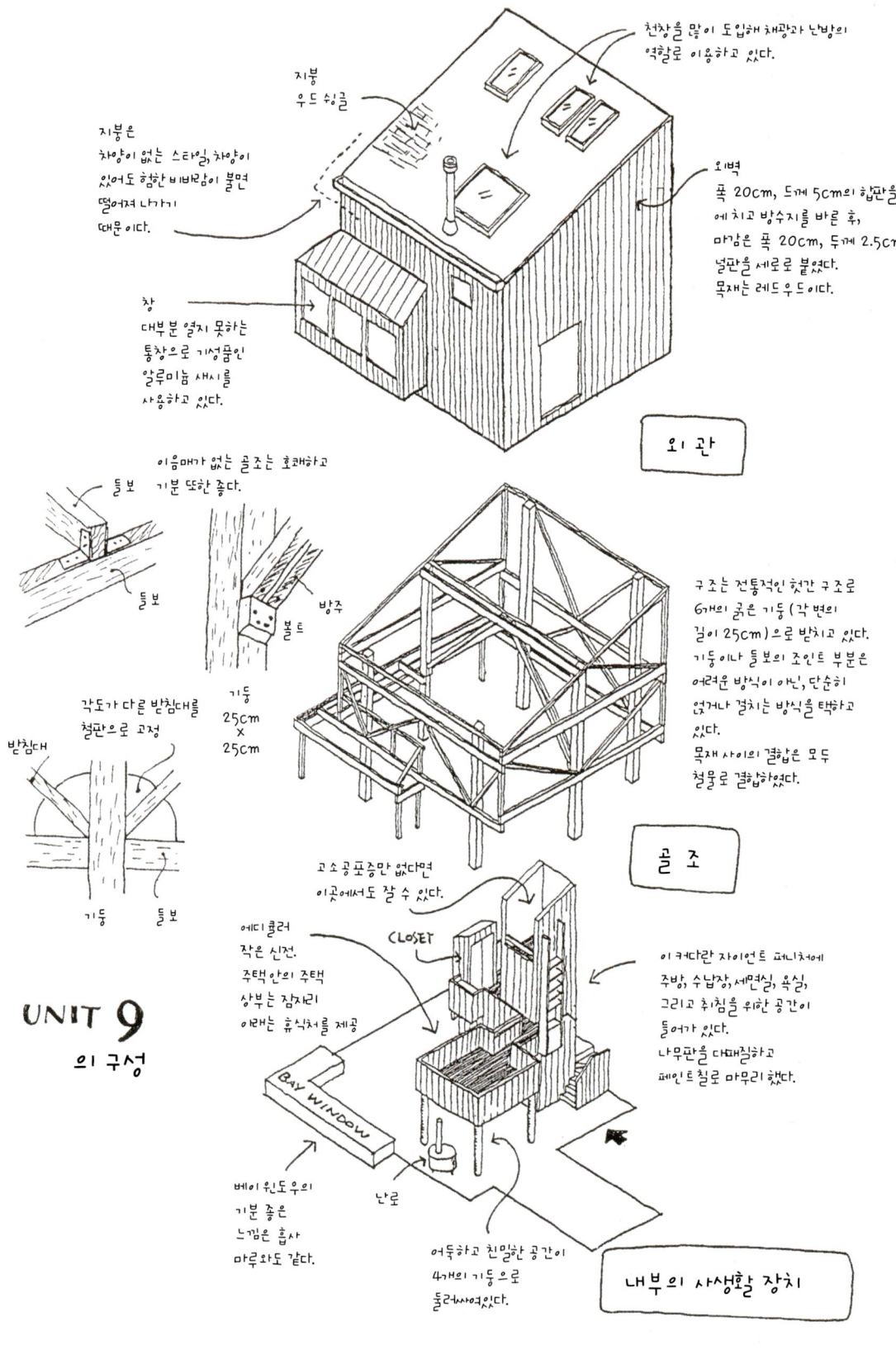

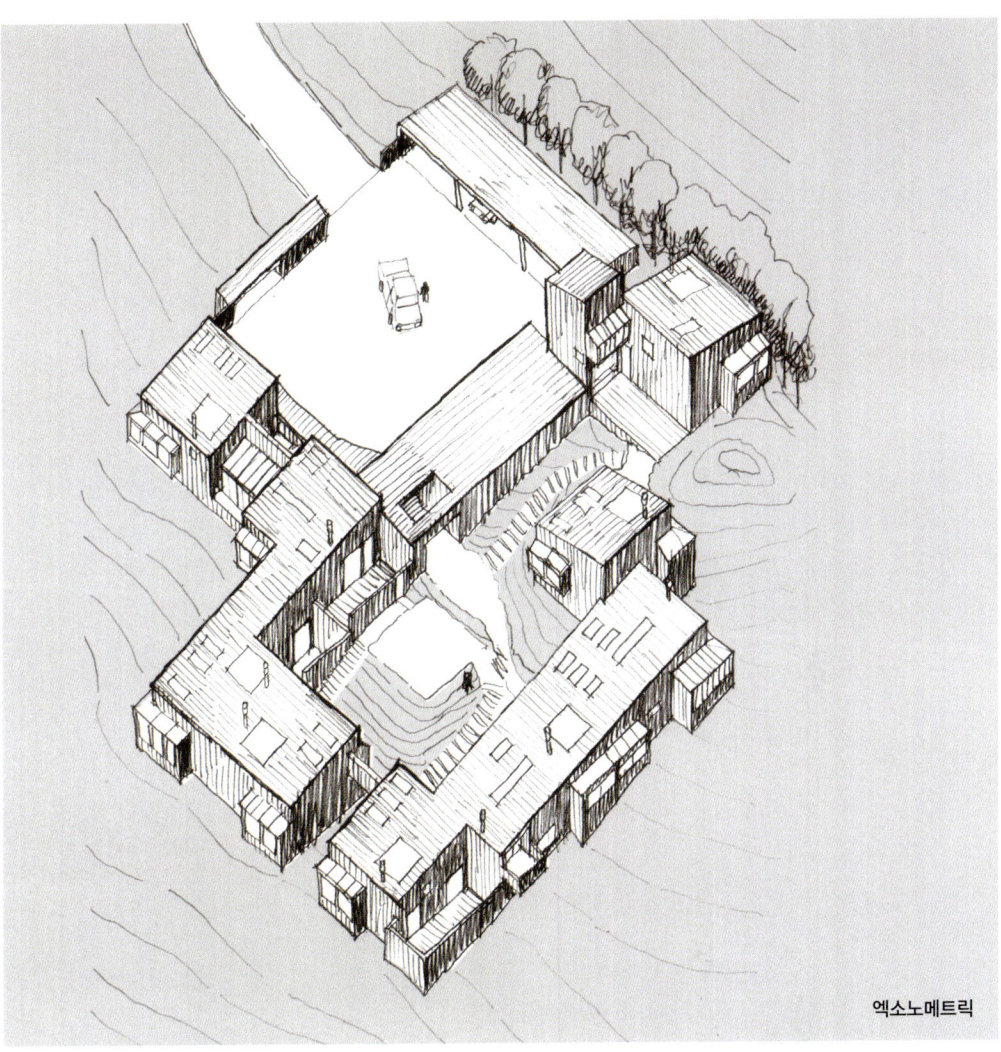

엑소노메트릭

함을 가져옴과 동시에 입면에도 큰 특징을 부여하고 있는 '베이 윈도우Bay window'다. 베이 윈도우는 보통 '밖으로 튀어나오게 만든 창'이라고 번역되지만, 알기 쉽게 말하자면 '돌출창'과 '툇마루'를 결합한 것 같은 매력적인 공간이다. 여기에 앉아서 햇빛을 받을 수도 있고 건물에서 몸을 앞으로 내민 듯 한 느낌으로 바다를 조망할 수 있다. 물론 몇몇이 함께 담소를 나누거나 때로는 낮잠을 자는 등의 다목적으로 사용할 수 있는 공간이다. 방도 아니고 코너도 아닌 이런 작은 공간은 뭐라고 설명할 수 없는 아늑한 곳이다. 실제로 베이 윈도우에서 시간을 보내다보면 이런 장소를 적극적으로 설계에 도입한 건축가가 이전까지 거의 없었다는 것이 이상하게 느껴질 정도다. 시 랜치에서는 모든 단위 주호에 형태와 분위기를 조금씩 달리한 베이 윈도우가 설치되어 있어서 주택 내부에서 일어나는 생활의 활기를 외부에 전달하는 장치가 되고, 또한 건물 전체의 외관에 조각적인 매력을 불러일으키는 역할을 한다. "다락방은 몽상을 은닉한다"라는 가스통 바슐라르 Gaston Bachelard의 말처럼 사람의 감성을 자극하는 소중한 장소와 기분 좋게 머무를 수 있는 곳을 아무렇지 않게 갖추고 있는 '시 랜치'를 "몽상을 키우는 장소의 집합체"라고 부르고 싶다.

나카무라 요시후미中村好文
'속·주택순례続·住宅巡礼'(신조사新潮社, 2002년)에서 옮겨, 개고하였다.

● Column

객가 주택 客家住宅

객가客家 주택은 오래 전, 중국 중앙부(중국 화북지방을 일컬음)에서 남쪽으로 이주해 온 객客씨성을 가진 한 종족 무리가 정착하면서 지은 반경 30~60m에 이르는 거대한 한 동의 '토루土楼'라는 공동 주택을 일컫는 것으로 세계 유산으로도 지정되어 있다.

방어를 위해 구축된 높은 외벽은 '판축版築'이라는 흙을 다지는 공법으로 만들어 졌으며, 그 내부에는 목조로 구성된 4층 규모의 실들이 있다. 토루의 1층은 벽 두께가 1m 이상인 경우도 많다. 저층부의 외벽에는 개구부를 두지 않아 방어 성능을 높이고자 하였고, 위층의 창문도 크기가 매우 작다. 비바람에 흙벽이 훼손되는 것을 막기 위해 최상층에서는 처마를 깊게 하고, 기초 부분은 돌과 회반죽으로 마감했다. 긴 시간동안 흙의 표면이 거칠어져 독특한 텍스처를 만들어 내고 있다. 이 폐쇄적이고 거대한 흙덩어리의 매스가 초록의 산골짜기 이곳저곳에 흩어져 있는 모습은 사람이 '모여서 산다'는 것을 강력한 형태로 보여주고 있다.

외부로 통하는 유일한 입구인 대문을 들어서면 폐쇄적이고 매시브한 외관과는 대조적으로 목조의 작은 공간들로 빈틈없이 채워진 내벽과 이 벽들에 갇힌 하늘이 나타난다. 1층에는 단위 주호의 주방과 식당이 있고 2층은 식품 저장고, 3층 이상에는 침실이 있는 수직적 구성이다.

일족이라고는 하지만 본가와 분가, 큰집과 작은집 등의 보이지 않는 질서가 있더라도 실제 평면상에서는 각 실의 크기는 완전히 균일하며 평등하게 계획되었다. 수직 동선은 2호 당 1개의 계단을 4층까지 사용하는 경우, 몇몇 호가 1개의 계단을 사용하는 경우 등 다양하지만 대칭으로 배치되어 평면상으로는 중요도가 드러나는 공간의 위계는 찾아 볼 수 없다.

중앙의 입구 정면에는 조상을 모시는 사당이 위치하고 있고, 그 주위에 서재·응접실·우물·주방 등의 여러 공용 시설이 마련되어 있다. 즉 안쪽으로 들어갈수록 공공성이 높아지는 것이 흥미롭다.

[1-15]의 여러 가지 평면에 나타나고 있듯이 객가客家 주택의 형태는

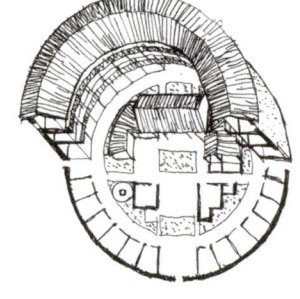

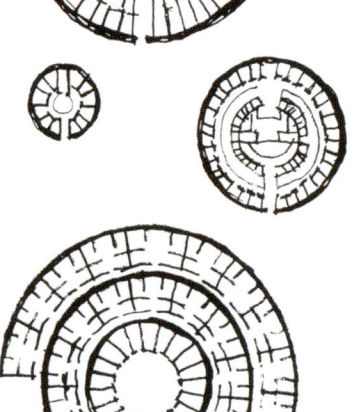

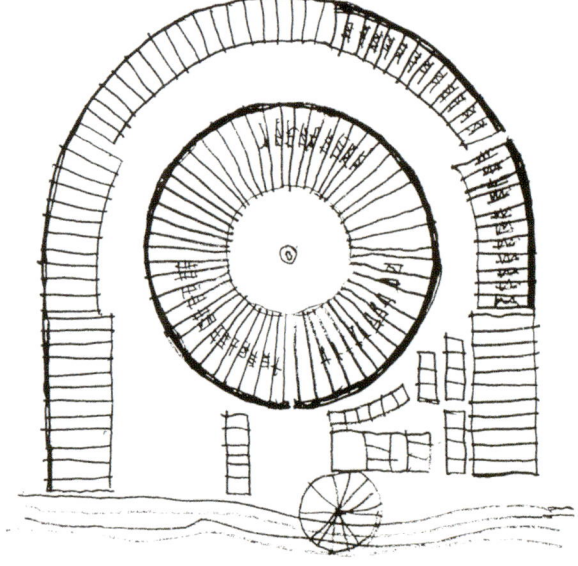

지방에 따라 다르고, 같은 마을 내에서도 사각형과 원형이 혼용되고 있는 등, 건설 시기나 계획들도 제각각이다. 그러나 전용 공간은 평등하고, 공용 공간의 모두가 함께 사용한다는 것은 대부분 공통적이다. 이는 현대의 공동 주택을 생각하는 데 좋은 시사점이 된다.

소네 요코曽根陽子

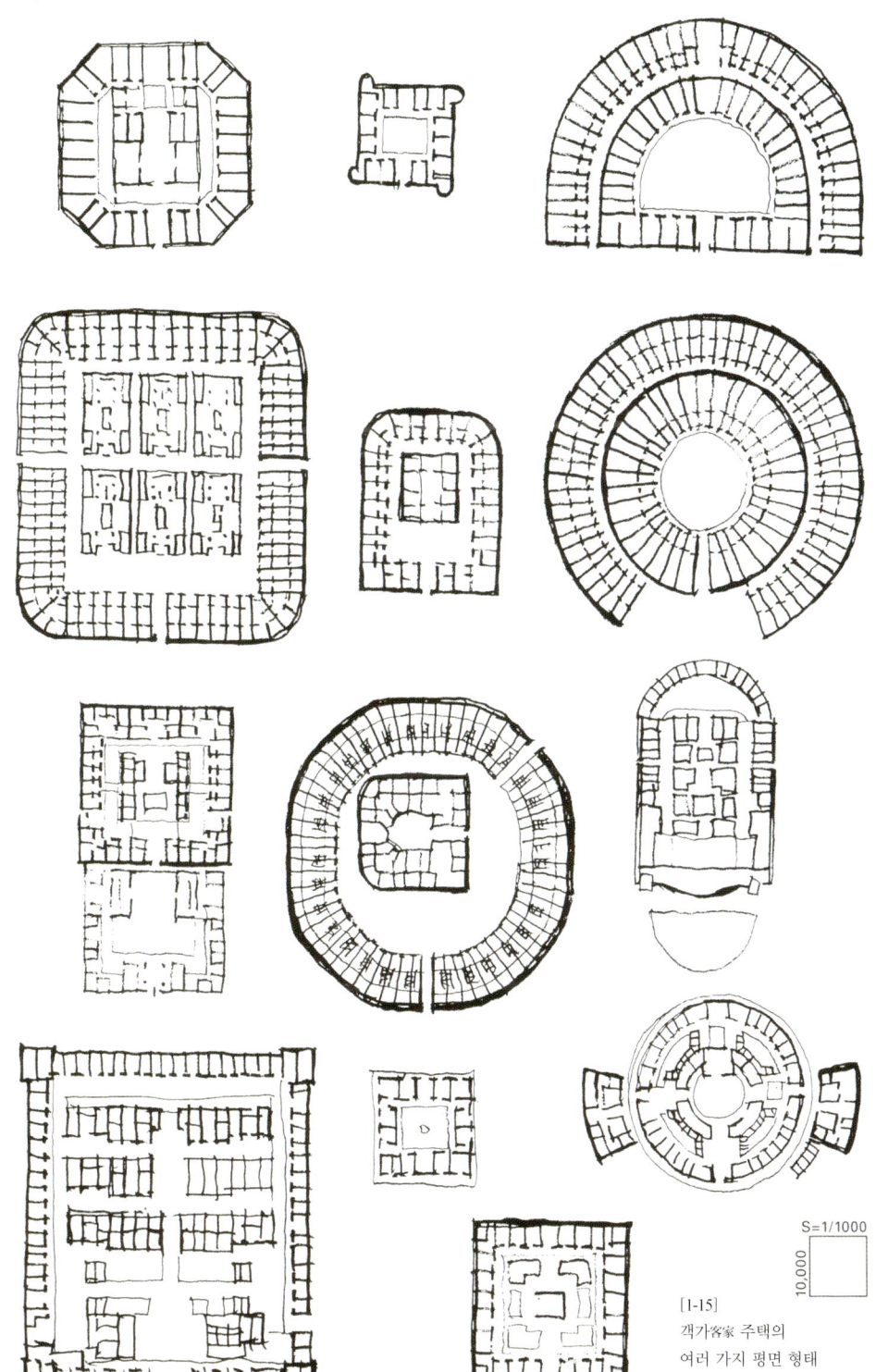

[1-15]
객가客家 주택의
여러 가지 평면 형태

[1-16]
베네치아의 블록/이탈리아, 베네치아Italy, Venezia

평면

밀집하다

세비야Sevilla나 베네치아Venezia처럼 밀도가 더 높아지면 이웃 건물과 외벽을 접하게 되고, 중정보다 작은 보이드를 건물 틈에 만들어서 통풍이나 채광을 확보하곤 한다. [1-22]의 이슬람 블록을 보면, 저층이라도 어떻게든 옆 건물에 접하여 밀도를 높이고자 하였고 빛이 들어오는 중정을 내부에 마련한 것을 볼 수 있다. 토지의 면적이 한정적인 지역에 인구가 증가하는 경우, 이렇게 저층만으로도 밀집하는 경우가 있다.

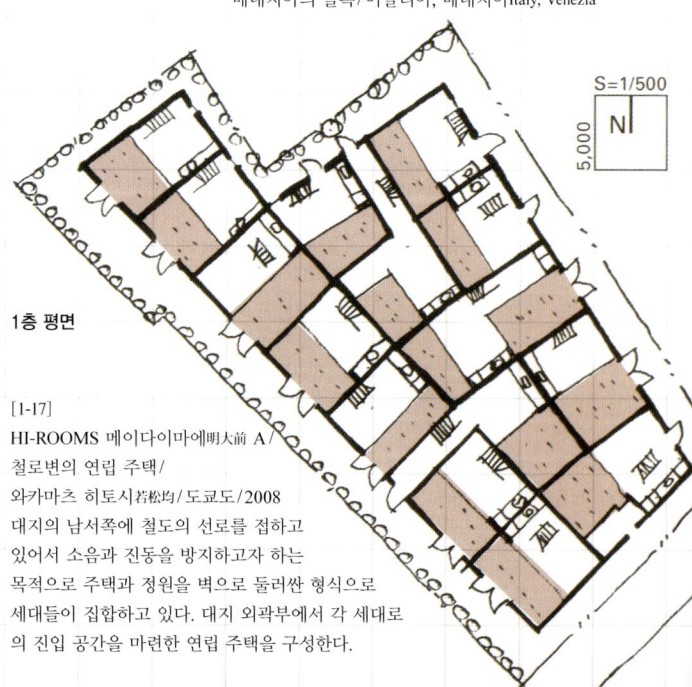

1층 평면

[1-17]
HI-ROOMS 메이다이마에明大前 A/
철로변의 연립 주택/
와카마츠 히토시若松均/도쿄도/2008
대지의 남서쪽에 철도의 선로를 접하고 있어서 소음과 진동을 방지하고자 하는 목적으로 주택과 정원을 벽으로 둘러싼 형식으로 세대들이 집합하고 있다. 대지 외곽부에서 각 세대로의 진입 공간을 마련한 연립 주택을 구성한다.

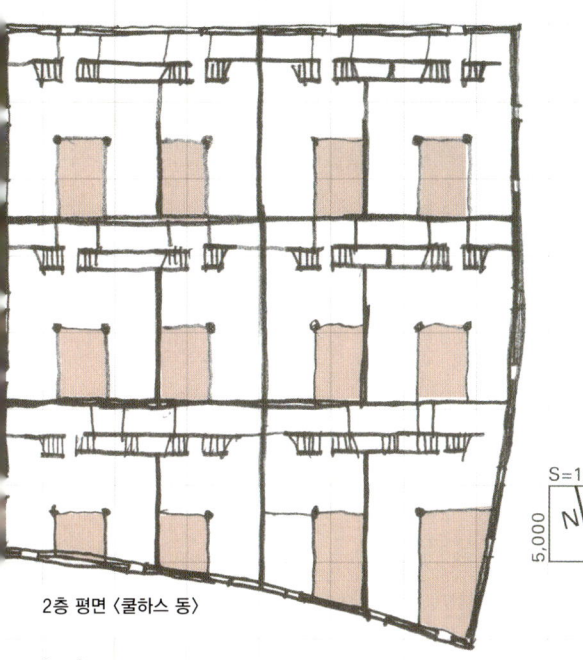

2층 평면 〈쿨하스 동〉

[1-19]
시모우마下馬의 연속주거 / 키타야마 코우北山恒 / 도쿄도 / 2002
지상 4층의 주호가 2열로 마주 보며 나란히 배치되어 있고, 안쪽 진입 공간의 상부에는 보이드를 마련하여 각 주호에 빛을 유입시키는 입체적으로 구성된 연립 주택이다.

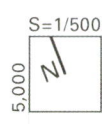

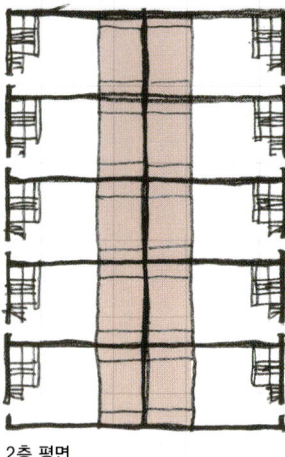

2층 평면

[1-18]
넥서스 월드ネクサスワールド 렘 동·쿨하스 동 / 렘 쿨하스Rem Koolhaas / 후쿠오카현福岡県 / 1991
1층은 상점 및 세대로의 진입 공간으로 각 주택의 현관 파티오와 마당이 있다. 2층에는 주로 침실이 위치하며, 3층에는 LDK와 테라스를 배치하여 한 세대가 수직적으로 구성된 공동 주택이다. 이런 경우 보이드를 통해서 1층까지 채광이 확보되므로 1층의 진입 공간은 더 매력적이게 된다.

사막이나 산악 지대에서는 원래 외부의 적과 기후로부터의 방어를 위하여 외벽으로 둘러싼 비슷한 주거 형식들이 있었다. 이런 형식의 주거지는 교외 지역에서도 발견할 수 있다.
더욱이 베네치아의 평면을 보면, 이웃 세대와 보이드를 공유하고 있는 벽 쪽에도 개구부를 두는 것을 많이 확인할 수 있다. 이는 중정이나 보이드를 공용의 공간으로 이해하는 주거 의식을 알 수 있는 것이다. 이러한 저층의 고밀도로 밀집한 공동 주택에서는 진입을 어떻게 하는지도 중요하다. 즉 진입 및 채광·통풍의 측면에서 골목과 중정과 보이드가 공용으로 쓰인다는 의식이 있으면, 주거 건축의 집합 방식이 더 다양하게 고안될 수 있을 것이다. 저층이므로 실내에 공용 복도를 갖지 않는 연립 형식도 많다.

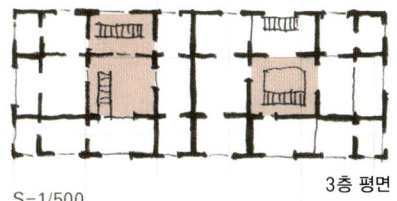

3층 평면

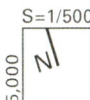

[1-20]
후나바시船橋 아파트먼트 / 니시자와 류에西沢立衛 / 치바현千葉県 / 2004
전체를 몇 가지 스팬의 격자형으로 나누고 실들을 서로 연속하게 배치하였다. 기본적으로 한 세대는 다양한 크기의 세 개의 공간인 주방, 욕실, 침실로 구성되어 있다. 보이드에는 각 세대로의 진입 공간과 계단실을 두었고, 빛을 끌어들이는 역할도 수행한다.

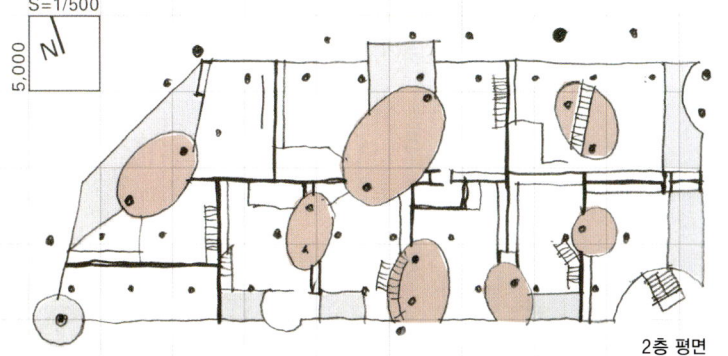

2층 평면

[1-21]
하네기羽根木의 숲 / 반 시게루坂茂 / 도쿄도 / 1997
대지에 있던 기존 수목을 보존하기 위해 건물에 구멍이 나 있다. 보존한 수목과 비슷한 크기의 원기둥을 계획하여 실내외가 연속하고 있는 듯이 느껴진다.

S=1/500
평면

밀집하다

[1-22]
이슬람의 블록/튀니지, 튀니스

북아프리카나 중동지방의 떠들썩한 야외시장인 소크Souk와 평온한 사원인 모스크Mosque, 그리고 평범한 골목길 등이 미로처럼 밀도 높게 뒤얽힌 이슬람 도시의 특징은 그러한 다양한 장소의 각각 다른 힘들을 느낄 수 있다는 것이다. 1ha당 1,000명의 사람들이 사는 고밀도 지역으로 사람과 사물과 정보가 모이고 풍부하게 변화하는 도시의 풍경이 연상된다. 길은 별다른 전망이 없으며 좁아서 차도 다닐 수 없는 막다른 쿨데삭Cul-de-sac이 많은 것이 특징이다.
그런 막다른 골목에 빈부의 구별 없이 주호가 섞여있고, 길에서는 주택 내부의 모습을 알 수도 없다.

주택에서 가장 중시되는 것은 프라이버시다. 특히 여성을 타인의 시선으로부터 보호하는 것이 중요하다. 그러므로 별것 없는 골목에 마련된 주택의 입구는 작고, 다른 주호와 마주하지 않으면서 내부를 조망할 수 없도록 꺾여서 진입하게 되어 있다. 그러나 일단 집안으로 들어가면 중앙에 분수가 있는 재스민 꽃 향기가 나는 아름다운 중정이 나타난다. 이곳에서는 감귤나무와 포도나무가 심어져 있어 파라다이스 같은 분위기에 휩싸인다. 중정에 면하고 '이완Iwan'이라고 불리는 천장이 높은 반옥외의 큰 실이 여름의 접객 공간으로 마련되어 있다. 대부분은 1층에는 남자의 접객 공간이 있고, 2층에는 여성 및 가족의 공간으로 사용되며, 옥상은 담으로 둘러싸인 자유로운 공간이다.

더위가 심한 지방에서는 옥상에 '뱃지르Bâdgir'라는 바람을 끌어들이는 구멍이 뚫린 탑을 설치하였다. 이 탑으로 들어오는 공기는 벽 속의 덕트를 통해 지하와 반지하의 공간으로 보내진다. 지하에는 수반水盤이 설치되기도 하는데 열대 지역에 고밀의 주거지이므로 자주 볼 수 있는 장치이다.

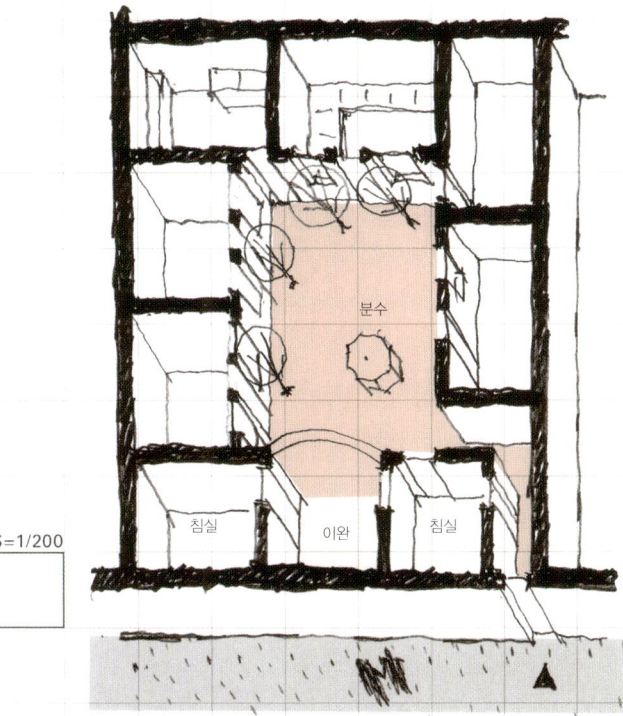

이슬람 도시의 주거 개념도

분산하다

단독 주택지 속에 덩치 큰 건물을 짓게 된다면 가로의 균형을 해칠 수 있다. 이때 건물을 여러 개의 동으로 나누거나, 몇 개의 건물이 접하고 있는 것처럼 만들어서 볼륨을 조화롭게 조절할 수 있다. 이렇게 하면 흔히 볼 수 있는 판상형 공동 주택의 이미지와는 달리, 단독 주택처럼 단위 세대의 독립성을 높일 수가 있다. 이런 방법은 타운 하우스나 연립 주택, 저층 공동 주택에 적절하며 건물 사이의 공간이나 주변의 옥외공간을 잘 활용하면 분산하는 이점을 더욱 살릴 수 있다. 외부 공간이 매력적이게 되어 '대지와 건물'의 관계가 반전된다면 어떤 면에서는 오히려 옥외공간이 주요 공간으로 느껴질 수도 있을 것이다.

비슷한 상태로 군도群島 혹은, 서로가 독립하면서 관계를 가지는 다도多島의 세계로 설명할 수도 있다. 더하여 단독 주택의 경우도 몇 개의 동으로 나누어 실을 분산시켜 구성하는 것도 방법이 될 것이다. 극단적인 예로서 마치 서재는 도시 내의 원룸, 주방은 세타가야의 아파트, 침실은 교외의 단지처럼 생각하면 [1-24]이나 [1-27]처럼 단독 주택이 몇 개의 동으로 분산될 수도 있을 것이다.

또 하라 히로시原広司는 이산성Discreteness이라는 개념을 마을 조사의 토대로 꼽고 있다. 이산성이라는 개념은 부분과 전체를 둘러싼 하나의 논리로 각 부분이 자립하면서도 서로 접속하거나Connectability 떨어지는 것Separability이 가능한 상태이다.

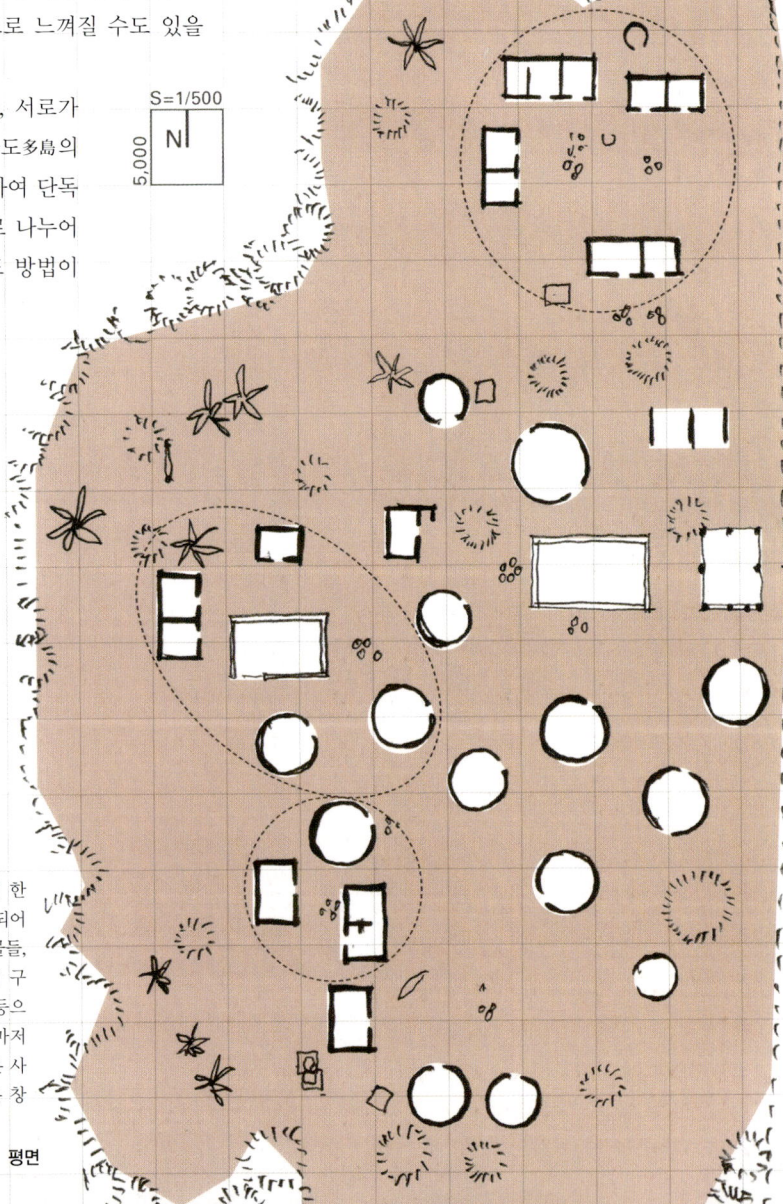

[1-23]
칸페마 kampema /
코트디부아르 Côte d'Ivoire
커피콩과 면화를 재배하는 마을에서 한 가구 당 실들이 몇 개의 동으로 분산되어 있다. 친족인 몇 가구가 사용하는 건물들, 가축 축사와 작업장 건물들이 특별히 구분되지 않고 대체로 담이나 울타리 등으로 영역을 나누지만, 여기에서는 그마저도 보이지 않는다. 그저 원형의 건물은 사람이 사용하는 개실, 사각형의 건물은 창고나 작업장이다.

1층 평면

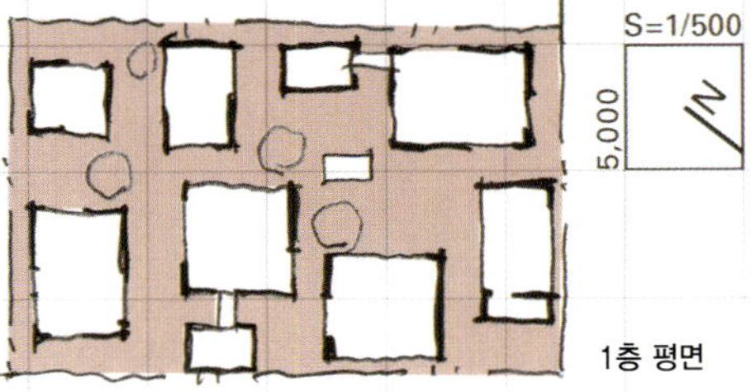

[1-24]
모리야마 주택森山邸/니시자와 류에/도쿄도/2005
10개의 작은 동이 분산해 있으며, 7개의 주호(세대)로 구성되어 있다. 오픈 스페이스는 마치 시타마치下町의 나가야長屋의 골목과 같은 스케일이며 공용-전용이라는 사고에서 자유로워 보인다.

[1-25]
egota house A/사카모토 카즈나리坂本一成/도쿄도/2004(1기)
한 대지에서 2단계에 걸쳐 계획이 진행된 것으로 4~5주호의 콤팩트한 동들이 분산되어 있다. 각 유닛으로 진입할 수 있는 동과 동 사이의 공지는 여유로운 간격을 유지한다. 건물을 둘러싼 진입 계단은 각 세대마다 따로 있으며, 법규상으로는 공용부분이 없는 연립 주택이다.

평면〈전체 계획〉

2층 평면

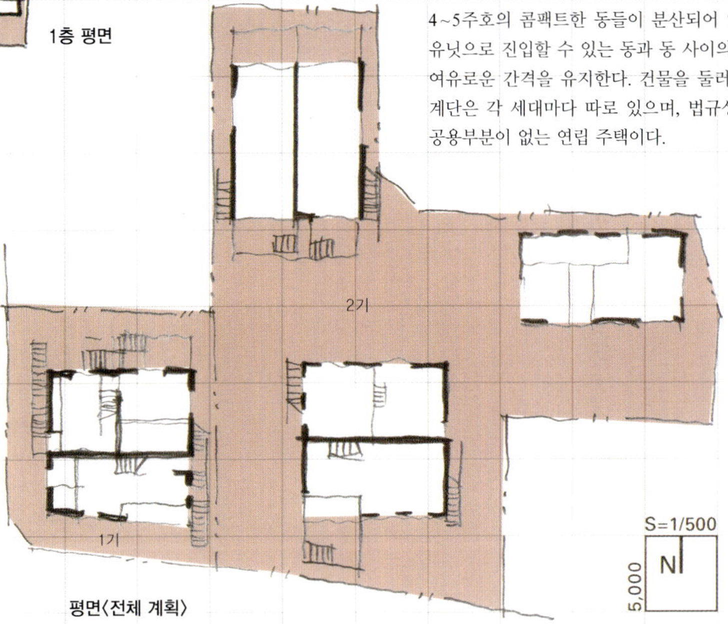

[1-26]
유텐지祐天寺의 연결주동/키타야마 코오/도쿄도/2010
3개의 개방적인 동과 6개의 폐쇄적인 동이 분산되어 있으며 개방적인 건물에 진입을 위한 코어가 마련되어 있고, 이를 통해 각 세대로 접근한다. 단위 주호에서 열린 공간은 개방적인 동에, 그리고 닫힌 공간은 폐쇄적인 동에 분산 구성되며 이 공간들은 발코니로 이어져 있다. 폐쇄적인 동은 이웃집에 대하여 스크린의 역할을 하며, 개방적인 동이나 발코니에서는 건물 틈으로 조망할 수 있고 옆집의 분위기도 느낄 수 있다.

1층 평면

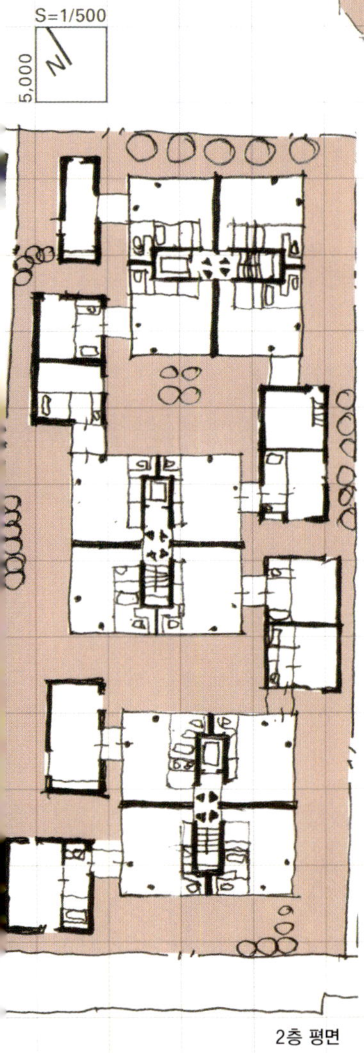

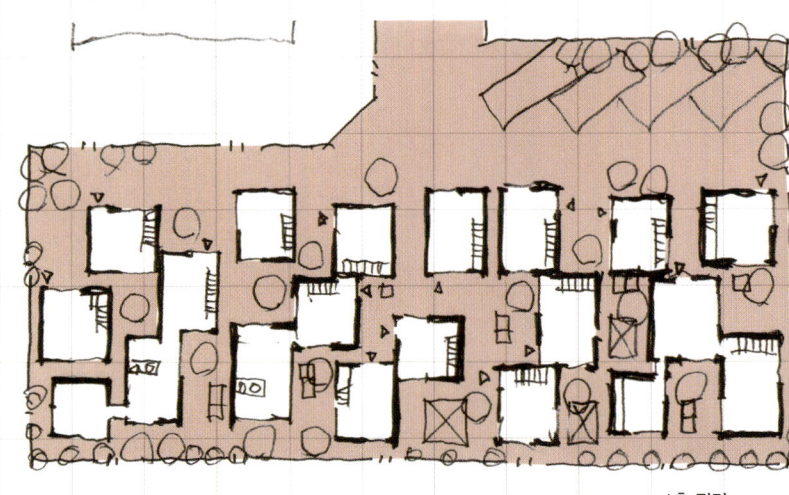

[1-27]
세이죠우 타운하우스, 가든 코트 세이죠우ガーデンコート成城 UNITED CUBES/세지마 카즈요/도쿄도/2007
깃발 모양의 대지에서 각 동은 서로 연결되어 있으나, 2~4의 실로 구성된 단위 세대는 대지 내에 분산되어 있다. 외부에서 봤을 때 어디까지가 하나의 주호인지 알 수가 없다. 계획 당시에는 한 세대의 실구성이 몇 개의 동으로 흩어져 있으며, 외부를 통해 실과 실을 이동하는 경우도 있는 획기적인 제안이었다.

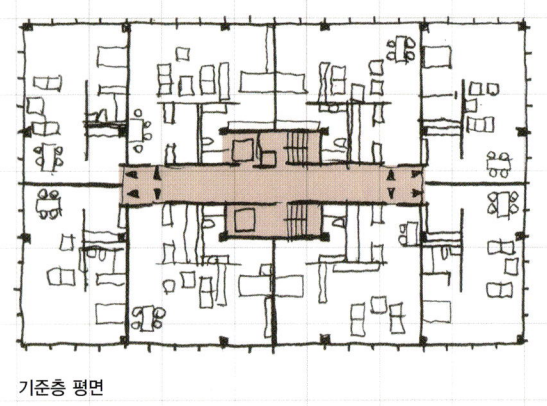

기준층 평면

[1-28]
레이크 쇼어 드라이브Lake Shore Apartments /
미스 반데 로에Mies van der Rohe /
미국, 시카고America, Chicago / 1951
같은 형태의 2개의 빌딩으로 계획되었으며, 각 층은 기둥을 균등히 배치하여 유니버설 스페이스Universal Space의 개념을 담았다. 구조체와 독립하여 떨어져 있는 벽, 즉 스켈레톤·인필Skeleton·Infill적인 사고방식이다.

독립하다

대지가 넓은 경우 면적 당 인원을 늘리기 위하여 고밀도로 개발을 할 때, '밀집하다'처럼 저층으로 빈틈없이 계획하는 방법이 있는가 하면, 고층화하여 집중 배치시킴으로서 건물을 독립시키고 녹지를 넓게 취할 수도 있다. 저층 공동 주택에 비하여 동수를 작게 하여 계획하면 건물 주위가 공지에 여유롭게 둘러싸이게 되므로, 외기에 접하는 실내가 늘어나 주거 환경이 좋아지고 형태도 외향적으로 될 수 있다. 고층의 건물들을 배치할 때는 '분산하다'처럼 동과 동의 관계나 그 사이에서 생겨난 공지의 사용 방법이 중요하다. 전체적으로 탑상형이 주를 이루는 외관이 되므로 새로 조성되는 환경을 잘 고려하여야 한다. 대지가 좁아도 주위에 도로나 공원이 있다면 마찬가지이다. 몇 개의 주호를 집중하여 각 층을 구성하면 공용부분이 줄어드는 이점이 있지만, 공용의 코어부분이 외기에 면하지 않을 수도 있으므로 이를 잘 해결할 수 있도록 고안되어야 한다.

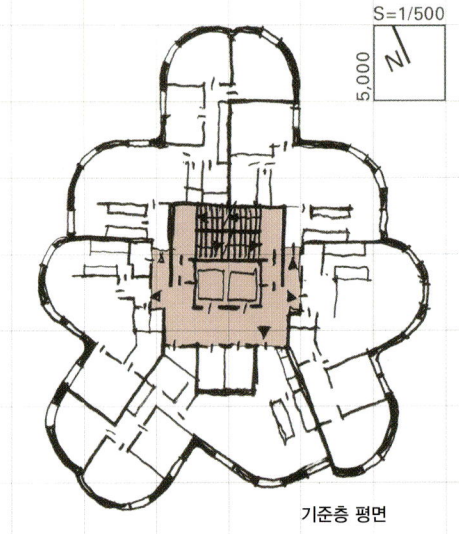

기준층 평면

[1-29]
낭트레 서드Nanterre Sud / 에밀 아이요Émile Aillaud /
프랑스, 파리 / 1975
한 층에 L형의 단위 주호가 등을 맞대듯이 5세대로 배치되어 있다. 각 실은 충분한 개구부를 가지며 외기에 접해 있다. 랜덤하게 개구부를 둔 곡선의 입면은 파스텔톤의 다양한 색으로 칠해졌으며, 같은 형태의 동이 무수히 지어져 독특한 거리 풍경을 만든다.

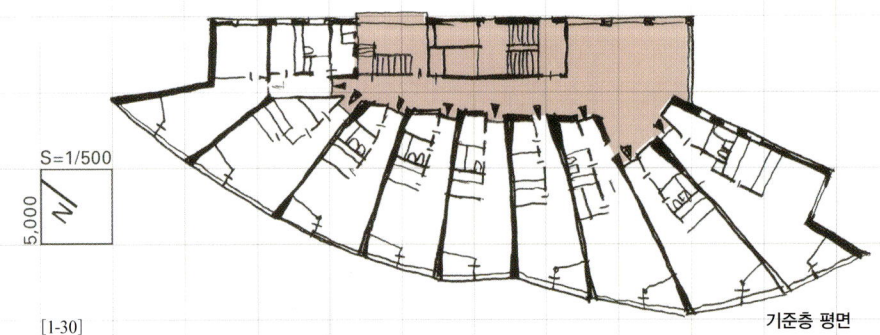

기준층 평면

[1-30]
노이에 바르neue vahr의 고층 주택 / 알바 알토Alvar Aalto / 독일, 브레멘German, Bremen / 1962
단위유닛을 배치함에 있어 전망과 채광을 우선한 방식이다. 미묘한 커브와 날카로운 모서리를 가진 외관은 도시 경관의 랜드마크가 된다.

[1-31]
조후調布의 아파트먼트 / 이시구로 유키石黒由紀 /
도쿄도 / 2004
계단실은 중앙에 최소한의 규모로 위치하지만,
2층에 계획한 각 주호로의 입구는 반 옥외적인
공간으로 구성되어 외부로 시선이 열리고, 바
람도 맞을 수 있다. 주호를 복층형으로 하여
공적/사적 영역 간의 구분도 확보하였다.

기준층 평면

3층 평면〈남쪽동〉

2층 평면〈남쪽동〉

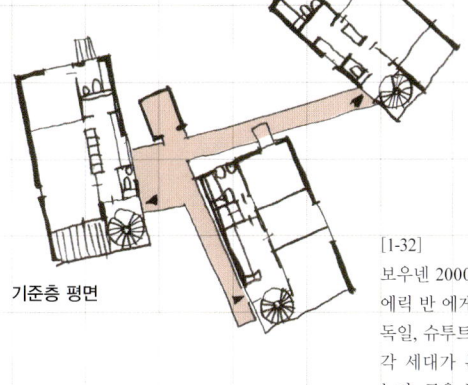

[1-32]
보우넨 2000Wohnen 2000 '하우스 13' /
에릭 반 에게라트Erick van Egeraats /
독일, 슈투트가르트German, Stuttgart / 1993
각 세대가 분산되어 있으므로 독립성이
높다. 공용 복도도 마치 다리처럼 각 세대
를 연결한다.

평면〈4~7레벨〉

[1-33]
다이칸야마代官山 공동 주택 /
키노시타 미치로木下道郎 / 도쿄도 / 2007
중앙의 계단과 엘리베이터에서 반 옥외적인
전용 테라스로 접근하여 네 방향에 위치한 단
위 주호에 이른다. 풍차를 떠올리게 하는 주택
배치다. 전용 테라스는 방화문, 격자문, 미닫이
문을 두어 계단실과의 관계를 조절할 수 있다.

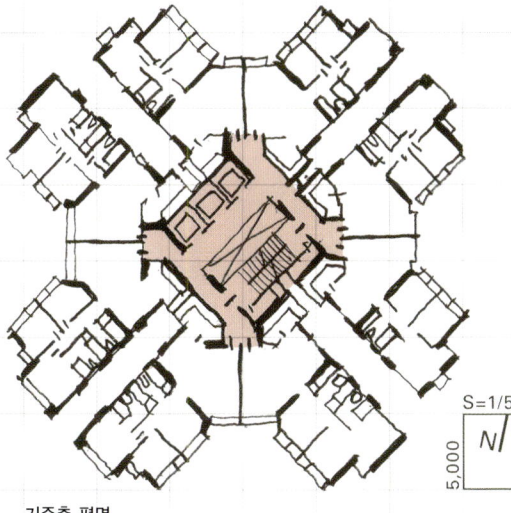

기준층 평면

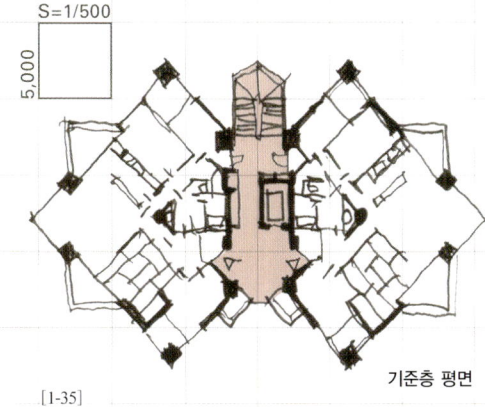

기준층 평면

[1-34]
신웨이 가든Sceneway Garden / 데니스 라우Dennis Lau + 응 첸
만Ng Chun Man / 중국, 구룡中國, 九龍 / 1992
중국에서는 주방이 현관에 가깝고, 또한 외기에 접하므로
요철이 심한 독특한 평면이 되었다. 각 층이 동일한 평면
으로 30층의 100m 전후의 높이인 고층으로 옆 동과 겨우
수 미터 간격으로 늘어서 있는 모습은 굉장히 인상적이다.
어떤 곳은 2,000명/ha 이상의 인구 밀도도 보인다.

[1-35]
벨코리누 미나미 오오사와ベルコリーヌ南大沢 (포인트 고층
동) / 오오타니 사치오大谷幸夫 / 도쿄도 / 1990
한 층에 2개의 유닛으로 구성된 고층 공동 주택이다. 정사
각형을 45°틀어서 조합한 평면 구성으로 외기에 접하는 벽
면을 최대한 확보하고자 하였다.

[1-36]
마르키셰 피어텔Märkisches Viertel 공동 주택/O.M. 웅거스Oswald Mathias Ungers/
독일, 베를린German, Berlin/1969
단위 평면 내 화장실, 욕실과 같이 물을 사용하는 공간과 현관 등의 공용 공간이 코어처럼 하나의 구조를 이루고, 거실과 식당 등이 그 옆에 위치한다. 거실-식당 영역은 L자 형태로 적절히 배치되어 두 방향으로 창이 열리고 주변의 실들과도 원활하게 연결된다.

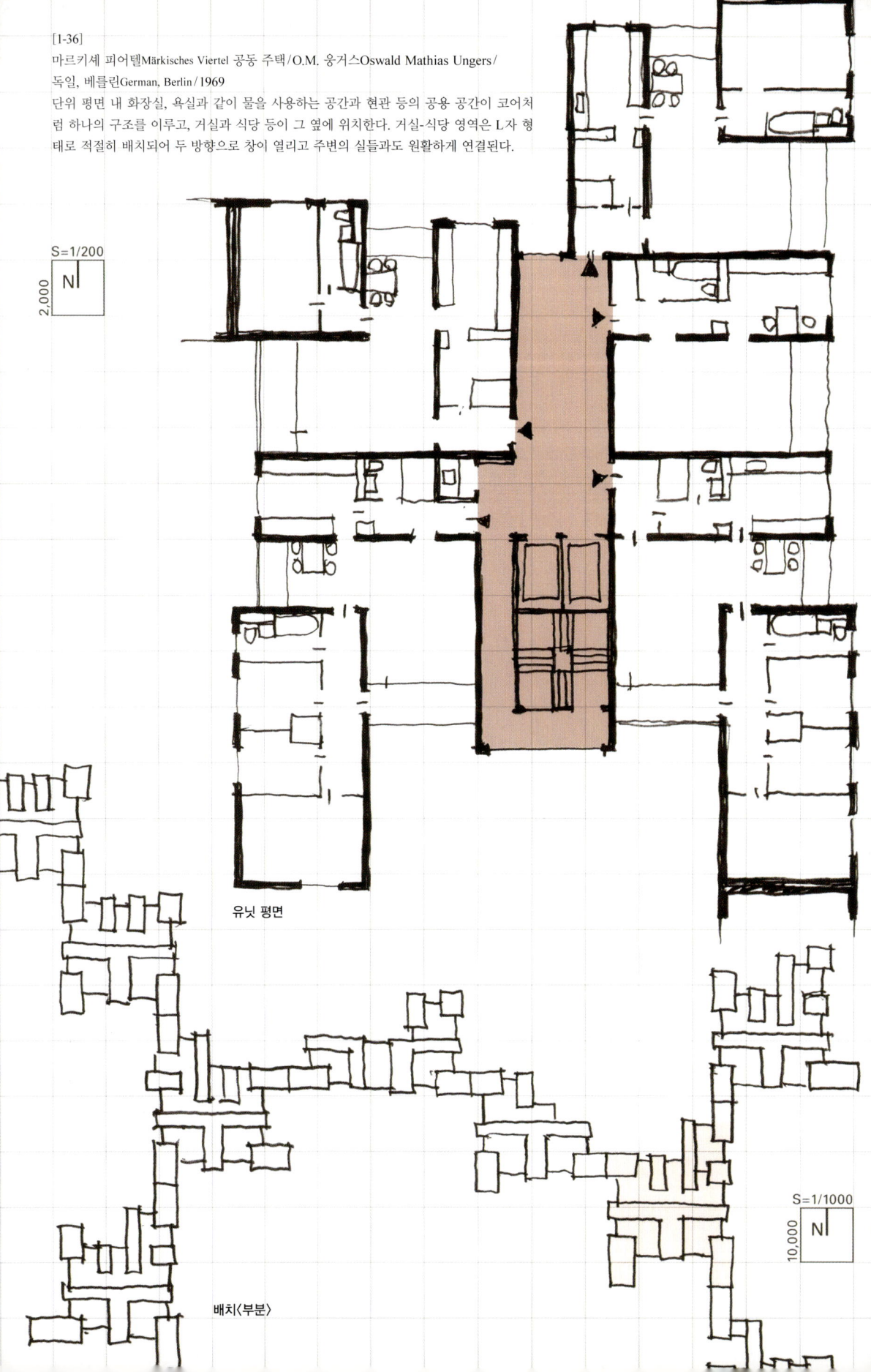

유닛 평면

배치〈부분〉

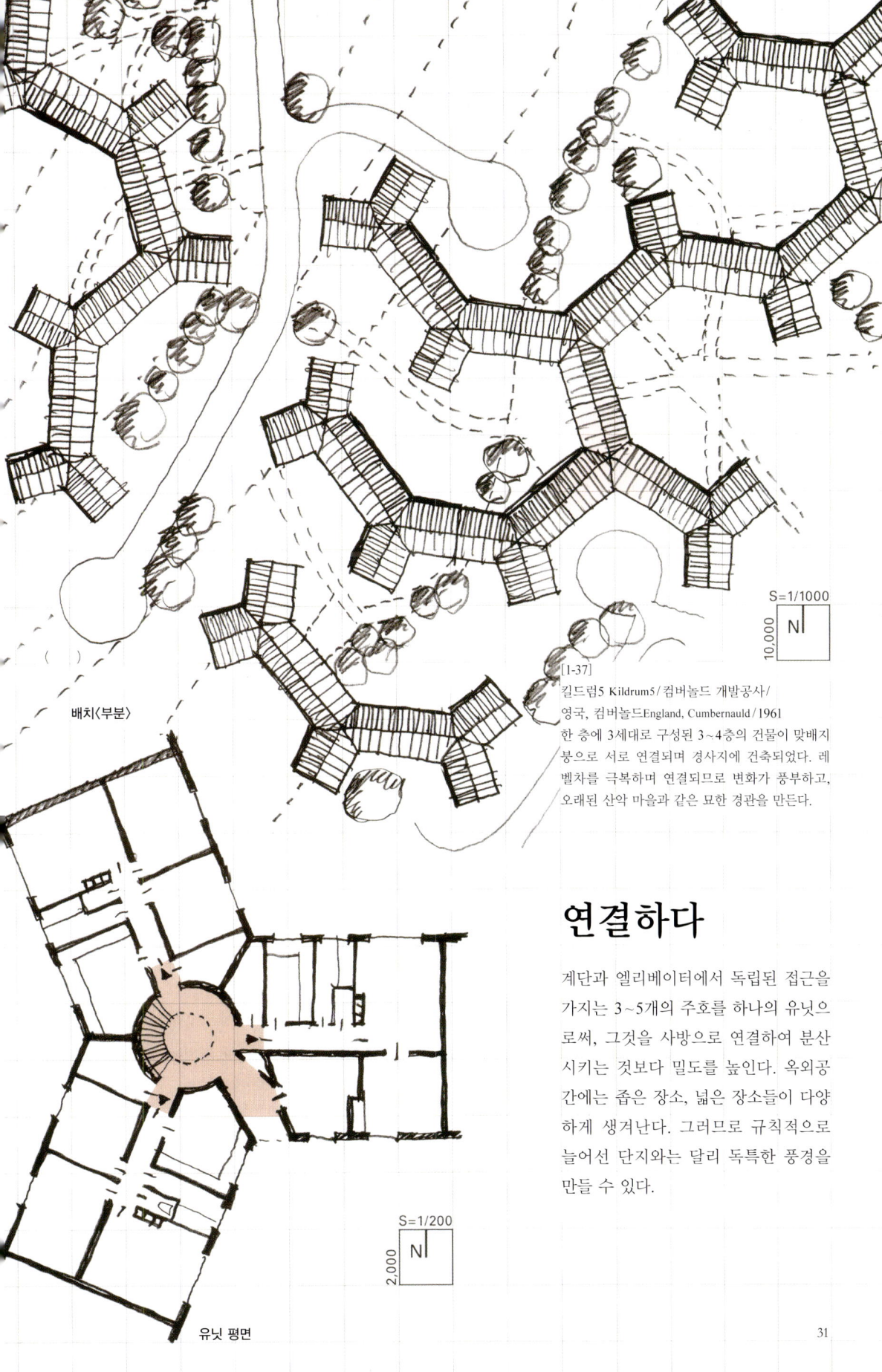

배치〈부분〉

[1-37]
킬드럼5 Kildrum5 / 컴버놀드 개발공사 /
영국, 컴버놀드England, Cumbernauld / 1961
한 층에 3세대로 구성된 3~4층의 건물이 맞배지붕으로 서로 연결되며 경사지에 건축되었다. 레벨차를 극복하며 연결되므로 변화가 풍부하고, 오래된 산악 마을과 같은 묘한 경관을 만든다.

연결하다

계단과 엘리베이터에서 독립된 접근을 가지는 3~5개의 주호를 하나의 유닛으로써, 그것을 사방으로 연결하여 분산시키는 것보다 밀도를 높인다. 옥외공간에는 좁은 장소, 넓은 장소들이 다양하게 생겨난다. 그러므로 규칙적으로 늘어선 단지와는 달리 독특한 풍경을 만들 수 있다.

유닛 평면

단면상에서 조합하다

단위 주호를 집합하는 방법은 3차원적으로도 생각할 수 있다. 주호의 형태나 창이 설치된 방향을 포함하여 풍부한 주거 공간을 고려함에 있어서 상하좌우에 접하는 주호와 어떻게 조합하며, 접근 경로를 어떻게 할지를 생각해야 한다.

예를 들어, 아래 층 주호의 일부 공간에서 천장고를 높이면 위층 주호의 바닥 일부가 높아질 것이다. 이렇게 공간을 단면상에서 효율적인 사용이 가능하도록 밀도를 높인다면 복도와 계단, 엘리베이터 등으로부터의 접근 경로를 어떻게 할지를 포함하여 단면상에서, 또는 3차원의 퍼즐과 같은 차원에서 검토가 필요하다. 또한 공동주택이더라도 단독 주택처럼 보이드나 개방감 있는 테라스도 계획할 수 있으며 의외의 방향에서 조망이 가능하거나 매력적인 접근 경로를 마련할 수도 있다.

[1-39]
유니테 다비타시옹-Unité d'Habitation / 르 꼬르뷔지에Le Corbusier / 프랑스, 마르세유France, Marseille / 1952
공용의 복도는 중복도 형식으로 3개 층마다 위치한다. 그만큼 단위 주호가 고밀도로 배치된다는 것이다. 단면상으로는 복층형의 2호 조합이며, 각 주호는 서쪽과 동쪽에 개구부를 확보하고 있다. 단위 주호의 폭은 안목치수가 3,660㎜이며, 천장고는 2,200㎜정도지만 높이 4,800㎜의 보이드가 있어서 개방감을 조율하고 있다.

[1-38]
해안의 공동 주택 ALTO B / 야치다 아키오矢田章夫 / 도쿄도 / 1997
바다에 면한 조망을 살리기 위해 높이와 폭이 5m 이상인 2층의 보이드 공간을 거실로 하고, 층고 2.8m의 왯존Wet zone과 실의 유닛을 상하로 조합하였다. 단위 주호로 진입하는 현관은 각 층마다 위치한다.

단면

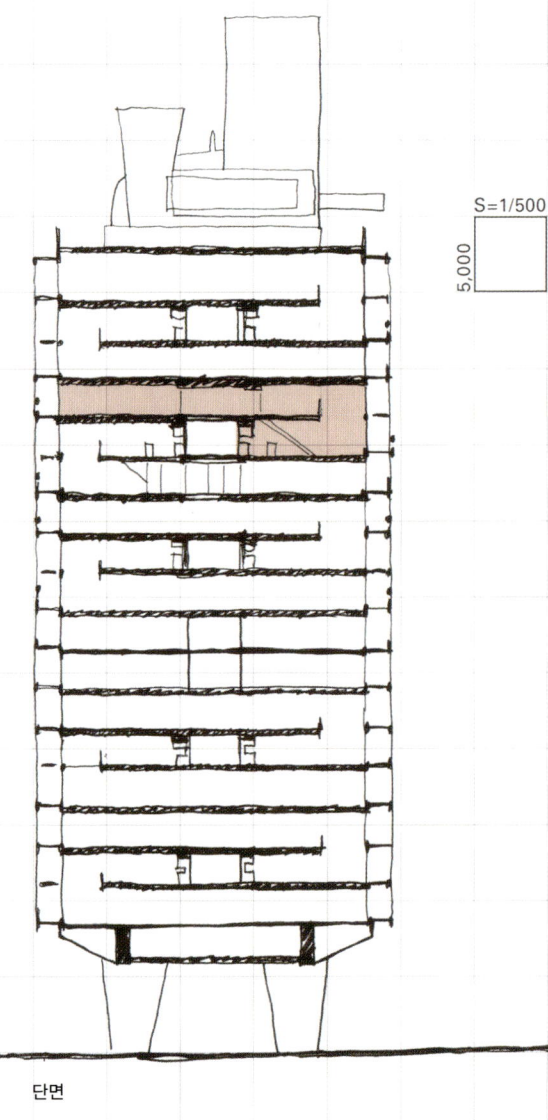

단면

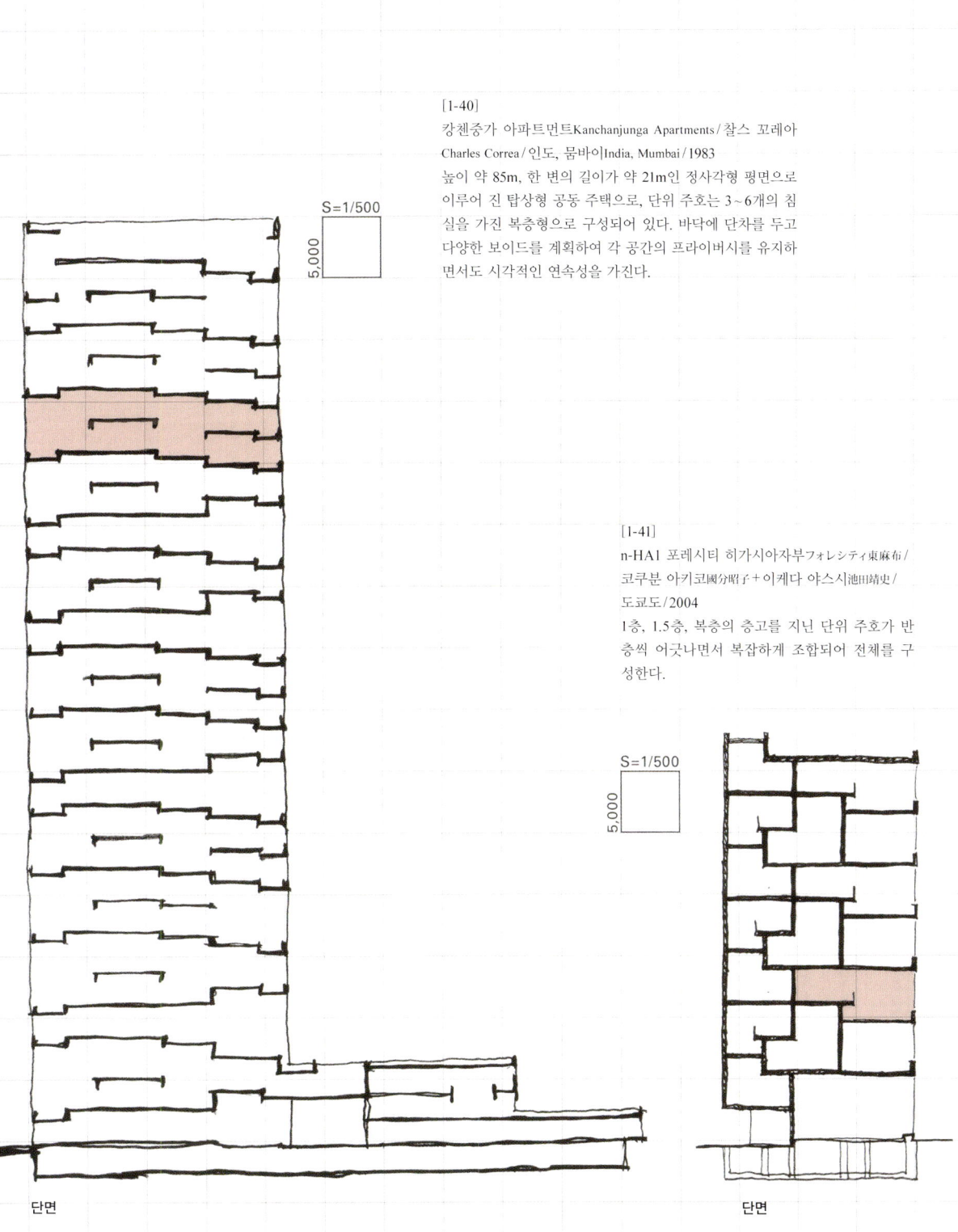

[1-40]
캉첸중가 아파트먼트Kanchanjunga Apartments / 찰스 꼬레아
Charles Correa / 인도, 뭄바이India, Mumbai / 1983
높이 약 85m, 한 변의 길이가 약 21m인 정사각형 평면으로 이루어 진 탑상형 공동 주택으로, 단위 주호는 3~6개의 침실을 가진 복층형으로 구성되어 있다. 바닥에 단차를 두고 다양한 보이드를 계획하여 각 공간의 프라이버시를 유지하면서도 시각적인 연속성을 가진다.

[1-41]
n-HA1 포레시티 히가시아자부フォレシティ東麻布 / 코쿠분 아키코國分昭子 + 이케다 야스시池田靖史 / 도쿄도 / 2004
1층, 1.5층, 복층의 층고를 지닌 단위 주호가 반 층씩 어긋나면서 복잡하게 조합되어 전체를 구성한다.

단면 단면

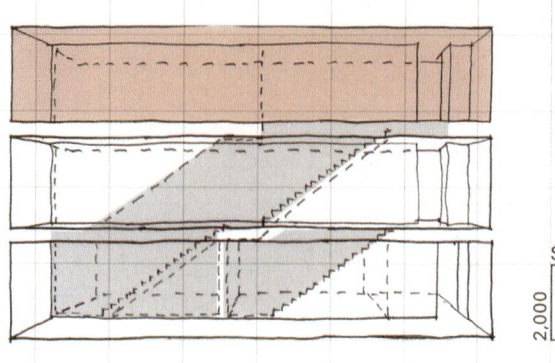

[1-42]
스핏텔호프 에스테토Spittelhof Housing Estate /
피터 줌토르Peter Zumthor / 스위스,
바젤란트Switzerland, Basel-Land / 1996
모든 단위 주호의 현관이 1층에 있는 연립 주택 형식의 공동 주택이다. 1층, 2층, 3층의 각 주호는 전용계단이 집중된 현관홀에서 접근이 이루어진다.

단면 투시도〈부분〉

단면상에서 조합하다

천장의 높이 변화는 여러 가지 계획적 가능성을 줄 수 있으며, 단위 주호 내에서도 공간의 융통성 있는 변화를 만들 수 있다. 일본에서는 1.4m의 높이는 수납공간으로 사용할 수 있으면서도 층수에는 들어가지 않는다. 거실의 높이는 2.1m 이상이 필요하지만, 대체로 2.4m 전후다. 내부 공간의 높이가 3~3.5m 정도라면 좁은 공간이라도 개방감이 생겨난다. 2개 층이 들어갈 수 있는 4.5m 이상의 천장고라면 보이드를 계획하여 계단을 두

고 위층과의 공간적 연속성도 고려해 볼 수 있다. 이렇게 보이드 공간에 접한 계단을 오르내리고, 위에서 아래층을 바라보거나 아래에서 위층을 바라보면 다이내믹한 공간이 만들어 질 수 있다.
또 남과 북, 동과 서 등과 같이 마주보는 방향에 창을 두면 통풍도 좋을 뿐만 아니라 조망도 즐길 수 있다.

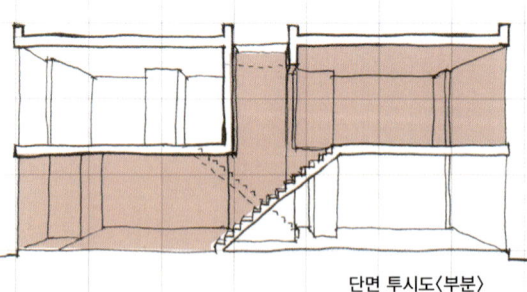

단면 투시도〈부분〉

[1-43]
crevice / 세키네 유지関根裕司 / 도쿄도 / 2001
그림의 단면 오른쪽이 북측의 도로에 접해 있다. 남측과 북측의 2층과 3층을 단면상으로 교차하도록 계단으로 연결한다. 이런 식으로 현관을 다른 층에 두어 각 주호가 남쪽에 면하도록 하였다.

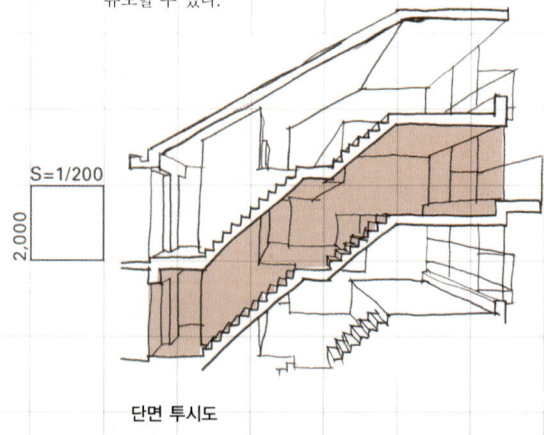

[1-44]
FLEG 지유가오카自由が丘 / 와타나베 야스시渡辺康 / 도쿄도 / 2006
북쪽의 현관에서 남쪽의 거실과 발코니까지 세 단계의 레벨차를 가지고 올라가도록 단위 주호가 계획되었으며, 이러한 단위 주호는 단면상에서 4개의 유닛이 중첩되어 있다. 단위 주호 내의 가장 높은 레벨까지는 1.5층 높이로 계단으로 공간을 연결하고 있다. 이런 단차를 지닌 평면 구성에 의해 남쪽으로부터의 채광도 북쪽의 깊숙한 공간까지 유도할 수 있다.

단면 투시도

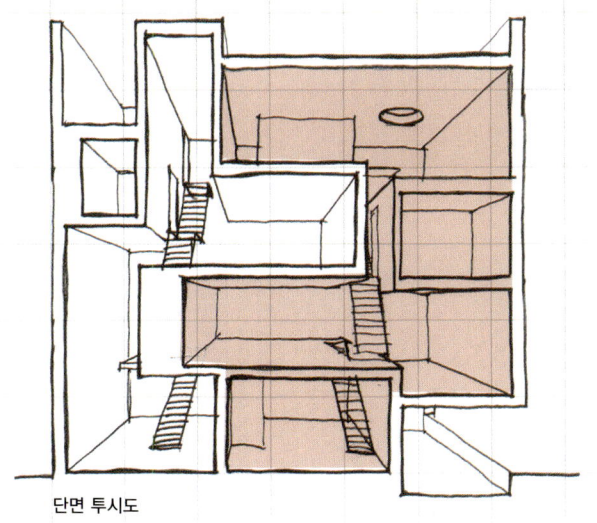

단면 투시도

[1-45]
위트레흐트 연립 주택Double House Utrecht /
MVRDV / 네덜란드, 위트레흐트Netherlands,
Utrecht / 1997
단위 주호 사이의 요철된 경계벽을 단면상으로
끼워 맞추고 2개의 주호가 관계를 맺도록 계획되
었다. 각각의 단위 주호의 장점과 특징을 잘 살려
이상적인 공간을 제공할 수 있다.

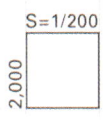
S=1/200
2,000

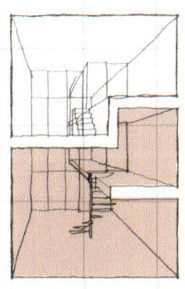
단면 투시도

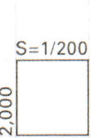
S=1/200
2,000

[1-46] Hi-ROOMS 테츠가쿠도哲学堂 / 와타나베
야스시 / 도쿄도 / 2006
단위 주호의 면적이 크지 않기 때문에 1층과 1.5
층 높이의 층고를 조합하였다. 'n-HA1 포레시티
히가시 아자부'와 마찬가지로 1층, 1.5층, 복층 층
고의 단위 주호가 반 층 높이로 어긋나면서 복잡
하게 조합된다.

[1-47]
네리마練馬의 공동 주택 / 야치다 아키오 /
도쿄도 / 2007
중앙에 웻존Wet zone을 배치하고 그 주변을 감싸
듯이 1.5층 높이의 리빙-다이닝과 1층 높이의 침
실공간을 조합하였다.

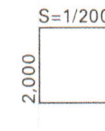
S=1/200
2,000

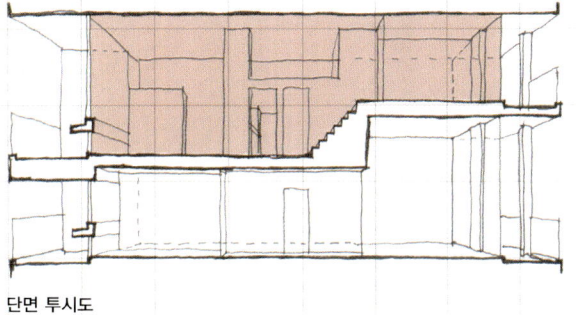
단면 투시도

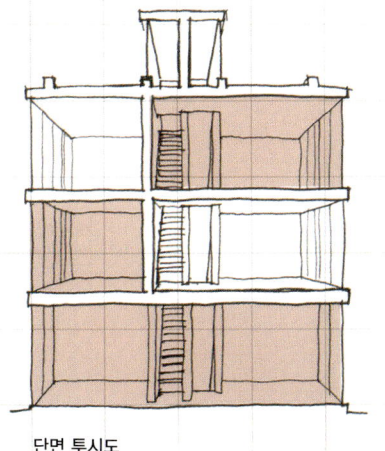
단면 투시도

[1-48] Glasfall / 키타야마 코우 / 도쿄도 / 2008
남북을 향해 열린 연립 주택 형식의 협동 조합
주택Corporative이다. 각 주호로의 진입은 북측
(그림의 오른쪽)의 1층에 위치한다. 각 주호는
중앙에 있는 주호 내의 전용계단을 이용하여 아
래층 혹은 위층의 반대편 실로 번갈아 이어지고
전용으로 사용하는 옥상까지 연결된다.

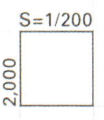
S=1/200
2,000

입체적으로 조합하다

대지가 여유 있고 계획 규모도 커지면 외부 공간을 넓게 확보하여 매력적인 공용 공간으로 제공할 수 있다. 건물을 움푹 파내거나, 뒤로 밀어서 테라스나 개구부를 계획한다면 이렇게 마련된 공용 공간이나 외관에 의해 공동 주택의 입체적인 매력이 생겨난다.
여기에서 소개하는 작품 외에도 '프롬 퍼스트 빌딩フロム·ファースト·ビル'(야마시타 카즈마사山下和正, 도쿄東京, 1976년)이나 '사쿠라다이 코트 빌리지桜台コートビレジ'(우치이 쇼조内井昭蔵, 카나가와神奈川, 1970년) 등이 대표적인 예이다.

[1-49]
오드햄스 워크Odhams Walk/그레이트 런던 위원회/영국, 런던England, London/1981

런던 시내의 입체 가로형 도시공동 주택. 도로로 둘러싸인 블록의 1, 2층에는 작은 오피스, 상점, 클리닉, 노인클럽 등이 혼재한다. 2개의 출입구에서 마당을 통과하면 개방된 옥외 계단과 통로와 함께 4층의 루프형의 입체 가로가 눈에 들어온다. 그리고 이 입체 가로를 통해 각각의 주호로 접근한다. 이 4층의 입체 가로는 20세대를 수평으로 연결하며, 입체 가로의 곳곳에는 알코브를 두어 수목을 식재하고 벤치를 설치하였다. 한편 4층까지의 직통 계단과 엘리베이터가 대지의 모퉁이 두 곳에 대각선으로 설치되어 장애인이나 짐의 운반 등도 고려하였다. 이 4층의 입체 가로에서 5층, 6층의 주호로 이어지는 계단을 설치하여 상부 세대로의 접근로도 확보하였다.
위층으로 갈수록 주호수가 줄어들며 모든 레벨에서 정원을 계획하여 도시의 중심부라고 믿기 힘들 정도의 쾌적함을 확보하였다. 회유하는 미로와 같은 통로는 소규모의 준공적 공간을 연결하며 주거 공간의 변화를 풍부하게 한다.

투시도

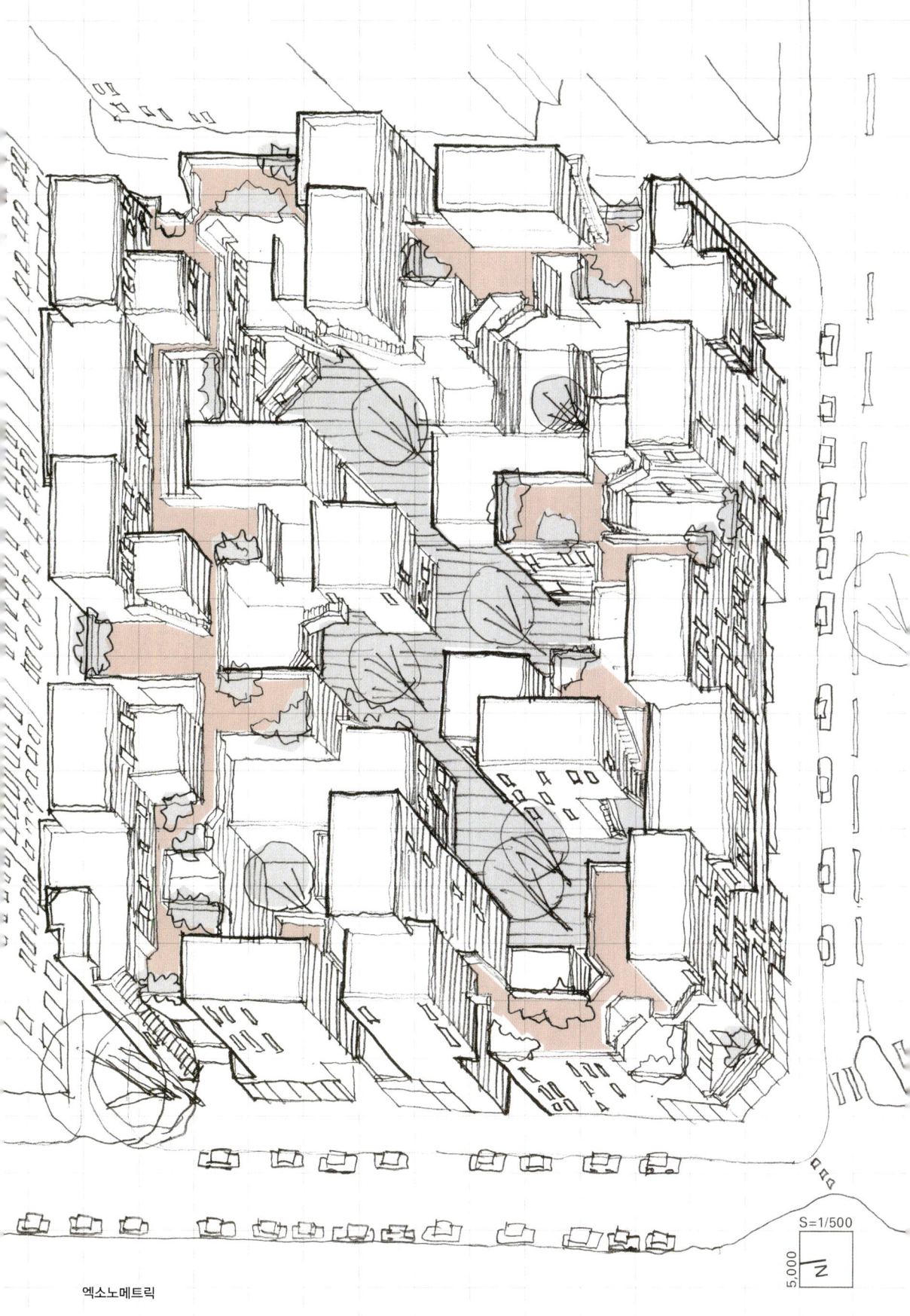

엑소노메트릭

S=1/500

입체적으로 조합하다

투시도

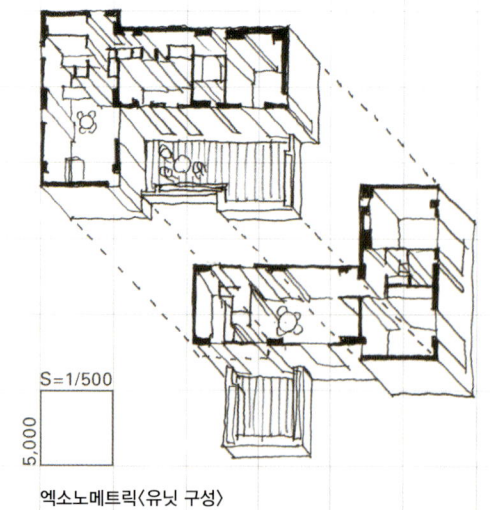

엑소노메트릭〈유닛 구성〉

[1-50]
해비타트 '67 Habitat '67/ 모쉐 사프디Moshe Safdie/ 캐나다, 몬트리올Canada, Montreal / 1967

몬트리올 만국 박람회를 즈음하여 건설된 고층 공동 주택이다. 354개의 프리캐스트콘크리트 박스로 조합되었고, 각각의 크기는 $1,173^L \times 533^W \times 305^H$cm로, 바닥 면적은 $62.5m^2$, 무게 약 70~90t이며 바닥과 벽은 하나의 거푸집으로 타설하였고 지붕은 나중에 타설되었다. 단위 주호는 이 박스 1~3개 유닛의 조합으로 이루어지며 평면타입은 16개이다. 각각의 박스는 중심이 아래층 박스 모듈의 구조벽에 위치하도록 적층된다. 대부분의 유닛은 왼쪽 그림의 L형과 그 반전형으로 쌓아 올렸으며, 이로써 다양한 형태와 공간이 생겨난 것이 놀랍다.

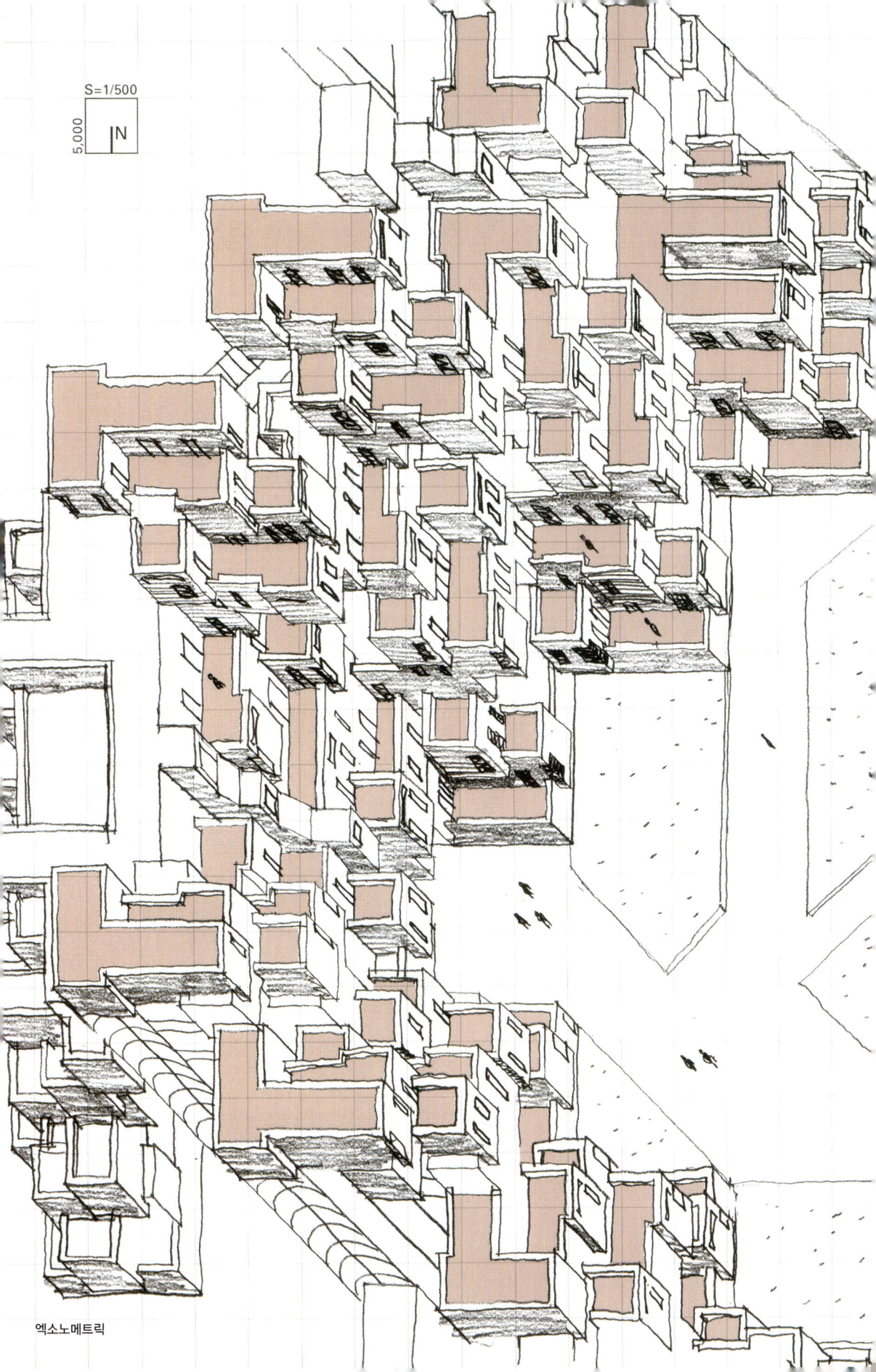

엑소노메트릭

입체적으로 조합하다

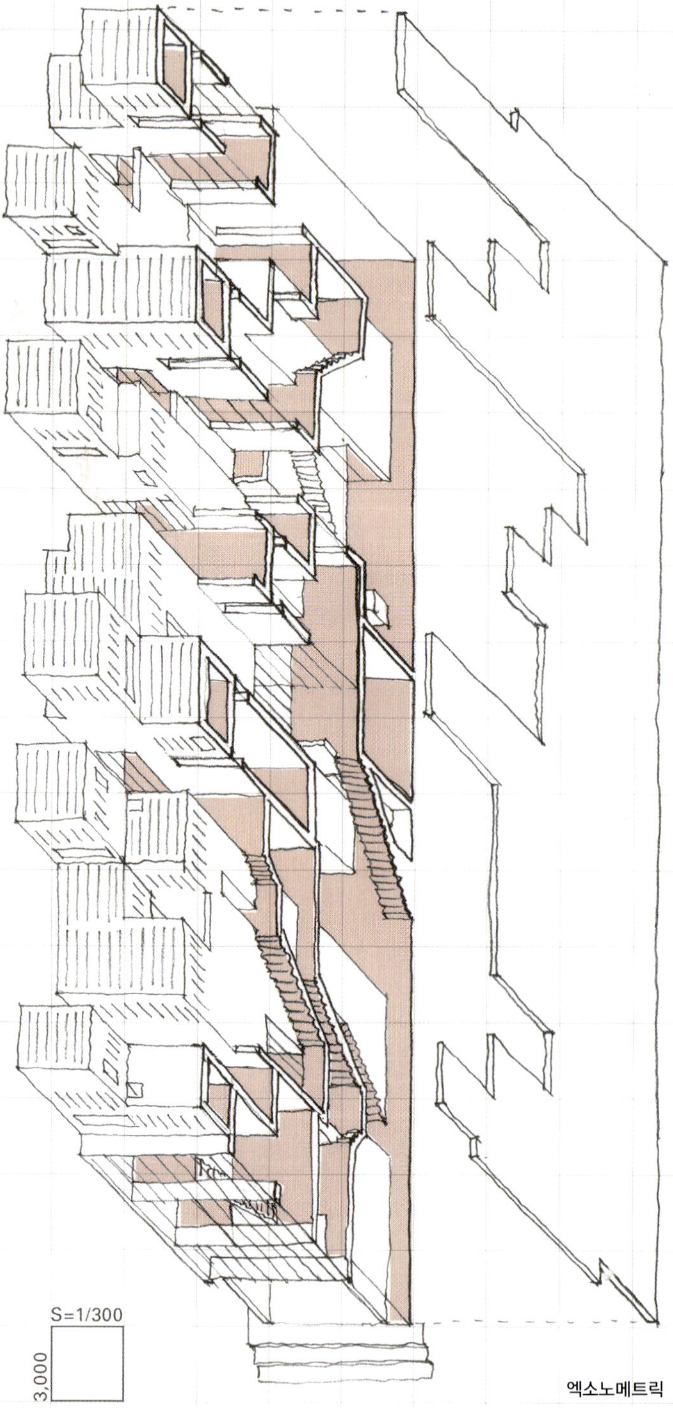

[1-51]
스페이스 블록 하노이 모델 Space Blocks Hanoi Model / 코지마 카즈히로小嶋一浩 + 도쿄이과대학東京理科大学 코지마 연구실 + 도쿄대東京大 생산기술연구소 마가리부치曲渕 연구실 / 베트남, 하노이 Vietnam, Hanoi / 2003

고온 다습한 동남아의 밀도 높은 시가지를 고려한 실험 주택이다. 이 지역의 건물은 폭이 좁고 깊이가 깊은 것이 특징이며 이를 현대적으로 정리하고 재건축하는 계획이다. 고밀의 주거이지만 에어컨을 상시로 사용하지 않도록 내부 공간의 보이드와 외부 공간에 정원을 입체적으로 조성하여 통풍과 환기에 대한 시뮬레이션을 하였다. 좁고 긴 공간을 다루는 설계자의 아이디어와 동남아의 반 옥외적인 라이프 스타일에 적절한 개구부를 계획하는 방법이 조화로우면서도 다공형의 매력적인 공간을 제시하였다.

기본적으로 2,600mm의 단위 모듈에 층고 2,700mm의 큐브를 기준으로 하며, 지역의 인구밀도 1,000명/ha를 고려하여 여섯 가족, 30명의 거주인을 수용하고자 하였다. 전체 연면적은 400m² 정도로 1인당 약 13.3m² (2,600mm 모듈의 큐브 2개) 이다. 전체 규모에서 비워둔 영역의 비율은 50%이다.

엑소노메트릭

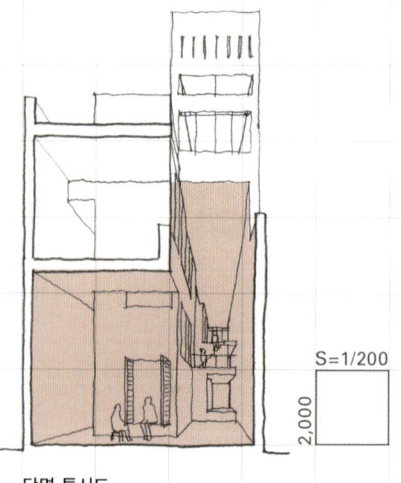

단면 투시도

모
여
서
살
기

제2장

모여 사는 〈관계〉

[2-1]
모리야마 주택森山邸/니시자와 류에西沢立衛/도쿄도/2005

[2-2]
쿠마모토 현영熊本県営 호타쿠보保田窪 제1단지/야마모토 리켄山本理顕/
쿠마모토현熊本県/1991

1장에서는 다양한 집합 방식의 관점에서 '모여서 살기'라는 것에 대해 살펴보았다. 2장에서는 전체와 개인 또는 사람과 사람의 관계라는 관점에서 '모여서 살기'를 바라볼 것이다. 이 책의 목적 중 하나는 상식에 얽매이기 보다는 '모여서 살기'라는 것을 단서로 하여 건축의 가능성을 최대한 찾는 것이다. 현대 사회는 개인을 둘러싸고 있는 가족이나 사회나 국가 등에 반드시 얽매이지는 않는다. 그러므로 사람 자체에 초점을 두고 '모여서 살기'를 생각해 보자.

우선 떠오르는 것이 1968년 세르지 체르마

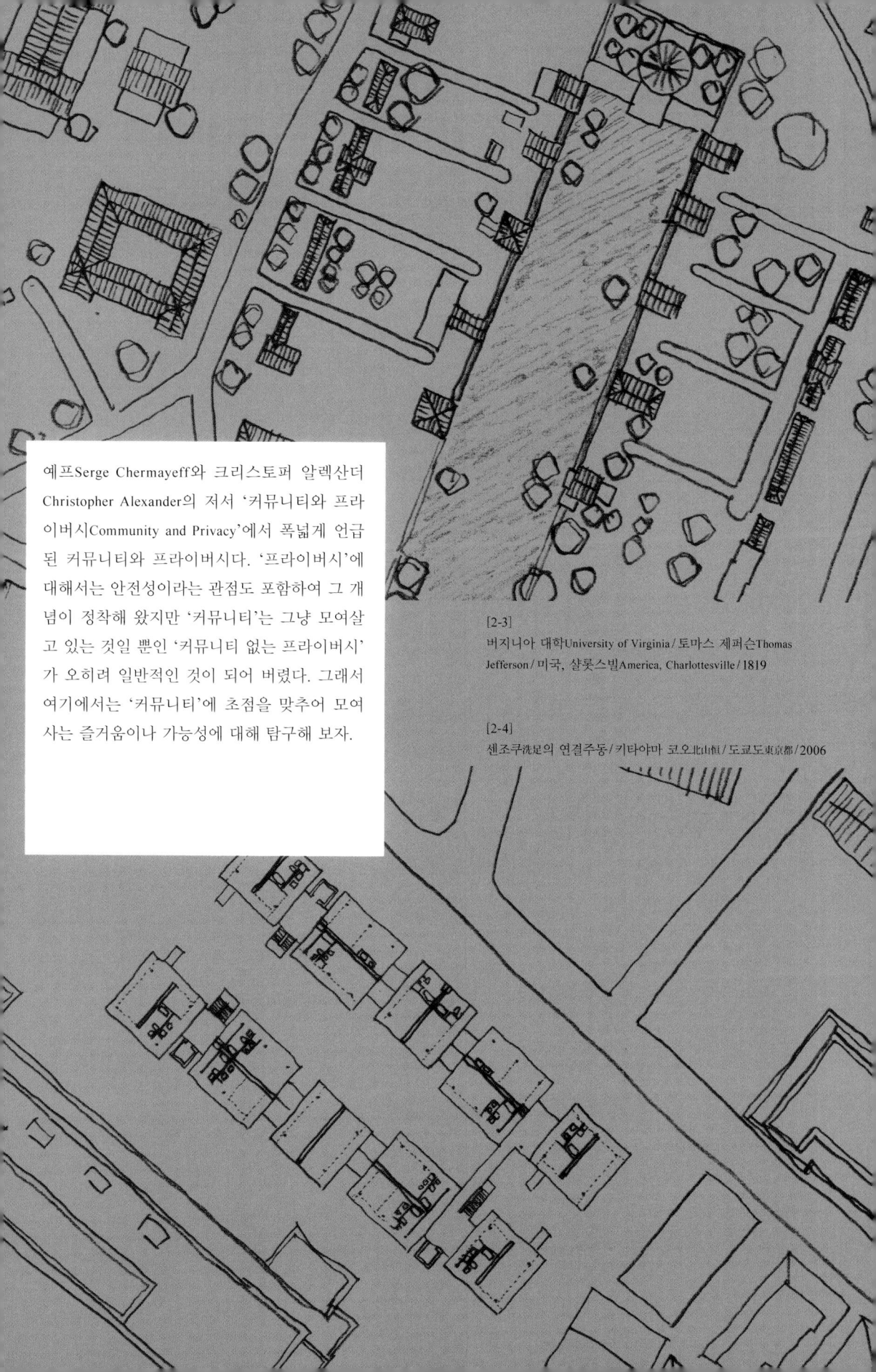

예프Serge Chermayeff와 크리스토퍼 알렉산더 Christopher Alexander의 저서 '커뮤니티와 프라이버시Community and Privacy'에서 폭넓게 언급된 커뮤니티와 프라이버시다. '프라이버시'에 대해서는 안전성이라는 관점도 포함하여 그 개념이 정착해 왔지만 '커뮤니티'는 그냥 모여살고 있는 것일 뿐인 '커뮤니티 없는 프라이버시'가 오히려 일반적인 것이 되어 버렸다. 그래서 여기에서는 '커뮤니티'에 초점을 맞추어 모여 사는 즐거움이나 가능성에 대해 탐구해 보자.

[2-3]
버지니아 대학University of Virginia/토마스 제퍼슨Thomas Jefferson/미국, 샬롯스빌America, Charlottesville/1819

[2-4]
센조쿠洗足의 연결주동/키타야마 코오北山恒/도쿄도東京都/2006

영역을 다이어그램으로 생각하며

세르지 체르마예프와 크리스토퍼 알렉산더의 '커뮤니티와 프라이버시'가 강한 임팩트를 준 것은 그 주제도 물론이거니와 공간을 영역으로 받아들여 다이어그램이라는 도식으로 검토한 데에 있다. 즉 주거 공간을 단순히 실의 집합으로 여긴 것이 아니라 영역의 중첩으로 이해하여 여러 생각들을 명확히 드러낸 것이다. 또한 이미지가 고정된 침실, 거실, 식사실이라는 실명을 사용하지 않고 개인의 영역, 가족의 영역, 식사의 영역이라는 보다 넓은 의미를 가진 명칭을 영역에 대응시킴으로써 공간을 생각하는 사고를 더욱 유연하게 하고자 했다.

일반적인 공동 주택의 단위 주호 하나를 다이어그램으로 표현하면서 시작해보자. 전후戰後 일본에서 국민들이 접하게 된 '아파트'는 nLDK라는 표기법이 상징하듯 LDK 또는 DK라는 가족 영역과 필요한 n개의 개인 영역으로 이루어져 있다. 예를 들면 3LDK라고 하면 대체로 [2-5], [2-6]과 같은 다이어그램으로 그릴 수 있다. 개인 영역 중, 실 하나는 다다미畳가 깔린 일본식 실로 구성하며 가족 영역과 미서기문으로 구분할 수 있는 변형도 있다.

그렇다면 같은 구성 요소로 [2-7]과 같은 다이어그램은 어떠한가. 이것은 가족 영역을 통과하지 않으면 밖으로 나갈 수 없는 구성으로 가족의 커뮤니케이션이라는 측면에서는 우수하지만, 실제로는 극소수이다. 이의 변형으로 개인 영역이 가족 영역에 바로 연결될 수도 있다. 연결 방법을 고민하면 생각 외의 재미있는 유닛이 될지도 모른다.

도면화하기 전에 여러 가지를 간단히 다이어그램으로 생각해 보자. 공간을 생각한다는 것은 보통은 머릿속에서 공간을 그려보는 것에서부터 시작된다. 이런 경우, 머릿속의 데이터베이스는 보통은 과거나 현실에서 체험한 공간 혹은 책이나 영화 등을 통해 입력된 공간으로 한정되어 있고 미지의 공간으로는 좀처럼 확장되지 못한다. 그러나 다이어그램으로 생각해보면, 원래의 데이터베이스가 거의 제로에 가까워지므로 고정 관념에 묶일 가능성은 적어질 것이다. 즉 다이어그램에서라면 체험한 적이 없는 구성을 쉽게 그릴 수 있다는 것이다. 예를 들어 [2-7]의 개인 영역에 각각 외부 영역으로의 출입구가 있다면 어떨까?[2-8] 혹은 개인 영역과 가족 영역 사이에 또 하나의 영역이 있다면 어떨까?

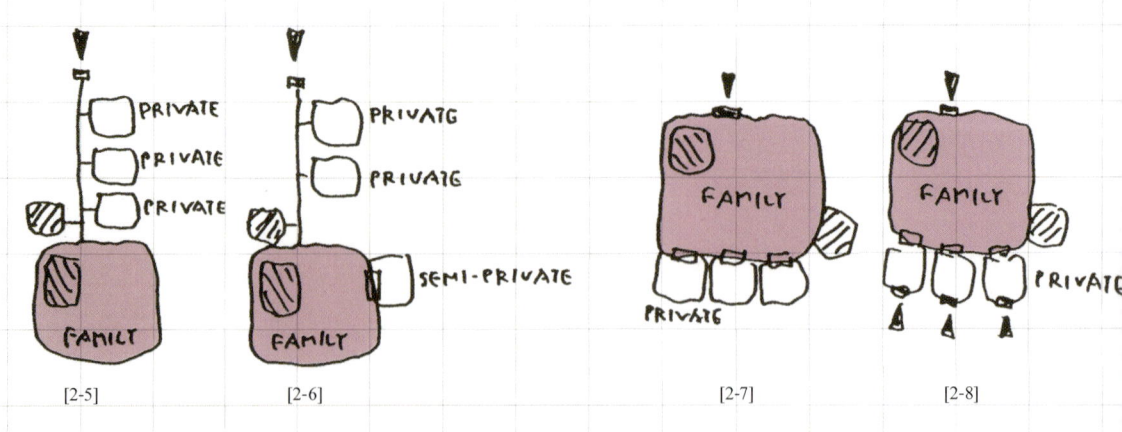

[2-5]　　　　[2-6]　　　　　　　　[2-7]　　　　[2-8]

 개실　　 왯존 Wet Zone　　 공용 공간

이렇게 단위 주호 내의 실 구성과 함께 이번에는 단위 주호의 집합 방식을 다이어그램으로 생각해 보자. 우선 간단히 8개 단위 주호의 집합체를 생각해 보자. 8개란 '많다'라는 의미로 생각하면 될 것이다. 입구가 복도 쪽에 일렬로 늘어서 있는 것은 흔히 볼 수 있는 재미없는 집합 방법이다. 다이어그램에서 보듯이 커뮤니티는 전혀 생각할 수 없다.[2-9]

이 8개의 유닛에 공용의 영역을 마련한다면 어떨까? '모여서 살기'의 상상이 비로소 시작될 것이다. 이 영역을 사각형으로 해서 끼워 넣거나, 원형으로 에워싸는 등의 변형은 여러 가지일 수 있다. 이 영역이 옥외에 있다면 영국의 공동 주택에서 보이는 '코먼Common'이라고 불리는 중정에 가까운 것일 수도 있지만, 건물 내부에 있을 수도 있다. 영역에 이름이 붙어 특별한 이미지가 부여되면 다이어그램의 형상이 선명해지는 반면, 그 영역의 성격은 제한적이 된다.

그러므로 여기에서는 구체적인 이름을 붙이는 대신 영역A라고 부르기로 한다.[2-10]

영역A와 함께 각 주호의 진입 부분에 또 하나의 공용 영역B를 붙여 보자. 이렇게 되면 영역A는 단위 주호 거주인 전용의 커뮤니티 영역으로 구성할 수 있고, 영역B는 더 많은 주호와 사람들이 공용으로 사용하는 공공 영역으로 영역A와는 다른 성격을 가질 수 있을 것이다.[2-11]

영역A 없이 영역B만 있는 다이어그램도 생각해 볼 수 있으며, 그 변형도 가능하다.[2-12] 공공 영역을 가진다는 것은 도시와 관련성을 지니는 것이다. 도시라고 하는 환경 속에 존재하는 공동 주택이 주위의 콘텍스트 Context와 단절되어 관계없이 존재하는 것이 아니라 건물과 도시 사이에서 상호 작용하는 관계로 존재하는 것이 바람직하다.

단위 주호를 하나의 영역으로 표시했지만, 이 단위 주호를 더 분해하여 8개의 조합을 모아본다면 다이어그램은 더 복잡하고 흥미롭게 구성될 수 있다.[2-13]

즉 8개의 가족 영역과 8×n개의 개인 영역이 영역A를 둘러싸고 있다. 이렇게 되면 가족이라는 개념이 달라질지도 모른다. 영역A 속에 목욕 시설이나 식당 등의 공용 공간을 가진 다이어그램은 지금은 드문 사례가 아니다.

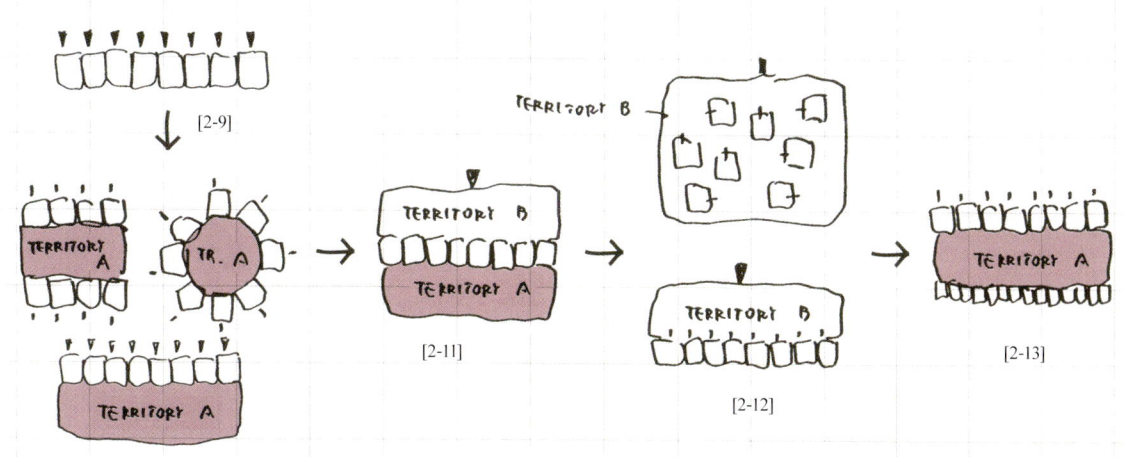

[2-9]
[2-10]
[2-11]
[2-12]
[2-13]

사람 중심으로 생각하기

'공동 주택'이라고 하면 어떤 건축을 떠올릴 것인가. 21세기 초까지도 일본에서는 대다수의 사람들이 이른바 '아파트'를 떠올릴 것이다. 그래서 설계수업의 과제로 공동 주택이 등장하면 대부분의 학생들은 'nLDK의 집합체'로서의 아파트에서부터 사고를 시작한다. 이 'nLDK의 집합체'를 조금 더 객관적으로 정리해 보면 놀랄 만큼 완전히 정형화되어 있음을 알 수 있다.

우선, 단위 주호는 하나의 가족 또는 한 개인과 일대일로 대응하고 있다. 즉 주호는 대부분 K, DK 또는 LDK와 개실의 조합이다. nK, nDK 또는 $nLDK$ ($n=0,1,2,3,4...$)인 셈이다. 1K, 2DK, 2LDK, 3LDK 그리고 이른바 '원룸'(0DK로 표기할 수 있을까?) 등이다. 그 주호가 여러 층으로 쌓이고 집적되어 있으며, 각각의 단위 주호로 진입하기 위한 공간 이외에는 대부분 공용 공간이 없다. 있다고 하더라도 겨우 관리실, 집회실, 쓰레기장, 주차장, 자전거 보관소 등이다. 이 아파트가 현대인들에게 인식된 하나의 주거 유형임에는 틀림없지만, 공동 주택과 동의어가 아니라 공동 주택 중 하나의 유형일 뿐임을 먼저 확인하고자 한다.

인간이 창조하는 모든 것들이 그 당시의 사회상을 반영하는 것은 당연하다. 그 사회를 규정하는 중요한 요소는 경제적 관점으로, 도시에 존재하는 건축물들은 바로 이 경제적 관점에 의해 크게 규정된다. 구체적으로 말하면 '팔기 쉬운 아파트'나 '빌려 주기 쉬운 임대'가 점점 늘어나게 되는 것이다. 우리가 사는 사회는 상당히 복잡하므로 '팔기 쉬운', '빌려 주기 쉬운'도 그렇게 단순한 개념은 아니지만, 경제적 관점에서 경제 효과를 가장 효율적으로 향상시키기 위해서는 '팔기 쉬운', '빌려주기 쉬운'을 쉽게 판단할 수 있어야 한다. 현대 산업 사회에 적합하다고 생각하는 특정한 인간상을 설정하고 대다수의 인간을 여기에 맞추어 가면서, 한편으로는 대량 생산·대량 소비를 실현하며 효율적으로 발전해 왔다. 일본의 경우 '남편이 직장인, 아내는 가정주부, 아이는 두 명'이라고 정부가 말하는 표준 가구가 이에 해당한다. 이러한 가족상에 대응해 구조화한 것이 2LDK, 3LDK라고 하는 '아파트'다.

여기서는 정형화된 인간상에 얽매이지 않고 '모여서 살기'를 살펴봄으로서 '모여서 살기'라는 것의 가능성을 추구하고자 한다. 그 배경에는 미래 시대 인류가 목표로 하는 사회의 비전도 담겨 있음은 말할 필요도 없다. 즉 건축은 필연적으로 사회를 반영하고 있지만, 한편으로는 지어지고 난 후에는 사회에 작용하는 힘도 생겨난다는 것이다.

공동 주택에 대한 고정 관념이나, 기성의 가치관, 또는 상식이라는 것을 일단 백지화 시켜보자. 공동 주택을 설계한다는 것은 단적으로 말하면 인간의 생활 방식에 대한 문제이며 그런 의미에서는 단독 주택과 차이가 없다. 우선 인간을 관찰하고 그 생활 방식의 다양성을 파악하고 인간이 모여 사는 것에 대한 고민에서 시작해 보자.

이해하기 쉽도록 개인으로부터 사회에 이르기까지 세 가지의 다른 시점을 설정해보자. ① 한 사람의 개인이나 혹은 주거 단위를 구성하는 일원으로서의 시점, ② 커뮤니티를 구성하는 일원으로서의 시점, ③ 사회·도시를 구성하는 일원으로서의 시점이다. 스스로 생각해 보더라도 개인으로서 자신은 동시에 가족과 함께하거나 어떤 회사 혹은 학교 등에도 중복되어 속해 있다. 이렇게 동시에 다른 시점에 속한 일원이므로 서로 구분하여 개인을 살피는 것은 매우 복잡한 생명체인 인간의 삶을 고민할 때 분명히 도움이 될 것이다.

① 한 사람의 개인이나 주거 단위를 구성하는 일원으로서의 시점

우선, 생명을 지닌 존재로서 한 인간을 보자. 안심하고 잘 수 있는 공간, 즉 비바람에도 견딜 수 있고, 외부의 적에게 공격받지 않는 곳이 필요하다. 잠을 잘 때는 어두워지고, 낮에는 적당히 빛이 유입되며, 통풍이 잘 되는 공간이면 더 좋을 것이다. 인간은 각자의 개성이 있는 다양한 존재이다. 정형화된 모델을 만들어 내는 과정에서 소외당한 소수의 사람들에 대해서도 잘 관찰해 보자.

이제 개인이 '모여서 살기'를 고민한다면 어떠한 유닛(주거 단위)을 고안할 수 있을지 생각해 보자. 가장 작은 유닛은 1인 주거의 공간이다. 심플한 듯하지만 잘 관찰해 보면 의외로 다양하다. 하나의 유닛 속에 대부분의 기능이 완비되어 있는 일반적인 원룸부터 욕실도 화장실도 없는 방까지, 유닛의 자율성 정도도 단계가 있을 것이다. 불특정 다수가 모여서 서로를 거의 의식하지 않고 살고 있는 도시의 일반적인 원룸 아파트는 아마 현대 사회를 꽤 정확하게 반영하고 있는 것이다. 이런 원룸에서 타인과의 커뮤니케이션은 인터넷을 통해서 이루어지며, 현실의 주거 공간에서의 직접적인 교류를 감소시키는 라이프 스타일이 일반화되었다. 이런 환경에서는 미래 인간 사회의 비전을 찾을 수 없다. 이보다는 오히려 하숙집, 셋방, 기숙사 등의 '독신 생활의 집합체'에서 더 정서적인 교류를 나눌 수 있는 것은 아닐까? 또는 공통의 취미를 가진 타인이 모여 사는 예로서는 오토바이 차고가 딸린 다세대 주택도 있다. 단위 주호에서의 사생활 보호가 최대인 것은 호텔이며, 이 호텔과 아파트의 중간 단계인 장기 투숙 호텔이나 위클리 아파트 Weekly APT도 있다.

다음으로 두 명 이상으로 구성되는 유닛을 생각해 보자. 이 유닛의 최소 단위는 두 사람이다. 일반적으로는 남녀 한 쌍이 사는 유닛을 생각할 수 있겠지만, 물론 남자 두 명, 여자 두 명이 주거하는 유닛도 가능하다. 이런 유닛의 내부 공간을 구성하면서 개인의 사생활을 보호하는 폭넓은 변화를 생각할 수 있다. 두 사람의 영역이 똑같고 개인의 사생활은 거의 없는 경우가 일반적일 것이지만, 주호의 내부에 개인 영역을 어떻게 설정하는 지에 따라서 생활 방식에 변화가 생길 것이며 인간 관계에도 영향을 미칠 것이다.

둘이서 살고 있는 남녀 한 쌍의 유닛에 아이가 태어나면 사회 통념상의 가족형태는 보다 견고해진다. 도시 지역에는 핵가족이라고 불리는 이런 단일 세대 가족이 많아졌다. 그러므로 주택이든 아파트든 2LDK나 3LDK라고 불리며 일반화된 주거의 유형이 압도적인 다수를 차지하면서 핵가족 시대에 대응한 것이다.

한편으로는 소수를 이루는 주거 단위의 가능성을 생각해 보자. 즉 부부 관계에 근거하지 않는 독립된 개인이 모여 사는 유닛으로써 요즘 젊은 사람들 사이에서 확산되고 있는 셰어 하우스이다. 셰어 하우스는 설비와 공간의 일부를 공유함으로써 비용이 절감되는 경제적 이점이 있으며, 더하여 사는 사람간의 새로운 '관계'가 생긴다면 또 다른 '모여서 살기'의 한 유형을 볼 수도 있을 것이다.

평면 다이어그램

[2-14]
쿠마모토 현영 호타쿠보 제1단지 / 야먀모토 리켄 / 쿠마모토현 / 1991
각 주호에 현관과 함께 설치된 전용의 출입구를 지나지 않으면 중앙의 공용 광장으로 들어갈 수 없는 강제적인 구조에 따라 커뮤니티의 장을 창조하고자 한 시도.

② 커뮤니티를 구성하는 일원으로서의 시점

단위 주호가 모여서 생기는 집단의 가능성에 대해서 생각해 보자. 혈연, 직업, 취미 등 그룹을 규정하는 확실한 요인들이 있는 경우를 제외하면 대개는 가족단위의 형태나 연령대 등에 따라서 어느 정도 유형화된 불특정 다수의 유닛 집단을 생각할 수 있다. 이처럼 결속력이 약한 집단에게는 공용 공간의 양과 질이 '모여서 살기'라는 매력을 크게 좌우한다. 공용 공간은 어떤 것이 있을까? 안타깝지만 우리가 마주치는 '아파트'의 대부분은 이 입구 홀, 계단, 복도 등의 단위 주호로의 접근에 필요한 공간 이외에는 어린이 놀이터, 자전거 보관소, 쓰레기장, 관리실 등 밖에 없다. 좀 나은 경우라고 해야 집회소가 있는 정도이므로 '모여서 살기'의 장점을 확실히 발휘할 수 있는 공용 공간에 대해서는 상상력을 발휘해 생각할 수밖에 없다. 옥외공간은 공용 공간의 일부이지만, 함께 주거하는 사람들 간의 액티비티가 높은 장소로 활용하기 위하여 중정과 같이 외부인의 접근을 차단할 수도 있다. 도그런Dog run, 수영장, 온천 시설, 옥상 정원, 갤러리, 음악 및 사진 스튜디오, 창고 등, 취미와 관련된 공용 시설도 둘 수 있다. 게스트 하우스, 파티 룸 등은 단위 주호 차원에서는 제공할 수 없는 기능을 보완해 주는 공간이다.

직접 소유하는 공간과 일부 빌려 쓸 수 있는 공간을 혼재시키겠다는 발상도 있다. 이것은 가족 구성원의 변화에 따라 방이 더 필요해지게 되면 이를 빌려 쓸 수 있는 방식이다. 과거 사례로 도준카이同潤会*의 우에노시타 아파트上野下アパート 2호관(1927년), 미노와 아파트먼트三ノ輪アパートメント 1, 2호관(1927년) 등에서 독신실로 불렸던 공간이 그것이다.

단독 주택에서 대가족의 생활 방식을 수용하는 2세대 주거 형식의 주거 공간은 아파트에서는 좀처럼 실현되기 어렵다. nLKD에서 방의 수 n은 3정도까지를 대체로 선호하며, 4를 초과하는 경우는 공급량이 극단적으로 적고 현실적으로도 2세대 주거가 어렵다. 반면 공동주택에서 여러 가구가 공용의 공간을 셰어하는 형식은 생활 방식의 다양성이라는 점에서 새로운 가능성을 지닌다.

특별한 공간을 마련하지 않아도 복도, 계단 등의 진입 공간에 다소간의 여유를 두어 풍부한 공용 공간으로 거듭날 수도 있다. 주택은 상품의 성격을 지니므로 당연히 경제 원칙에 민감하여 공용부분이 사업성의 중요한 기준인 바닥 면적에 산입되는지는 큰 문제이므로

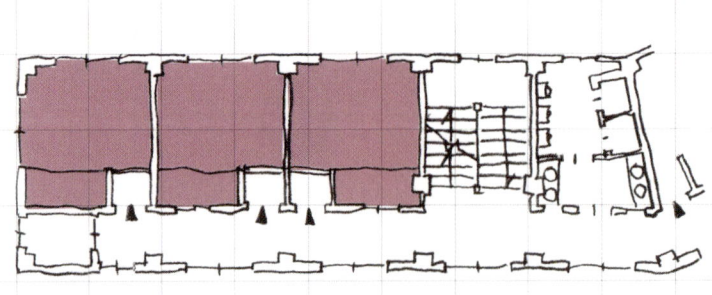

2～3층 평면〈부분〉

[2-15]
다이칸야마代官山 아파트 / 도준카이同潤会 / 도쿄도 / 1925
해체되기 전의 주거실태조사에서 한 가족이 여러 개의 다른 유닛을 사용하던 사례가 보고되었다. 접객 공간, 창고, 취미실, 아이방 등을 따로 분리하여 생활하는 방법은 새로운 '모여서 살기'의 공간에 대한 힌트가 된다.

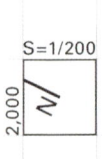

제공된 공용부분에 대하여 법규상 용적률을 완화 받을 수 있는지의 여부는 중요하다. 바꾸어 말하면 공용 공간에 대한 법규적 제한을 완화시켜 준다면 풍부한 공용 공간을 마련하는데 기여할 것이다.

코바야시 카츠히로小林克弘의 '다카시마다이라의 공동주택'([2-16])에서는 전용의 화장실과 세면대가 있는 4개의 개인실이 샤워룸과 다이닝 키친을 함께 공유하고 있다. 개인실의 침대는 사다리로 올라야 할 정도로 좁지만 콤팩트하게 기능이 집약된 공간구성이다. 또한 각 개인실에는 피난용 발코니가 부속되어 있다. 이처럼 새로운 단위 주호의 제공으로 기존에 없는 생활 방식이 가능해지면서, 우리 사회는 좀 더 유연해지고 다양한 사고방식을 수용할 수 있도록 성장해 갈 것이다.

③ 사회·도시를 구성하는 일원으로서의 시점

건축은 당연히 사회를 반영한다. '아파트'는 고도 성장기의 사회적 요청에 따라 도시 지역에서 대량의 노동자를 수용하기 위한 '건축형식'이다. 그러므로 사회 구조의 변화와 공업 생산 기술의 발전에 따라 건축이 변화해 나가는 것은 당연하다. 그러나 예를 들어 르 꼬르뷔지에가 그린 이상도시 계획안이나 영국의 전원도시 등과 같이 삶과 사회에 대한 비전에 근거해 새로운 건축이 제기되고, 그런 제안들이 인간 사회에 영향을 미칠 수도 있다. 좋은 건축은 인간의 삶에 대한 비전을 필수적으로 제시하기 때문이다.

현대 도시에서 공동 주택의 대부분은 진입 부분에 '자동 잠금 장치'가 준비되어 있다. 그 장치로 제3자를 확인하며 주거 공간의 독립성을 확보하는 구조이다. 가로에 면한 곳에 이런 잠금장치를 마련하여 주거 영역과 거리를 단절시킴으로써 독립성을 확보하지만 거리에 대한 개방성은 완전히 잃게 된다. 치안이 좋지 않은 거리에서는 어쩔 수 없는 선택일지도 모르지만, 상대적으로 안전한 주거 환경을 지닌 곳에서는 독립성과 개방성을 함께 유지하는 것이 가능할지도 모른다. 이러한 주제의 가장 두드러진 사례가 '모리야마 주택'[2-43]이다. 이 모리야마 주택처럼 거주인과 거리가 독립성과 개방성의 균형을 유지하는 곳에서는 사람과 사회의 새로운 관계가 생겨날 수 있을 것이다.

※ 1923년 관동 대지진 후, 공영 주택의 공급을 목적으로 설립된 재단법인으로 정부의 정책 부재와 재정난으로 활동이 미미했다. 이후, 본격적인 주택 대책 수립에 나선 일본정부가 1942년 5월에 동윤회를 흡수하여 일본주택영단日本住宅營團을 설립하였다.

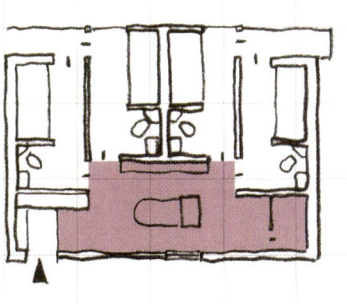

유닛 평면

[2-16]
다카시마다이라高島平의 공동 주택 / 코바야시 카츠히로林克弘 / 도쿄도 / 1992

프리 스페이스

우리가 사는 공간을 공Public과 사Private의 두 영역으로만 나누지 말고 그 사이에 중간적인 공간을 두고 각각의 영역을 완만하게 연결한다면 지금까지 없었던 '모여서 살기'의 가능성을 만들 수 있다. 공적영역과 사적 영역만으로 구분하는 경우, 그 경계는 보통 두껍고 단단한 벽이다. 벽으로 구획된 사적 영역을 벗어날 때, 열쇠로 잠그는 문을 설치하는 것 또한 당연하다. 그런데 공적영역과 사적 영역 어느 쪽으로도 연결되는 중간적 성격의 영역이 존재한다면 공과 사의 관계가 새로워질 수 있다.

예를 들어 1층은 대부분 오픈하고 2층 이상에서 확실히 프라이버시를 보호하는 사적 영역을 두는 것처럼 중간 영역이 층으로 나누어질 수도 있고, 평면적인 영역으로 생겨날 수도 있다. 평면상에서 중간 영역이 만들어 질 때, 이 중간 영역의 양쪽에 설치된 창호를 개폐하여 프라이버시의 정도를 조절하게 된다. 이러한 중

[2-17]
시노노메 캐널코트東雲キャナルコート CODAN1 블록 / 야마모토 리켄 / 도쿄도 / 2003
재택근무를 가정하여 공용의 복도에 면하여 업무공간으로 사용할 수 있는 개방적인 프리 스페이스를 단위 주호 내에 계획하였다. 이 프리 스페이스는 업무에도 사용할 수 있지만, 거주인의 표출의 장으로 사용될 수도 있을 것이다. 각 단위 주호가 이렇게 외부로 열린 영역을 가짐으로써 각각의 정체성이 드러나는 공간으로 노출되어 그곳에 주거하는 가족의 다양한 표정을 지닌 외부의 공용 공간들로 조성될 수 있을 것이다.

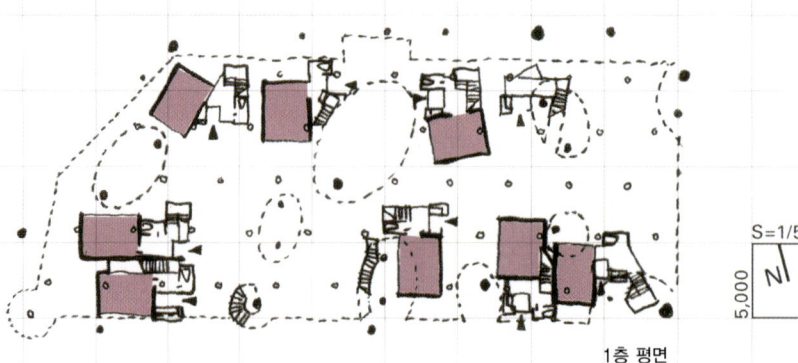

[2-18]
하네기羽根木의 숲 / 반 시게루坂茂 / 도쿄도 / 1997
1층은 프리 스페이스, 2층은 주거 공간으로 구성되었다. 1층에 위치한 공용의 외부 공간에 프리 스페이스를 많이 두어 거리의 풍경이 여기까지 유입된다. 프리 스페이스는 거리와 주거 공간 사이를 완충하는 역할도 담당한다.

간 영역은 정형화되고 규격화된 주택에서는 찾아보기 어려운 '자유로운' 활용 방법을 가질 수 있기 때문에 '프리 스페이스Free space'라고도 불린다. 즉 접대 공간, 취미실, 다과실, 애완동물 공간, 오토바이 주차장, 스튜디오, 갤러리, 도서관 등 여러 가지로 용도를 고려해 볼 수 있다. 상가가 있는 주택의 '상점'에 노출되는 부분도 '프리 스페이스'의 일종일지도 모른다.

[2-19]
Slash/kitasenzoku/시노하라 사토코篠原聡子/도쿄도/2006
층마다 4개의 단위 주호가 있는 3개 층의 연립 주택이다. 1층 부분은 프리 스페이스로 대지 내의 통로역할을 하며 거리로 이어지는 구조이다. 즉 도로에서 연속된 대지 내의 통로로 프리 스페이스가 존재함으로써 공과 사의 중간 영역이 된다.

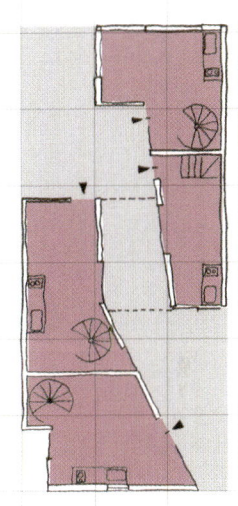

1층 평면

[2-20]
미슈쿠三宿의 공동 주택/키타야마 코오/도쿄도/2005
복층형 단위유닛을 상하로 배치하여 3개 층을 한 단위로 하는 구조로 진입은 가운데층에서 이루어진다. 여기에서는 진입층의 공용통로를 가운데에 두고 양쪽에 늘어선 각 주호를 개방적으로 계획하여 진입층의 쓰임새에 대한 가능성을 확대하고자 의도하였다. 즉 공동 주택의 중간층이 '작은 마을'과 같아진다.

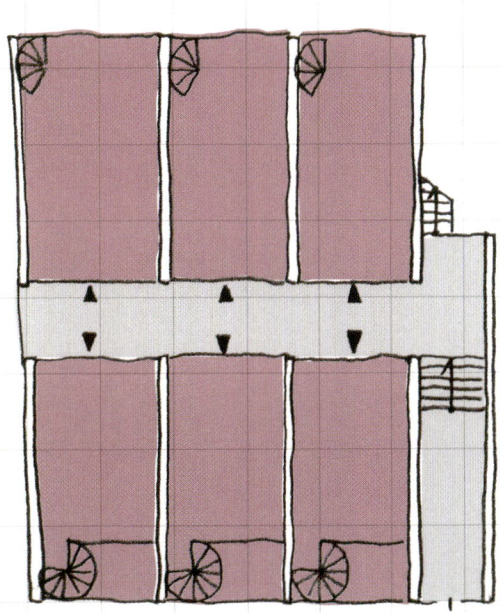

1층 평면〈인필 설계 전〉

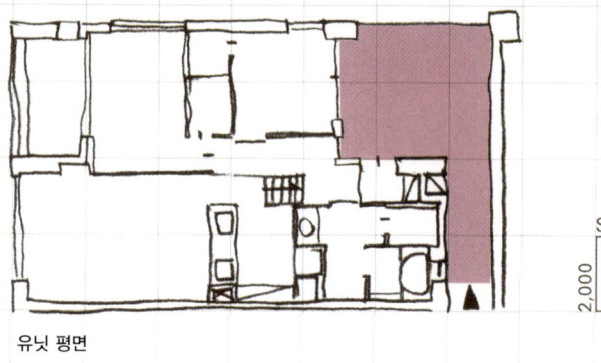

유닛 평면

[2-21]
카미이구사上井草의 공동 주택, 모다·비엔토 스기나미카키노키모다·ビエント杉並柿ノ木/
야치다 아키오谷内田章夫/도쿄도/2008
공용 복도의 경계에 칸막이 문을 설치하여 풍부하게 사용할 수 있는 전용의 외부 공간을 마련한다. 이 칸막이 문에 잠금 장치를 설치하면 단위 주호의 실내 공간으로 바닥 면적에 산입되지만, 칸막이가 없다면 그냥 빈 공간이 된다.

공적 공간과
사적 공간의 중간 영역

일반적으로 공동 주택에서는 공적 공간과 사적 공간의 경계는 문 한 장이다. 경계를 구분하는 문을 열쇠로 열고 들어서면 신발을 벗는 현관이 있다. 이렇게 문은 공과 사의 경계이자 안과 밖을 구분 짓는다. 문 한 장으로 나누어진 이러한 주거 형식은 근대화 이후 서양에서 유래된 것으로, 옛날 일본주택에서는 안과 밖의 관계는 애매하고 완만한 것이었다. 도마土間※, 엔가와(툇마루)縁側, (현대의 공동 주택에 있는 것보다는 훨씬 큰) 현관 등, 안과 밖의 중간 영역이 마련되어 있고 주택의 창호도 잠금 장치로 잠그는 여닫이문이 아니라 대부분은 미닫이문으로 안과 밖을 그럭저럭 경계지었다. 이처럼 중간 영역은 오래전부터 친숙했던 것으로 현대에도 공적 공간과 사적 공간의 경계지점에 마련한다면, 공과 사의 관계에 있어서 새로운 가능성이 생겨날 수 있을 것이다. 여기서 중요한 것은 중간 영역에 의해 매력적으로 표현되는 진입 공간이다.

※ 일본의 전통 민가 헛간의 실내 공간은 나무 널빤지 등을 깐 마루 부분과 지면과 같은 높이의 부분으로 나뉘는 데, 후자가 바로 도마다. 마루를 깔지 않고 지면 그대로 두거나, 혹은 회반죽, 흙 등으로 다져서 굳혀 만든 공간이다. 현대에는 자갈바닥, 돌바닥, 타일바닥, 콘크리트바닥 등을 가리키는 경우에도 쓰인다.

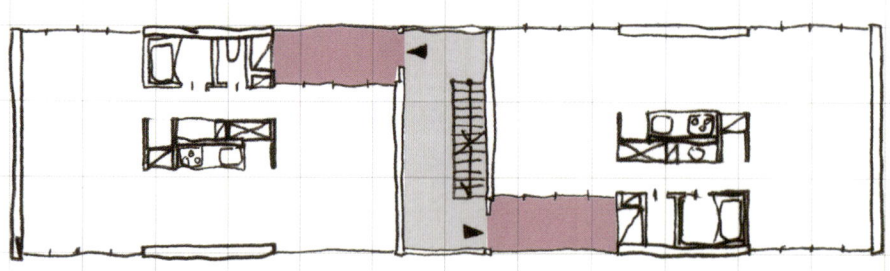

2~3층 평면〈부분〉

[2-22]
아츠기厚木의 공동 주택 A/카와베 나오야川辺直哉/카나가와현神奈川県/2005
양쪽에 단위 주호로의 진입부를 갖는 계단에 있는 개방적인 공용영역에서 옥외와 같은 '도마土間'을 통하여 진입한다. 도마는 실내에 있지만 바닥마감을 옥외와 같이 하고 여기에 큰 개구부가 있다.

[2-23]
취리히의 아파트먼트 / M·스풀러 M. Spooler + D·뭉츠 D. Muntz
+ B·힌 B· Hin / 스위스, 취리히 Switzerland, Zürich / 1995
코어의 계단에서 우선 어둡고 넓은 테라스에 접근한다. 테라스에는 거실의 큰 창이 있고, 현관은 좀 더 깊숙이 위치한다. 이렇게 현관 앞에 전용의 외부출입 공간이 있다. 따라서 공용 공간과 단위 주호 사이에 테라스는 완충 지대로 존재하게 되고 보안과 사생활의 관점에서도 효과적이다. 이 위치에 테라스가 있어서 야외 파티에는 안성맞춤이다.

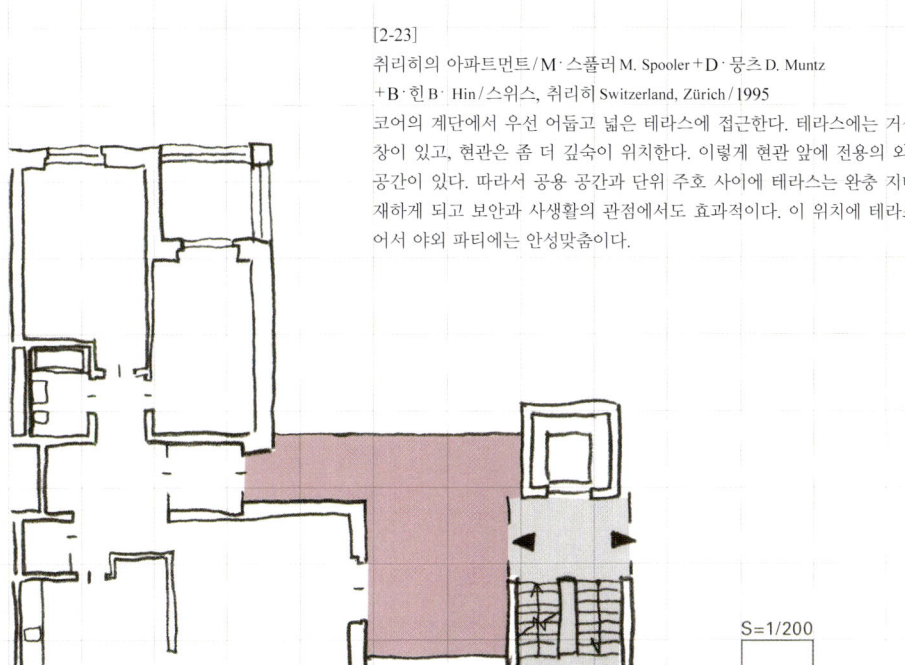

유닛 평면

[2-24]
다이칸야마代官山 공동 주택 / 키노시타 미치오木下道郎 / 도쿄도 / 2007
코어의 계단 주위에 4호의 단위 주호가 발코니를 통해 접근하도록 배치되어 있다. 안과 밖의 완충공간인 발코니가 공과 사의 완충공간이기도 하다. 이 완충공간에서 공용부분과 경계를 짓는 문은 방화문의 역할을 하는 스틸도어이며, 사적 영역으로의 문은 격자문으로 계획하여 공과 사의 관계를 단계적으로 조절하고자 하였다.

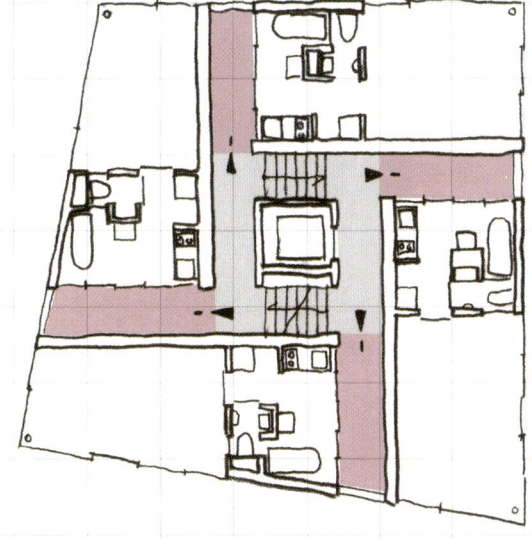

4~7레벨 평면

접근 공간의 장치

현관문이 그저 무미건조하게 줄지어 서있는 복도나 통로공간에 사소한 공간적 고민을 더한다면 풍부하고 쾌적한 공간이 될 수 있다. 몇 개의 단위 주호로 접근하는 하나의 통합된 진입 공간을 배치한다면 이 공간을 더 많은 주민들이 이용할 것이므로 보다 원활한 커뮤니케이션을 유발할 수도 있다. 혹은 거주인 전체가 하나의 개성 있는 장소를 공유함으로써 함께 사는 공동체가 더 확실히 형성될 수 있을지도 모른다. 공용 공간의 대부분을 차지하는 복도 혹은 통로를 풍부하게 할 수 있다면 주민들이 그들의 커뮤니티를 키워 가는 데 좋은 역할을 할 것이다. 건축 관련 법규는 최근 점점 알기 어렵고, 또 적용하기도 쉽지 않게 개정되고 있지만 공동 주택의 공용부분을 폭넓게 다룰 수 있도록 하는 일련의 관계 법규의 재정은 실제로 도시에 공헌하는 바가 크다.

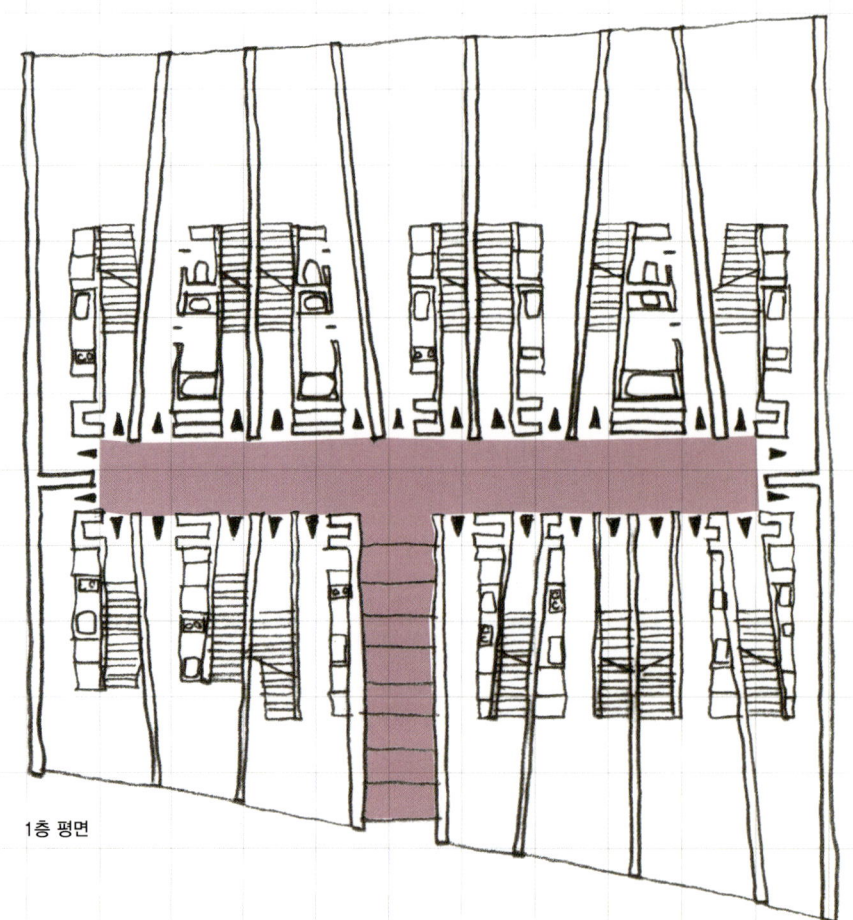

1층 평면

[2-25]
숲의 이웃森のとなり/타케이 마코토武井誠+나베시마 치에鍋島千恵/
도쿄도/2008
C자형 배치의 연립 주택. 일본에서 연립 주택이란 공용부분을 갖지 않는 공동 주택이다. 공용부분은 없지만 대지 내 통로를 주거 공간으로 에워싸 독특하고 매력적인 진입 공간으로 승화시켰다.

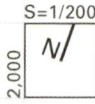

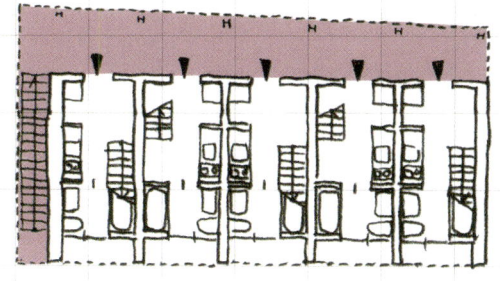

2층 평면

[2-26]
switch / 치바 마나부千葉学 / 도쿄도 / 2006
공용의 외부 복도를 격자형 스크린으로 둘러싸서 공과 사, 안과 밖의 중간 영역을 만들었다. 단위 주호는 복층형으로 진입층에 웻존Wet Zone을 집적시키고, 보다 높은 프라이버시가 요구되는 거실은 위층에 배치하였다.

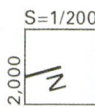

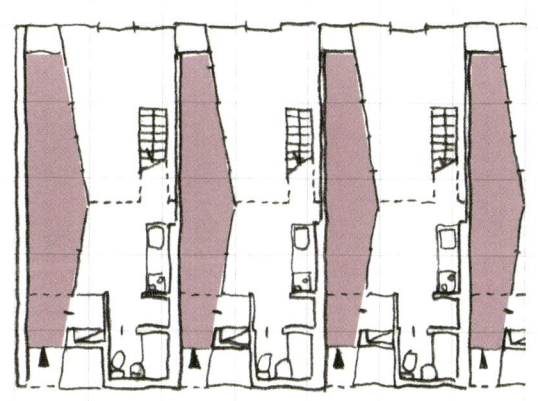

S동 1층 평면〈부분〉

[2-27]
숲 속의 10개의 주거 / 엔도 슈헤이遠藤秀 / 오사카부大阪府 / 2007
진입마당으로 좁고 긴 외부 공간을 둔 연립 주택이다. 주호의 입구를 통과하면 바로 진입마당이 있는데 그곳을 통해 실내로 들어간다. 거실 전체와 욕실은 마당에 접하고 있다.

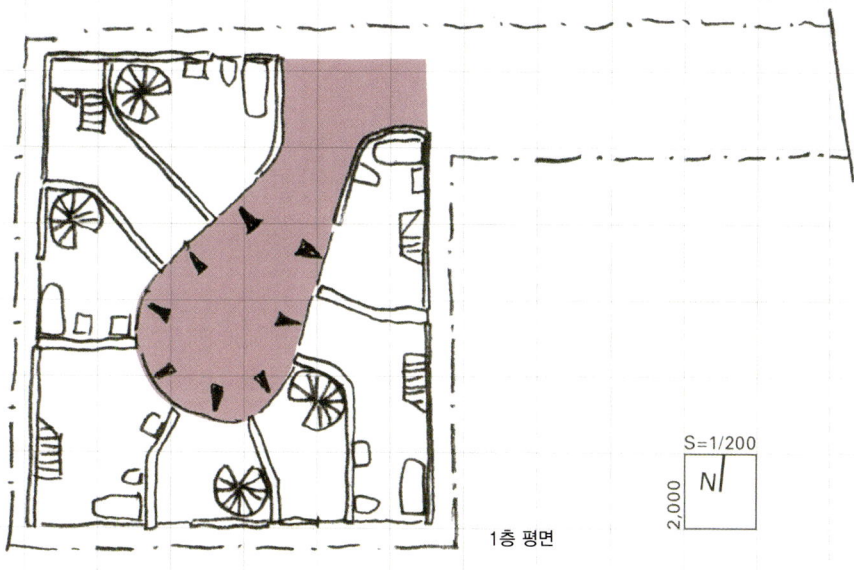

1층 평면

[2-28]
NE아파트먼트 / 나카에 유지中永勇司 + 타카기 아키요시高木昭良 + 오노 히로후미大野博史 / 도쿄도 / 2007
8호의 2~3층 연립 주택을 독특하게 배치하여 특별한 형태의 대지 내 통로를 만들고 있다. 1층은 대지 내 통로를 향해 크게 열려있고, 오토바이도 들어갈 수 있도록 계획되어 특색 있는 공동체가 구현되었다.

● Column

표출

단독 주택지를 걷다 보면 디자인된 문패나 귀여운 장식물, 화분, 식물 등이 도로를 향해 놓여 있는 것을 볼 수 있다. 이는 사는 사람의 개성이나 취향을 집 밖으로 표현한 것으로 '표출'로 부르기로 한다. 표출은 그곳에 사는 사람의 존재를 가로에서 느끼도록 하므로 그것을 바라보며 즐기는 보행자와 간접적인 커뮤니케이션이 일어난다. 표출이 많은 거리는 이렇게 친근한 분위기가 되어 보행자를 즐겁게 해 주지만, 동시에 사람의 시선을 끌어당기므로 방범 등에도 효과가 있다.

공동 주택은 여러 가족이 건물을 공용하는 밀도 높은 주거형태로 각 주호의 프라이버시와 커뮤니케이션의 균형을 얼마나 적절하게 배려하는지가 중요한 주제이다. 그러므로 표출과 같은 프라이버시가 침해당하지 않는 간접적인 커뮤니케이션 수단은 계획 단계에서도 적극적으로 활용할 수 있다.

일반적으로 표출은 설계자가 만드는 것 아니라 사는 사람이 의도하고 적극적으로 드러내는 것이다. 예를 들면 어느 축구 경기장 근처에 있는 공동 주택에서는 홈 팀의 경기가 개최되는 날, 각 주호의 발코니에 응원하는 축구팀의 깃발을 내걸어 단지 내에 축제가 열리는 듯 한 표정을 만든다. 이로써 경기장 내의 관중들과 깃발을 내걸고 있는 주민들 사이에서 연대감이 생기고 이러한 표출은 상호 커뮤니케이션의 수단이 될 수 있는 것이다. 이런 주민의 자발적인 표출은 계획 단계에서 기획할 수는 없지만 발코니에 화단이나 장식품 등을 설치할 수 있는 장치를 마련해 준다면 표출을 촉진할 수는 있을 것이다.

흔히 볼 수 있는 표출 장치의 사례로는 외부를 향해 마련된 돌출창이 있으며, 여기에는 깨끗한 커튼이나 인형, 장식물 등이 부가되는 경우가 많다. 대부분의 경우 그런 장식품은 실내가 아닌 도로를 향하고 있으므로 이 돌출창은 외부로의 커뮤니케이션 수단이라고 할 수 있다.

공동 주택의 편복도는 철재의 현관문과 격자창이 늘어선 표정이 없는 곳이다. 철문에 종이 스티커를 붙이거나, 문 손잡이에 'Welcome'이라는 간판을 붙여 자신만의 표출을 하는 집도 있지만, '시노노메 캐널코트 CODAN 1블록'의 어떤 주호([2-17] 참조)에서는

[2-29]
거리에 면한 창에 크리스마스 트리 등을 함께 장식한 예.

[2-30]
발코니를 유리로 막아 선룸으로 사용하거나 여유실 또는 SOHO로 쓰고 있는 사례.

[2-30]
공용 계단실에 면한 현관홀을 유리벽으로 구획하여 선룸이나 SOHO로 쓰고 있는 사례.

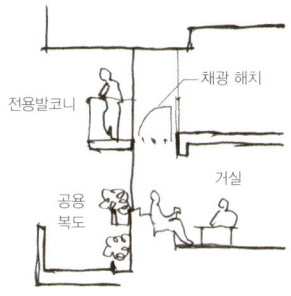

[2-33]
리버밴드Riverbend 재개발 / 데이비스, 브로디 어소시에이트 Davis, Brody&Associate / 미국, 뉴욕America, New York / 1967
복층형으로 다이닝 키친을 공용 복도에 면하게 하고, 그 사이에는 파티오라고 불리는 포치를 만들었다. 공용 복도와 파티오 사이에는 약 400mm의 레벨차를 두었다.

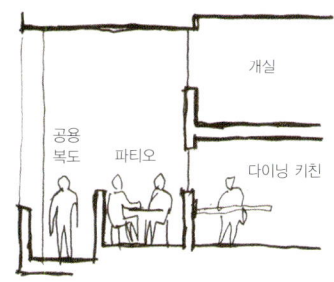

[2-32]
세이신키타 하이츠清新北ハイツ 4-9호동 / 주택·도시정비공단 / 도쿄도 / 1983
리빙 액세스Living Access의 사례. 공용 복도와 거실 사이에는 500~600mm의 레벨차를 두고 현관 주변에 표출물을 많이 두어 분위기를 밝게 조성한다.

[2-34]
거리에 면한 1층에 현관과 데크 테라스를 설치한 사례.

통로 쪽의 출입문을 투명유리로 하여 표출의 장소를 만들었다. 많은 주호들에서는 여기에 꽃과 장식품 등을 두어 어두운 복도에 즐거운 인상을 만든다. 복도에 면한 현관 앞에 포치Porch의 알코브Alcove를 마련한 경우도 자전거나 필요 없는 물건 등이 넘쳐나는 지저분한 장소가 되지 않도록 디자인 한 노력의 결과이다.

주동에서 주호의 위치에 따라 표출을 시도하는 방법은 달라질 것이다. 주동의 정면에 있는 창이나 코너에 위치하는 주호의 경우, 모퉁이 창은 효과적인 표출의 장소이다. 어떤 공동 주택에서는 5개의 층에 크리스마스트리가 같은 위치에 연속적으로 있어서 한 세대에서만 표출된 것 보다 거리에서 보기에 훨씬 더 역동적이다. 주호의 코너에 있는 거실에는 창에 면하여 장식 선반이 마련되어 있고 이를 이용한 각 주호의 표출은 동네에도 밝고 즐거운 분위기를 만든다.

[2-34]에서는 단위 주호의 입구가 남쪽 도로에 면해 있다. 1층 주호의 프라이버시를 지키면서도 표출을 촉진하도록 입구와 도로 사이에는 단차를 두었다. 이 계획의 취지는 보행자와 눈높이를 맞추어 친근함을 느끼도록 의도한 것으로 거주인이 식물을 가꿀 때도 지나가는 이웃 사람들과 시선을 마주치게 되므로, 표출이 이웃과의 커뮤니케이션에 도움이 된다는 것을 보여준다.

공동 주택에서는 외부의 공용부분에서도 표출이 가능하다. 누구든지 사용할 수 있는 벤치를 두거나, 꽃을 심는 것도 집단적 표출의 일종이다. 같은 동에 주거하는 주민들이 함께 진입홀을 장식하거나 주동의 외관 디자인을 결정하는 것도 주동 단위의 표출이다. 오래 전 어느 공동 주택의 편복도 난간에 주민들이 의논하여 함께 식물을 구입하고 잘 가꾸어 아름다운 꽃이 핀 모습을 본 적이 있다. 이것은 정말 멋진 표출로 주민들의 훌륭한 커뮤니케이션을 보여준 것이다.

소네 요코曽根陽子

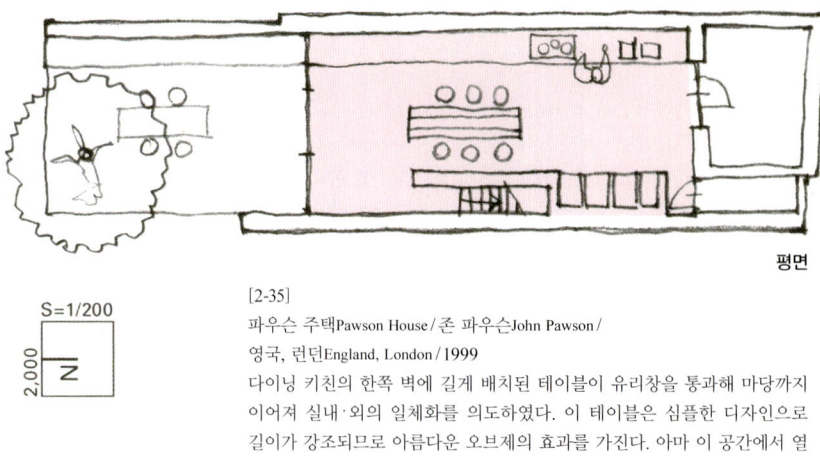

[2-35]
파우슨 주택Pawson House / 존 파우슨John Pawson /
영국, 런던England, London / 1999
다이닝 키친의 한쪽 벽에 길게 배치된 테이블이 유리창을 통해 마당까지 이어져 실내·외의 일체화를 의도하였다. 이 테이블은 심플한 디자인으로 길이가 강조되므로 아름다운 오브제의 효과를 가진다. 아마 이 공간에서 열리는 파티에서는 활기를 띤 대화가 이어질 것이다.

[2-36]
햐쿠닌초百人町의 주택 / 와타나베 야스시渡辺康 / 도쿄도 / 2009
큰 테이블에 렌지를 설치하여 사람들이 둘러앉아 요리와 식사를 즐길 수 있도록 계획하였다. 싱크대(H=900㎜)는 좀 더 높아야 하므로 테이블에서 분리하고 전자렌지 높이(H=700㎜)는 테이블과 같아도 기능적인 문제는 없다. 이 식탁에서는 하이 스툴이 아니라 일반적인 높이의 의자를 사용하므로 편안하다. 또 이 다이닝 키친은 거실보다 약간 높게 배치하여 (H=600㎜) 무대효과도 있다. 어쩌면 여기서 요리를 하는 사람은 피아니스트가 피아노를 치는 것처럼 느낄지도 모른다.

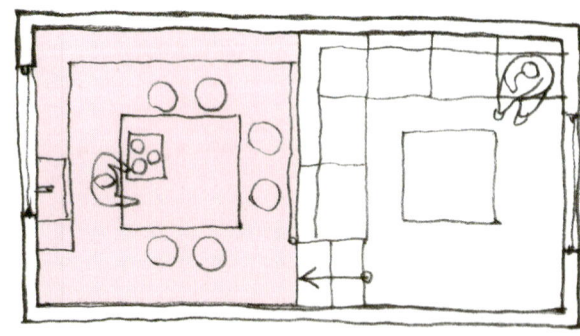

평면

⦿ Column

사람이 모이는 장소

주방에 모이다

공동 주택에 여러 세대가 모이는 장소가 있는 것처럼 단위 주호 내에도 가족이 모이는 장소가 있다. 그곳은 화목한 가정을 이루는 집안의 가장 중요한 장소가 된다. 단위 주호의 크기나 가족 구성 등에 따라 이 장소는 식당이거나 거실이 되기도 하지만 최근에는 주방이 더 큰 역할을 하고 있다. 그것은 라이프 스타일(맞벌이 부부, 학원을 다니는 자녀 등으로 바쁜 가족이 많아지고 있다.)의 변화에 따라 가족이 함께 식사하는 시간이 줄어들어(그래도 가급적이면 가족과 함께 식사를 하고 싶은 사람들이 다수) 요리를 하는 동안이라도 대화의 시간을 가지고자 하는 사람들이 늘어나고 있음을 보여주는 것이다. 바꾸어 말하면 단순히 조리하는 공간만이 아니라 대화의 장으로서의 기능도 주방에 요구되고 있다는 것이다. 최근에는 좁은 공간을 넓게 보일 수 있도록 오픈 키친이 주를 이루고 있지만, 그저 개방되는 것만으로는 화목한 가족의 장소가 되지는 않는다. 즉 주방시스템과 요리를 하는 사람, 식탁의 배치와 식사하는 가족의 눈에 들어오는 풍경까지도 고려해야 한다. 핸드폰 등의 영향으로 가족 간의 커뮤니케이션이 줄어들고 있으므로 이러한 사람들의 행동을 바꿀 수 있는 기분 좋은 공간은 더욱 필요하다. 이렇게 주방을 유쾌한 공간으로 제공한다면, 맛있는 음식을 만들면서 가족 간의 대화에도 활기를 띠는 장소로 쓰일 수 있을 것이다.

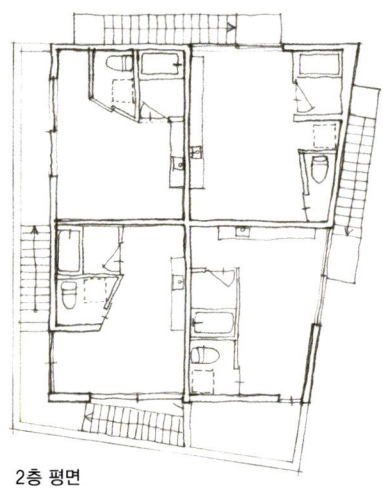

2층 평면

[2-37]
요코하마 아파트먼트ヨコハマアパートメント/
니시다 오사무西田司+나카가와 에리카中川エリカ/
카나가와현/2009
4호의 독신자 주호를 상부층으로 들어 올리고 아래층에는 독신자들이 함께 사용하는 주민을 위한 공용 공간을 계획하였다. 이 공용 공간은 외부를 향해 적절히 열려 있고, 위층의 각 주호로 접근하는 계단들을 조화로우면서도 독특하게 배치하여 거주인에게 매력적인 장소가 되게 하였다.

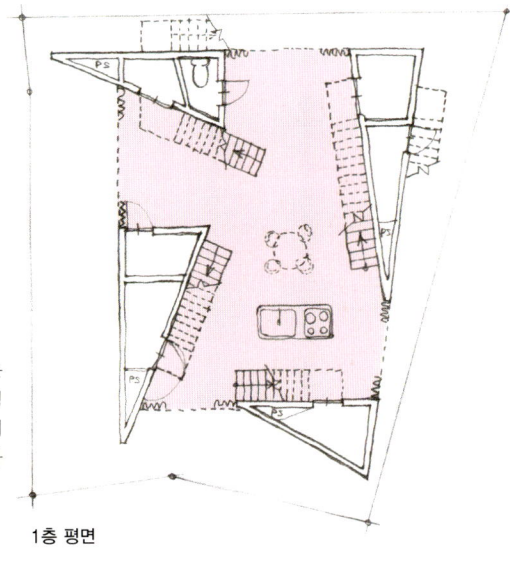

1층 평면

코먼common에 모이다

도쿄뿐 아니라 많은 도시에서는 원룸 타입의 독신자 전용 아파트가 많다. 젊은이들뿐만이 아니라 나이가 든 세대에서도 독신자는 확실히 늘어나고 있다. 옛날 아파트에서는 공동 취사장에서, 더 옛날에는 공동의 우물에서 마을 회의를 열면서 커뮤니케이션을 도모했지만 지금은 그런 경우를 거의 찾을 수 없다. "옆집 사람은 무슨 일을 하는 사람이지?"라고 궁금해 할 만큼 이웃 간에 교류가 없는 현대의 도시 생활은 참 슬픈 일이다. 주거하는 데에는 프라이버시나 방범의 문제도 중요하므로 공용 공간을 그저 커뮤니케이션의 장소로 제공할 수는 없다. 그러나 한편으로는 개인이 사는 전용 공간과 매력적인 공용 공간을 조화롭게 계획하여 사람들이 자연스럽게 그 공간으로 모이도록 할 수도 있다. 이렇게 함께 사는 사람들이 공용 공간을 자연스럽게 이용하다 보면, 보다 활동적이며 매력적인 장소가 될 수 있을 것이다. 공용 공간의 활용은 여러 사례에서 계획·시도되고 있지만 중요한 것은 실제로 사용하는 사람들이 얼마나 공유 의식을 가지고 잘 활용해내는가 이다.

쿠와야마 히데야스桑山秀康

자연과의 중간 영역

일반적인 공동 주택의 각 주호에는 대체로 테라스나 발코니가 붙어 있다. 1층에 테라스가 있는 주호 외에 상부층의 주호들은 건물 외벽에 발코니가 달려 있다. 발코니는 대부분 피난용 공간으로 계획된 것이지만, 세탁 장소나 설비기기의 설치 장소로도 활용된다. 이런 기능도 중요하지만, 발코니는 자연을 느낄 수 있는 장소라는 또 하나의 큰 역할도 있다. 기후 조건이 까다로운 환경에서는 두꺼운 벽으로 외기를 차단하는 기밀성이 높은 주거 공간이 필요하겠지만, 일본은 대부분 온난한 환경이므로 공동 주택이라고 해도 자연과의 자연스러운 만남이 이루어질 수 있다. 그저 외벽에 부착된 발코니만이 아니라 다양한 건축적 고안으로 실내와 실외 사이에 위치한 중간 영역을 조성한다면 일상생활 속에서 자연과의 연결은 더욱 풍부해 질 수 있는 것이다.

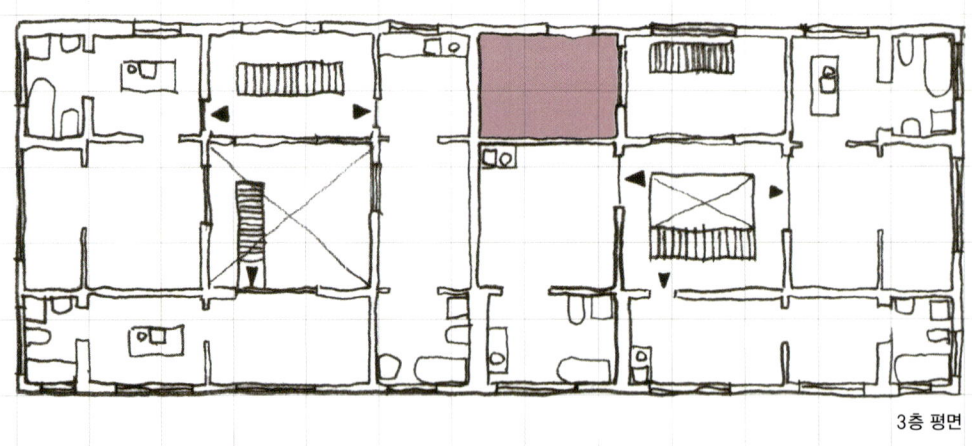

3층 평면

[2-38]
후나바시 아파트먼트船橋アパートメント / 니시자와 류에 / 치바현千葉県 / 2004
먼저 특이한 평면 구성이 눈에 들어오지만 자연과의 관계라는 측면에서 잘 살펴보면 벽으로 둘러싸인 몇몇 부분이 옥외임을 알 수 있다. 이렇게 옥외공간을 마치 하나의 실로 받아들임으로써 자연과의 모호한 관계가 만들어졌다.

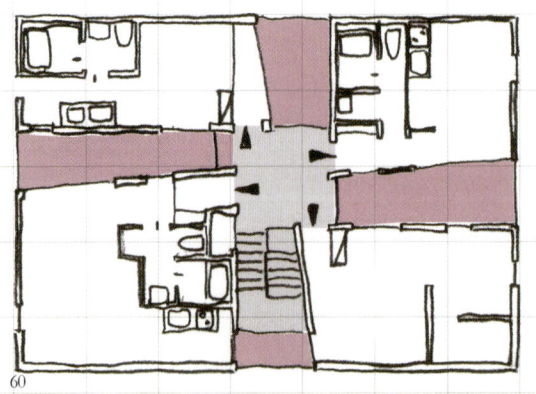

2층 평면

[2-39]
삿포로 아파트먼트サッポロアパートメント /
나야 마나부納谷学 + 나야 신納谷新 / 홋카이도北海道 / 2008
각 단위 주호에는 마치 건물에 구멍을 뚫은 것 같은 부정형의 틈새로 발코니를 계획하고, 이곳에 면해 큰 개구부를 두었다. 이 발코니는 돌출된 형태가 아니므로 실내에 있는 것 같은 느낌을 가지며 실제로도 실내의 연장으로 사용할 수도 있다.

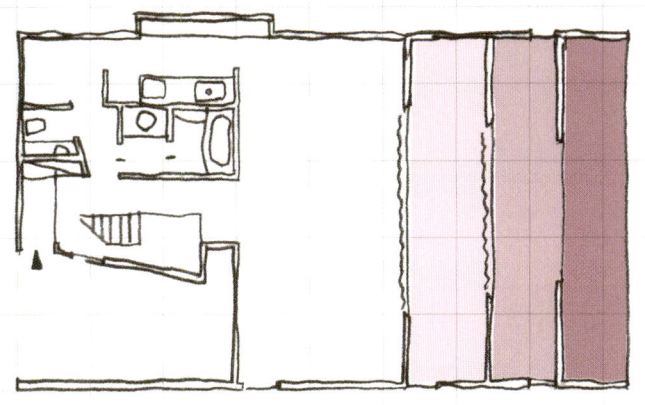

[2-40]
레이어드 주택Layered House / 이가라시 쥰五十嵐淳 / 홋카이도 / 2008
주거 공간의 깊숙한 곳에서부터 외부를 향해 단계적으로 공간이 계획되었다. 각각의 영역에 마련된 칸막이를 열고 닫음으로서 자연과의 관계를 단계적으로 조절할 수 있는 공간구성이다. 이것은 안과 밖의 이분법적 구분이 아니라 여러 종류의 안이나 밖을 형성하고자 한 것이다. 즉 생활 속에서 자연과의 다양한 관계성을 의도하였다.

1층 평면

[2-41]
[Iaatikko] / 키노시타 미치오 / 도쿄도 / 2009
주거 공간의 외측에 바람이나 빛을 투과시키는 반투과성 스크린을 설치하여 내·외부 사이에 중간 영역이 생겨나도록 하였다. 여기에서는 그 중간 영역에 복도와 계단을 두어 일상생활 속에 외부 공간을 자연스럽게 유입한 것이다. 그리고 동시에 단위 주호 내부의 생활도 어슴푸레하게 외부로 전해진다. 이것은 도시의 주택밀집지에서 단위 주호와 자연 그리고 거리가 함께 어울릴 수 있는 방법이다.

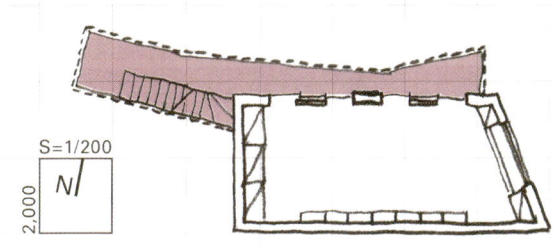

2층 평면

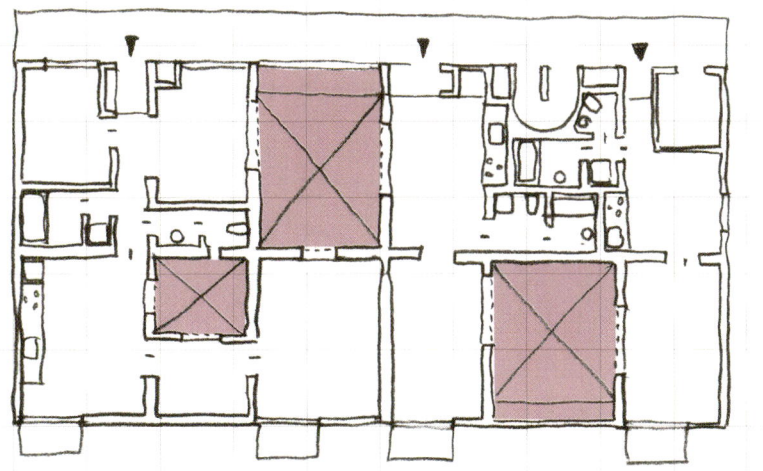

4층 평면

[2-42]
조후調布의 공동 주택 A / 니시자와 타이라西沢大良 / 도쿄도 / 2003
설계자는 '라이트룸'이라고 이름붙인 보이드를 건물 내부에 설치하여 거실로 빛을 끌어들인다. 채광, 통풍, 조망 등이 창의 중요한 기능이지만, 여기에서는 새로운 감각의 중간 영역을 제안한 것으로 불가사의한 공간이다.

'분리된다'는 것

일본어에는 '하나레離れ'라는 말이 있는데, 예를 들어 '고지엔広辞苑'[※]에서는 이를 본채에서 떨어져 있는 집을 의미하는 '외딴 집'의 약어라고 하였다. 비교적 온난하여 야생 동물이나 자연의 위협에 노출이 적었던 일본의 주거 건축은 몇 개의 작은 건물들로 분산되어 있는 경우가 종종 있었다. 전쟁이 없었던 시대의 도시에서도 별채가 있는 집들은 있었지만, 최근에는 이런 경우가 드물며 우리가 흔히 볼 수 있는 주거 건축은 단독 주택이나 '맨션, 아파트, 테라스 하우스' 등으로 불리는 공동 주택 중의 하나이다. 이제 이런 현대 주거 건축의 상식을 벗어나 단위공간들을 분리시킴으로써 새로운 가능성을 찾는 사례를 살펴보자. 공동 주택에서 단위 주호 내의 실들을 분리하거나 기능적인 공간을 몇 개의 동으로 분산시켜 생활하는 계획안에서 새로운 가능성을 찾을 수 있다. 이렇게 '분리 또는 분산'으로써 생활 속에 자연이나 거리가 파고들어 올 수 있을 것이다.

1층 평면

[2-43]
모리야마 주택/니시자와 류에/도쿄도/2005
하나의 단위 주호가 하나의 세대에 대응한다는 '상식'을 뒤집고 생겨난 '모여서 살기'의 새로운 형태다. 이 집은 '분리 또는 분산'의 복합체라는 측면에서 획기적이지만, 그보다도 대지를 구획하는 담이 없다는 점에서 혁신적인 생활 방식의 제기였다. 이 주택은 단위 주호간의 관계성에 대해 깊이 생각하게 만드는 건축이다.

[2-44]
센조쿠의 연결주동洗足의 連結住棟/키타야마 코오/도쿄도/2006
공동 주택 내 하나의 단위 주호가 2×2m의 외부 발코니를 사이에 두고 2개의 영역으로 분리되었다. 이 발코니는 창의 개폐로 옥외의 정도를 조절하도록 고안된 것이다. 단위 주호를 옥외공간인 발코니에 의해 명확하게 분절함으로써 새로운 생활 방식의 가능성을 제기한다.

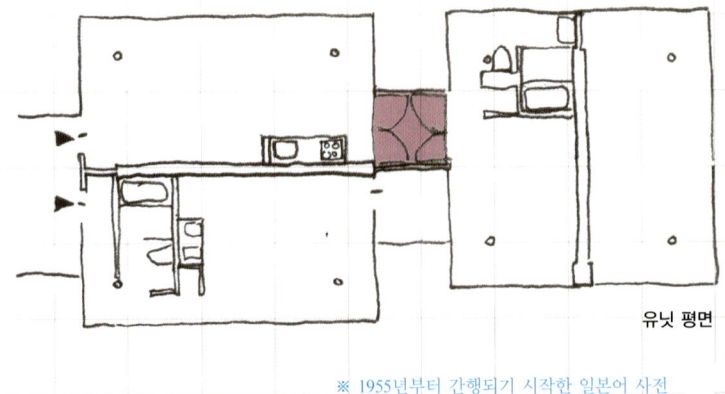

유닛 평면

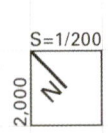

※ 1955년부터 간행되기 시작한 일본어 사전

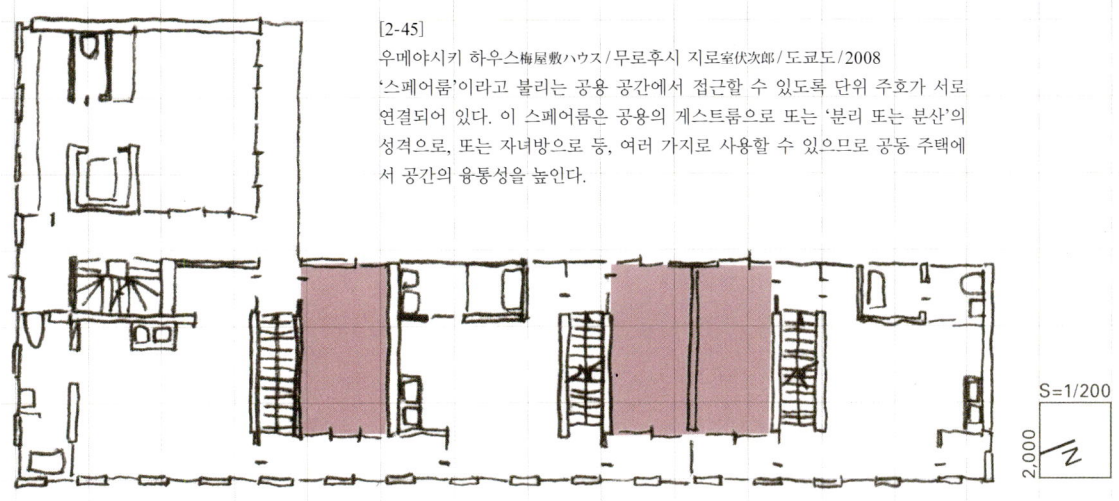

[2-45]
우메야시키 하우스梅屋敷ハウス / 무로후시 지로室伏次郎 / 도쿄도 / 2008
'스페어룸'이라고 불리는 공용 공간에서 접근할 수 있도록 단위 주호가 서로 연결되어 있다. 이 스페어룸은 공용의 게스트룸으로 또는 '분리 또는 분산'의 성격으로, 또는 자녀방으로 등, 여러 가지로 사용할 수 있으므로 공동 주택에서 공간의 융통성을 높인다.

2층 평면

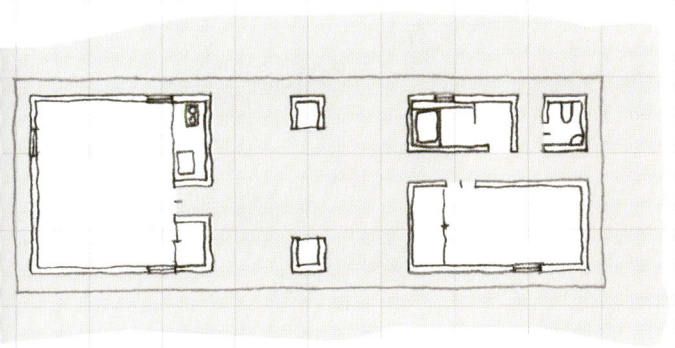

[2-46]
야마카와 산장山川山莊 / 야마모토 리켄 / 나가노현長野県 / 1977
6개의 공간이 각각 독립해서 떨어져 있다. 이 공간들은 큰 지붕아래 함께 있으므로 숲속에서 명확하게 영역성을 지니지만, 외부에도 담장을 설치하지 않아 각각의 개실이 직접 사회나 자연과 관계한다. 공간이 기능 단위로 분리되어 있을 것, 각각의 단위가 사회에 열려 있을 것, 완만한 영역을 형성하는 구조를 가질 것. 이것은 '모여서 살기'의 새로운 대안과 같은 주택이다.

평면

[2-47]
도그 하우스ドッグ・ハウス / 키노시타 미치오 / 도쿄도 / 2005
4개의 방으로 구성된 사적 영역의 동과 가족 영역을 통합한 가족동이 중정을 사이에 두고 마주한다. 생활의 중심에 놓여 있는 외부 공간은 가족의 '광장'이다.
다이어그램 상에서 살펴보면 이 가족동을 공유하면서 여러 세대들이 함께 모여 사는 형식으로 분석해 볼 수 있다. 외부에서 이 각각의 실에 이르는 현관을 별도로 설치한다면 완벽한 '개실군個室群 공동 주택'이 될 수 있다.

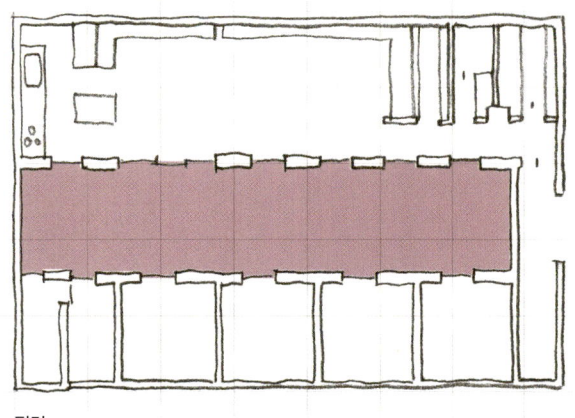

평면

Column

시선을 모으는 빛

사람이 모이기 위해서는 빛이 필요하다. '입주자가 모이다', '친구가 모이다', '사람의 마음이 모이다' 등 여러 가지 '모임'을 가능하게 하는 조명장치를 생각해 보자.

보안 - 안전하게 모이다
안전의 확보는 주택의 가치를 판단하는 중요한 요소다. '밝으면 외부인의 침입을 막는 효과가 있다'라는 연구도 있듯이 조명과 보안은 밀접한 관계다.
일반적인 주택지 도로에는 가로등이 20~30m 간격으로 설치되어 어느 정도 필요한 밝기가 확보되어 있지만, 대지 내에서는 담이나 나무그늘 등으로 어두운 공간들이 생겨나 외부인이 몸을 숨기기 쉽다. 담벼락이나 수목에 밝은 조명등을 적극적으로 도입하면 '조명 속에 즐길 수 있는 밤의 경치'를 접할 수 있고, 어둠이 줄어듦으로 '보안을 위한 사각지대의 해소'가 동시에 실현되는 일석이조의 효과를 거둘 수 있다.
지금까지는 밤새도록 조명등을 켜 두면 전기요금을 비롯한 관리 비용이 문제였지만 최근에는 소비 전력이 적고 수명이 긴 LED조명이 개발되어 하나의 해결책이 되고 있다.

상징적인 나무에 비추는 조명 - 즐거움을 주는 빛
가로수에 꼬마전구를 감거나, 아래에서 위를 향해 조명을 비추는 등의 연출을 많이 볼 수 있다.
공동 주택에서도 주택의 가치를 높이거나 주민 사이의 유대감을 향상시키기 위해 상징적인 수목을 심고, 밤에는 조명으로 이를 비추는 사례들이 있다. 봄에는 벚꽃에, 여름에는 신록에, 가을에는 단풍에 조명을 비추고 겨울에는 꼬마전구를 나무에 감아 조명 속에서 수목의 사계절을 즐긴다.
최근에는 실외용 조명 기구를 일상적으로 사용하여 스포트라이트나 땅 속에 매입하는 전등의 설치 등, 다양하고 친밀한 옥외공간에서의 조명이 가능해졌다. 조명을 계획할 때는 나무의 형태에 알맞게 효과적으로 비추는 방법이나 수종의 특색에 따른 계절의 변화를 고려하여야 한다.

"어서 오세요"라고 환대하는 빛 - 위안을 주는 빛
레스토랑 같은 곳에서는 현관 주위를 밝게 비추어 조금 떨어진 거리에서도 따뜻하게 맞이하듯이 빛을 연출하곤 한다. 카페와 같이 차분한 분위기의 가게 입구는 바닥을 융단처럼 빛을 비추기도 한다. 호텔에서는 간접광을 사용하여 현관의 캐노피를 비춰 이미지를 특별히 강조하기도 한다. 이들은 사람을 맞이하는 '환영의 빛'이다. 이런 빛의 연출은 하루일과의 종착역인 주거 공간에도 쓰일 수 있다. 일반적으로 주택에서는 문 위쪽에 조명 기구를 설치해 밝게 비추지만, 문이나 바닥이나 차양과 같은 건축적 요소를 향해 조명을 설치하면 내 집이 "어서 오세요"라고 다정하게 말을 거는 듯 한 효과를 줄 수 있을 것이다.

밝음의 연출 - 공간을 쾌적하게 하는 빛
낮 동안에 밝은 실외에서 실내로 들어서는 순간 눈앞이 깜깜해지는 경험을 한 적이 있다. 조명등을 밝혀도 외부가 압도적으로 밝아서 눈이 순응하지 못해 일어나는 현상이다.
이를 해소하는 가장 효과적인 방법은 벽면에 간접 조명등을 설치하여 벽을 밝게 하는 것이다. 또는 내부 공간에 자연광이 유입될 때, 그 빛과 대비해 더 어두워 보이는 부분에 대해서도 조명으로 처리하는 것이 가장 효과적이다. 다만 낮에는 적절한 밝기였던 조명이 확실히 밤에는 너무 밝아지곤 한다. 이를 해결하기 위해서는 밝기를 제어할 수 있는 조광시스템이 필요할 것이다.

파사드를 통일하는 빛 - 건물을 멋있게 보이는 빛
밤에 공동 주택의 거실 쪽(발코니 측)의 외관을 밖에서 바라보면 각 주호에서 새어나오는 빛은 조명이나 인테리어의 색채 차이에 따라 각각 다른 색감과 밝기를 보

[2-48]
시선을 모으는 빛

이므로 전체적으로 통일감이 없는 외관이 된다.

공동 주택에서 이를 통일하기는 어렵지만 발코니의 천장에 동일한 간접 조명을 설치하거나, 외벽에 점적인 조명, 혹은 선적인 조명을 규칙적으로 배치하여 파사드의 통일성을 유도할 수 있을 것이다.

단위 주호로의 빛 공해나 유지·관리의 문제 등으로 아직 실현된 곳이 많지는 않지만 도시에서 이런 경관 조명은 조금씩 늘고 있으며, 공동 주택의 스카이라인 부분이나 옥외 계단 등에 조명이 설치되는 경우도 많아지고 있다. 앞으로는 이런 조명도 역시 사람의 시선을 끄는데 중요한 요소로 적용해야 할 것이다.

집중 조명 - 세련된 빛

공동 주택의 공용 공간은 불특정 다수가 아니라 한정된 사람을 위한 공간이므로 유도 사인 등의 문자정보는 가급적 피하고, 공간의 연속성을 느낄 수 있도록 자연스럽게 계획되는 것이 바람직하다. 이 때 집중 조명 Focal Point을 사용하는 것이 효과적이다.

현관, 벽의 그림과 태피스트리, 리셉션 카운터, 우편함, 게시판, 엘리베이터와 계단, 각 주호의 문에 이르는 동선상의 벽, 바닥, 천장 등에 시선의 움직임을 따라 조명을 배치하면 밝기를 확보함과 동시에 일상생활의 동선을 리드미컬하게 유도할 수 있으며, 세련된 빛의 공간을 제공할 수 있을 것이다.

이와이 타츠야岩井達弥

◉ **Column**

대상을 나누는 빛

공동 주택에서는 '모이다'와 동시에 '나누다'도 중요하다.
주변보다 뛰어난 파사드 디자인으로 차별화를 추구하거나 다양한 가족의 라이프 스타일에 대응하는 단위 주호 내부를 드러내거나 하는 '나누다'를 살펴보자.

건물을 구별하는 빛 - 다른 것과 차별화하다

자기가 살아갈 집을 선택하는 사람에게 공동 주택의 파사드는 중요한 판단 요소 중 하나이다. 특별한 파사드 디자인이 인기를 끌기도 한다. 그러나 밤에는 단위 주호에서 새어나오는 불빛이 보일뿐 그 차이는 희미해진다.
따라서 조명이 필요하다. 앞서 서술한 '파사드를 통일하는 빛'은 그 건물의 특징을 밤에도 표현하는 역할을 할 수 있다.
공동 주택의 외부 경관 조명은 주거하는 이들에게 빛 공해가 될 수 있으며 조명설비의 유지·관리도 문제가 된다. 이것은 사적인 단위 주호가 대부분을 차지하는 공동 주택에서는 다소 심각한 문제가 될 수도 있다.
그러나 요즘은 불필요한 빛의 확산이 적으며 수명도 긴 LED가 발

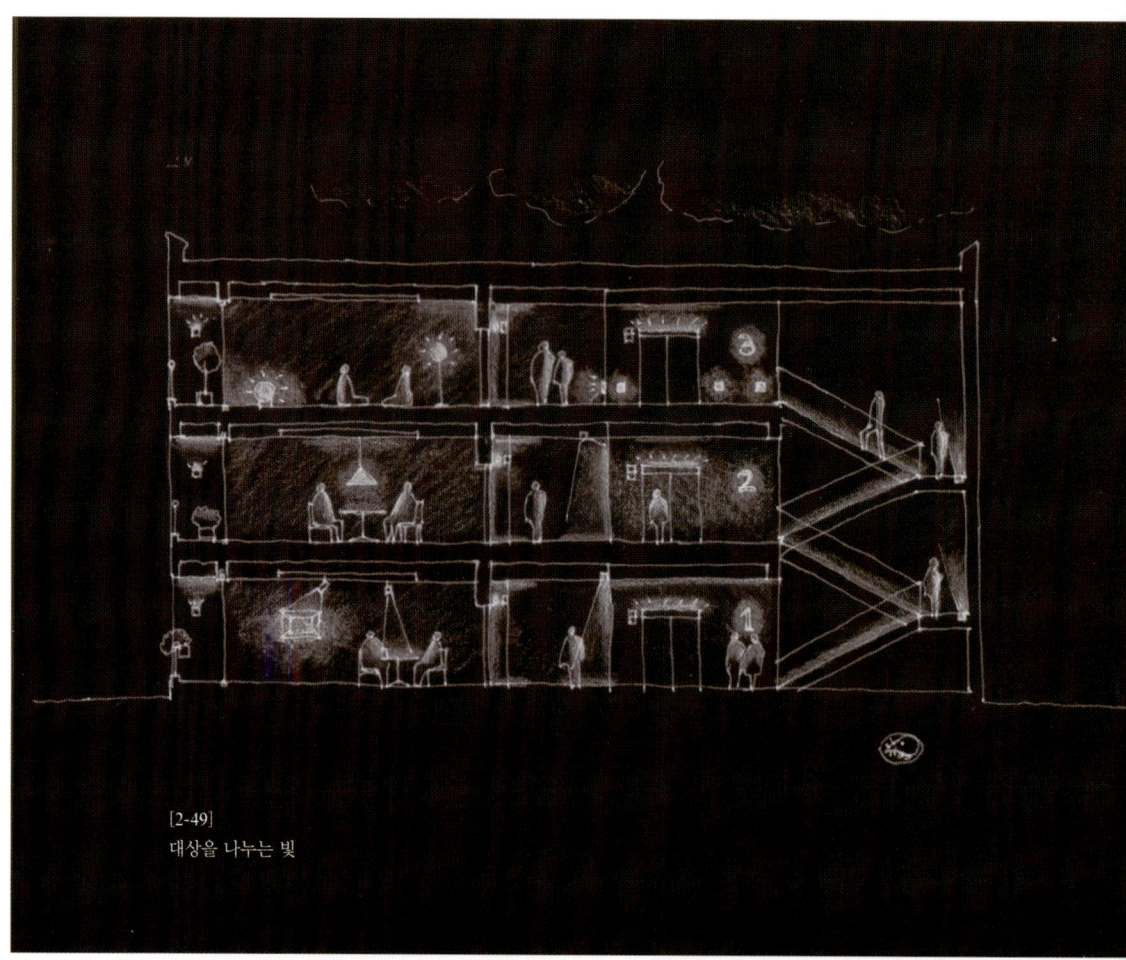

[2-49]
대상을 나누는 빛

달하여 거주인에 대한 빛 공해를 줄이고, 또한 유지·관리의 부담도 크게 감소하였다. 이후, 도시의 공동 주택을 중심으로 차별화의 시도로써 경관 조명이 다투어 밤하늘을 밝히는 날이 오고 있다.

층을 구별하는 빛 - 사는 사람들을 크게 구분하다

공동 주택에 살면서 층을 착각해 남의 집으로 가는 경우가 있다. 특히 실외를 볼 수 없는 중복도형의 고층 공동 주택에서는 자주 있는 일이다.

만약, 각 층 엘리베이터 홀의 색채나 조명을 달리하면 이런 경우를 방지하는 효과는 높아질 것이다. 엘리베이터 문이 열렸을 때 눈에 들어오는 풍경이 다르면 내가 몇 층에 내렸는지를 다시 한 번 확인할 것이다.

조명은 직감적으로 공간의 차이를 느끼게 하는 효과가 있다. 밝기와 색온도, 조명 방식이나 빛의 배치, 조명 기구의 타입 등 여러 요소를 조합하면 많은 변화가 가능하며 층수가 많은 경우에도 대응이 가능하다. 또한 패밀리 타입이나 독신 타입, 스탠다드 타입이나 고급 타입 등이 섞여 있는 공동 주택에서도 이런 차이에 대응하는 분위기를 효과적으로 표현하는 조명도 가능할 것이다.

주호를 구별하는 빛 - 개인을 나누다

내가 사는 층에 도착했다고 하더라도 현관문을 이웃집과 착각하는 경우도 있다. 어쩌면 내 집인 줄 알고 문을 열고자 했는데 열쇠가 맞지 않은 기억을 지닌 사람들도 있지 않을까?

르 꼬르뷔지에의 '유니테 다비따시옹 Unité d'Habitation' (프랑스, 마르세유/1952)은 그런 문제에 대한 해결의 실마리를 준다. 이 공동 주택은 주호마다 문을 다른 색으로 칠하고 조명으로 그 문을 비추고 있다. 물론 문 색깔이 다르므로 주호를 구별하는 데에 도움이 되지만, 더하여 문을 비추는 반사광이 복도의 천장을 희미하게 물들이므로 복도를 지나갈 때 다른 색채가 연속된 천장이 보인다. 그 복도의 색채 변화에 익숙해지면, 내 집으로 접근할 때 현관이 어디인지 인지하는 데에도 도움이 될 것이다. 즉 같은 문이 연속하는 단순하고 지루한 복도에서는 이렇게 밝게 비추는 조명의 원래 기능을 지니면서도 빛의 강약과 색의 변화로 만들어내는 재미있는 공간을 제안할 수 있는 것이다.

다른 요구에 대응하는 빛 - 조명 트랙과 콘센트의 확보

주택 내에서의 조명은 거주인의 취향에 따라 결정된다. 실링 라이트를 켜는 사람, 펜던트 조명을 매다는 사람, 스포트라이트로 빛을 연출하는 사람 등, 그 취향은 다양하다. 앞으로의 주택에서는 조명 시스템이 이렇게 다양한 요구에 대응할 수 있어야 할 것이다. 분양을 위한 공동 주택이면 인테리어를 구매자의 요구에 맞출 수 있겠지만, 그것이 불가능한 임대형 공동 주택에서는 사는 사람들의 개별 요구에 어느 정도는 대응이 가능하도록 조명시스템을 고려할 필요가 있다.

일반적으로 주택에서는 각 실의 천장 중앙에 조명이 설치되어 있으며, 이곳에 개인의 취향에 따라 조명 기구를 선택하는 정도의 자율성 밖에 없다. 이런 경우, 조명등의 디자인은 바꿀 수 있어도 조명등의 위치를 변화시키거나 개수를 늘리기는 어렵다.

사는 사람들의 개별 요구에 부응할 수 있는 공동 주택 조명시스템의 열쇠는 조명 트랙과 적절한 콘센트의 확보다. 조명 트랙은 주로 스포트라이트를 설치하기 위한 레일형의 장치이지만, 펜던트 조명을 직접 매달수도 있다. 또한 천장의 원하는 지점에 고리를 이용하여 조명등을 매달고 전력을 공급할 수도 있다. 물론 공간연출을 위해 스포트라이트만 설치해도 좋을 것이다.

또 천장에 조명등을 설치하지 않고 테이블 위나 바닥에 높은 스탠드를 두어 조명하는 경우도 있다. 이때 전력을 공급하는 콘센트는 다른 전자 제품의 사용에는 제한적일 수밖에 없다. 그러므로 조명용으로 사용할 수 있는 별도의 콘센트를 방의 네 모퉁이에 미리 설치해 두면 좋을 것이다. 주거 공간에서 조명등을 중심으로 차분하고 안정된 분위기를 조성하는데 이런 콘센트는 반드시 필요한 것이다.

이와이 타츠야岩井達弥

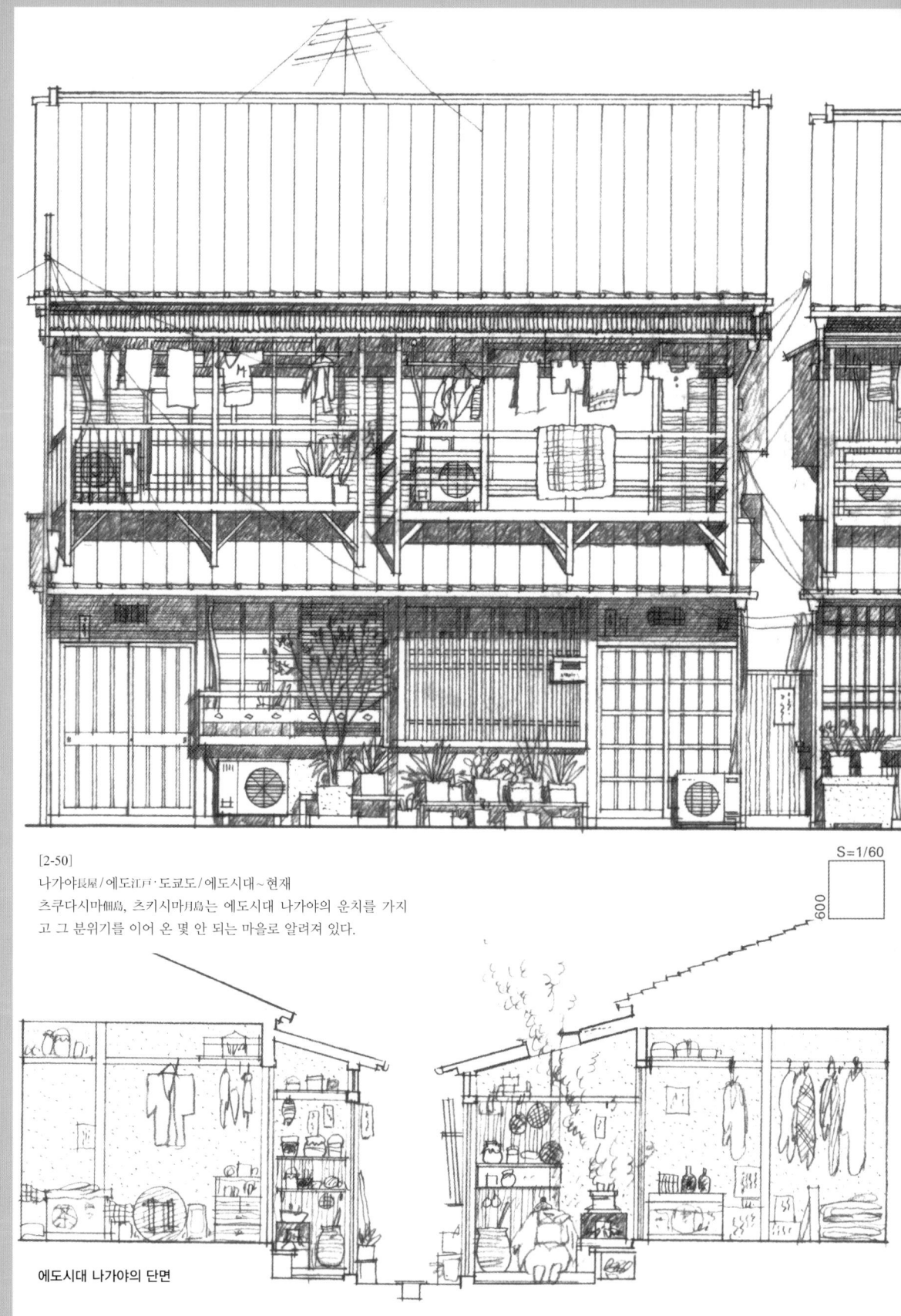

[2-50]
나가야長屋/에도江戶·도쿄도/에도시대~현재
츠쿠다시마佃島, 츠키시마月島는 에도시대 나가야의 운치를 가지고 그 분위기를 이어 온 몇 안 되는 마을로 알려져 있다.

S=1/60

에도시대 나가야의 단면

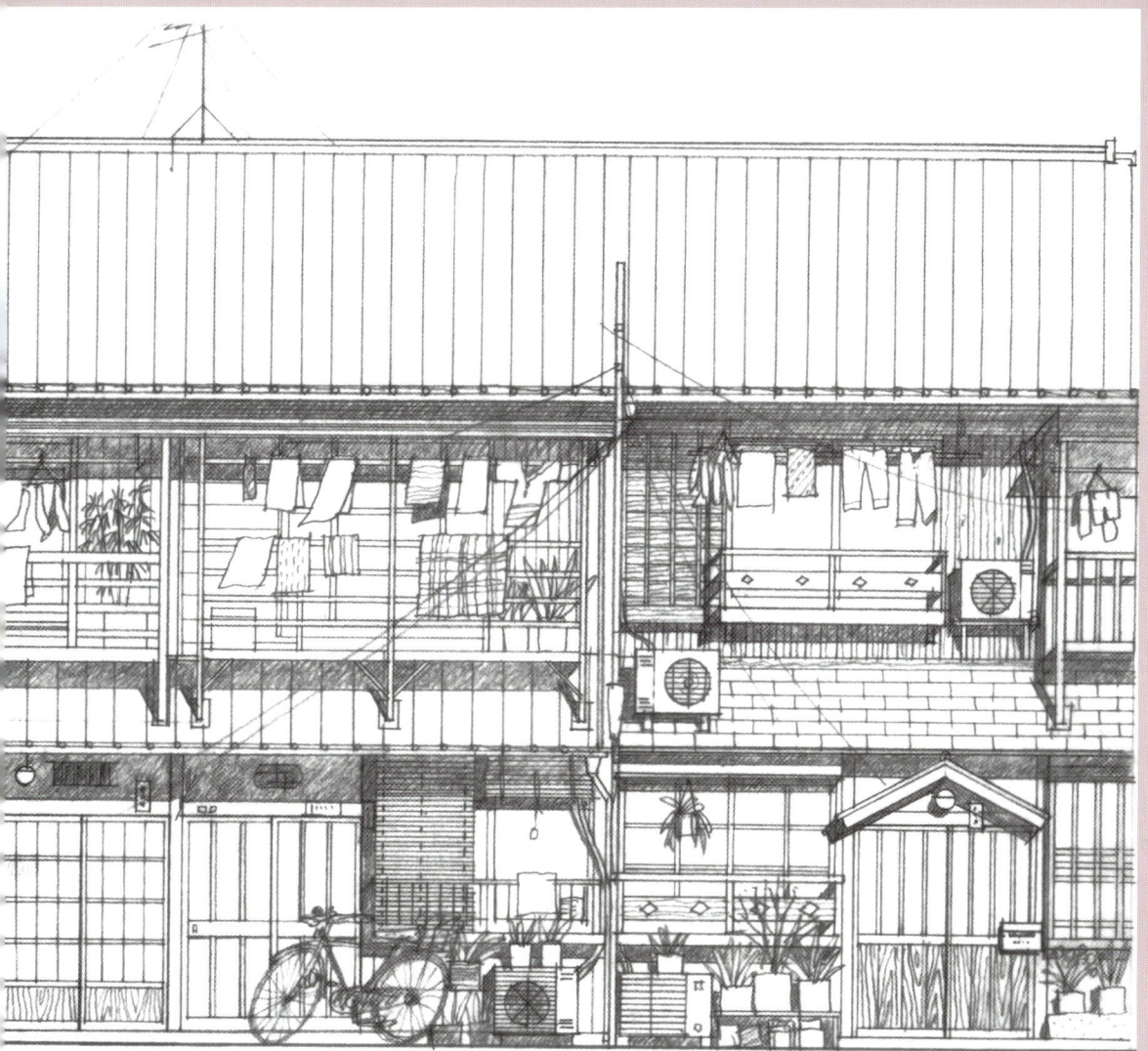

현재 나가야의 입면

⦿ **Column**

시타마치下町·나가야長屋의 생활

정치의 중심이 에도江戶[1]로 옮겨져 막부의 정권이 안정되면서 에도는 정치·경제적으로 일본의 중심도시로 발전하였다. 에도의 경제적 성장이 가속화되면서 일자리를 찾는 많은 사람들이 에도로 몰려들었다. 이러한 인구 집중에 대응하여 공급된 주거가 나가야長屋[2]이다.

나가야의 특징을 단적으로 설명하기 위하여 '9척 2칸의 무네와리 나가야棟割長屋[3]'가 자주 인용된다. 대략 6조疊[4]의 방에 한 가족이 생활하는 구조이다. 극단적인 예이기는 하지만 니혼바시日本橋의 포목 도매상 시로키야白木屋가 소유했던 니시카와기시쵸西川岸町의 나가야 대부분은 2칸×2.5칸에 약10조, 타도코로쵸田所町에 있던 나가야는 2칸×3칸, 약12조의 면적이다.

※1. 일본 도쿄의 옛 이름으로, 에도 성을 중심으로 한 지역
※2. 일본식 연립 주택 또는 다세대 주택의 일종으로, 나가야의 전형적인 이미지는 시타마치(서민주거지역)의 좁은 골목에 죽 늘어선 목조주택이다. 일본역사에서 전통적으로 도시 주택의 대표적인 형태의 하나
※3. 한 채의 집을 벽으로 칸막이해서 여러 가구가 살 수 있게 한 집
※4. 다다미疊 한 장(90×180cm)의 단위

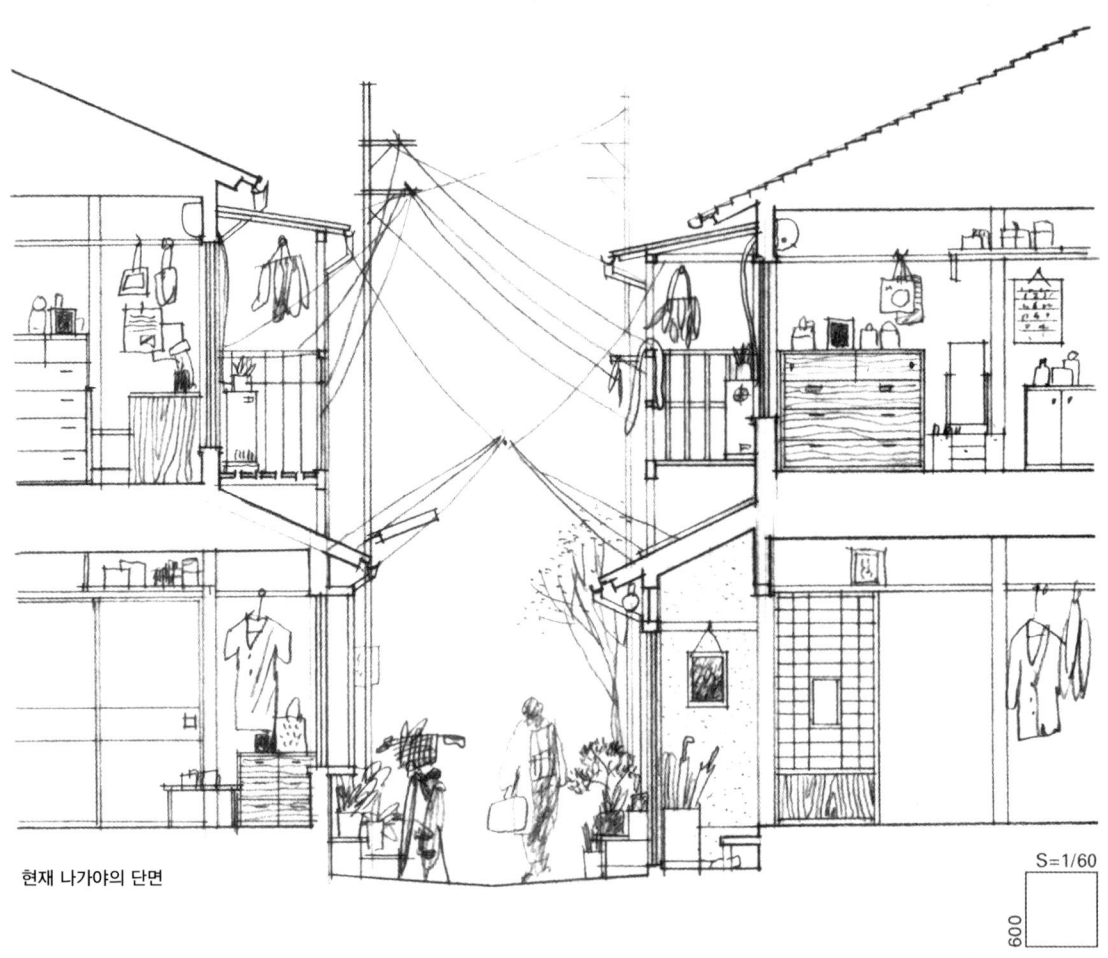
현재 나가야의 단면
S=1/60

에도 도시 내에 있던 대부분의 나가야는 이처럼 얇은 벽으로 나누어진 몇 개의 좁은 방이 연속하여 늘어선 구조였다. 우물이나 화장실은 당연히 공동으로 사용하였으며 골목은 좁고, 눅눅하며 공간적으로나 위생적으로도 결코 바람직한 주거 환경은 아니었다.

그러므로 나가야에서의 생활은 물을 길러 가든 화장실을 가든 이웃과 얼굴을 마주치지 않고서는 불가능하다. 현재, 도시 생활에서 인간 관계는 '번거로운 것'이라고 생각하는 것과 달리, 그들은 이웃 사람을 만나고 공통의 화제를 가지며 서로의 생활에 관심을 지니는 것이 생활 그 자체였다. 또한 얇은 벽 한 장만으로 구분된 방에 살면서, 우물이나 화장실을 공유한다면 서로 신경을 쓰는 것이 당연하고 어느 정도는 규칙도 필요했다. 나가야에서는 병으로 쓰러지면 이웃이 간호하고, 먹을 것이 없으면 기꺼이 나눠먹으며, 간장이 떨어져도 편하게 빌리러 갔다.

이와 같이 물심양면으로 서로 돕지 않으면 나가야의 주거자들은 살아 갈 수 없었던 것이다. 그들 생활에서 서로 돕고자 하는 생각은 살아가는데 가장 기본적인 것으로 인간미를 자아내는 만담의 소재가 되곤 하였다. 현재의 우리가 그러한 삶의 방식에 공감하거나 젊은이들의 마음을 끌어당기는 것은 우리의 생활에 잃어버린 중요한 무엇이 거기에 함축되어 있기 때문이다.

이렇게 커뮤니티의 개념은 서민층에게는 필요불가결한 것이었다. 한편 무사의 계층에서는 담장으로 둘러싸인 넓은 대지에 우물이나 목욕탕을 갖춘 넉넉한 생활이 보장되는 환경이었으므로, 서로 도와야 할 공동체의 필요성을 느낄 수 없었다.

이런 면에서 예전의 커뮤니티라는 것은 필요한 것을 공유하고 부족한 것들을 이웃이 함께 보완하며

에도시대 나가야의 생활모습

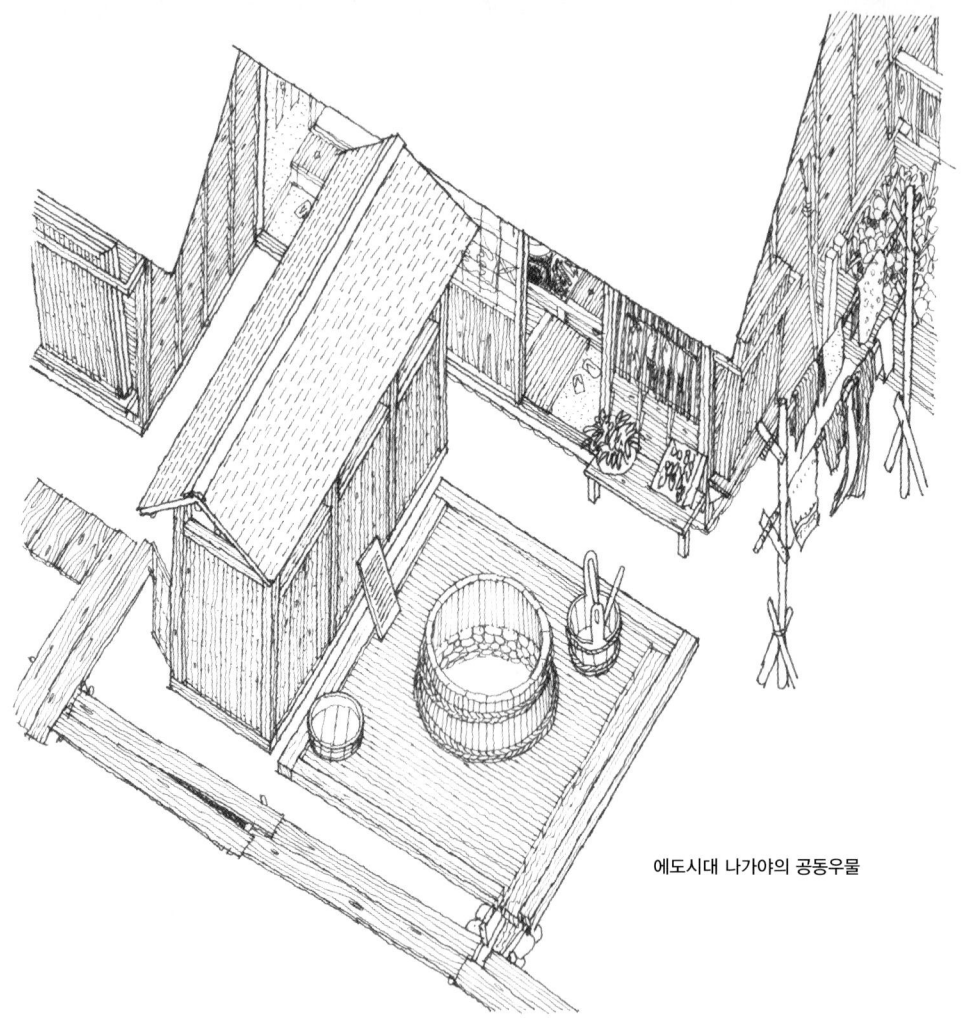

에도시대 나가야의 공동우물

살아가는 구조로 배려와 관심, 서로 돕는 정신이 없으면 성립될 수 없는 것이었다.

츠쿠다지마佃島, 츠키시마月島는 메이지明治부터 타이쇼大正시대까지 매립·개발되어 니혼바시 등의 상점에서 일하는 서민들의 주택지로 발전해 왔다. 지금은 에도시대 나가야의 풍경을 지키며 계승해 온 몇 안 되는 마을로 알려져 이러한 모습에 관심을 가진 젊은이들이 몬자야키もんじゃ焼 가게를 방문하면서 츠키시마 나가야에 변화가 생겨났다.

공동 우물은 없어지고 상수도가 설치되었고, 화장실도 공유하지 않는다. 대부분의 집이 실내에 욕실을 갖게 되었으며 츠키시마의 한가운데에 있었던 목욕탕도 이용자가 감소해 없어졌다. 그 자리에 아파트가 들어섰고 목욕탕은 아파트의 2층에 평범한 스파로 돌아왔다.

이렇게 '토지의 고도 이용'이라는 명목 아래, 나가야도 철거되어 서서히 고층 아파트로 교체되고 있다. 아파트에는 나가야에서와 같이 '부족한 것'이 없고, 무사의 저택처럼 생활에 필요한 것들이 보장되어 있다. 그러므로 이미 옛 시대에 서로 돕는 구조 안에서 성립할 수 있었던 공동체의 존재 이유도 이제는 찾을 수 없다.

프라이버시와 보안에 대한 깊은 관심은 길을 공허한 공간으로 변질시키고, 거리의 생활을 살벌하게 변화시켰다. 그러나 우리는 프라이버시와 보안을 지키기 위해 열쇠나 셔터, 담장과 같은 손쉬운 수법에 의지하면 안 된다는 것을 깨달아야 한다. 프라이버시는 인간 관계를 닫는 것이 아니며, 보안도 오히려 풍부한 인간 관계에서 충분히 지켜질 수 있음을 알아야 할 것이다.

나카야마 시게노부中山繁信

모
여
서
살
기

제3장

모여서 살기 〈구조〉

[3-1]
SLIDE 니시오기西荻 / 코마다 타케시駒田剛司 + 코마다 유카駒田由香 / 도쿄도東京都 / 2008

[3-2]
요코하마 아파트먼트ヨコハマアパートメント / 니시다 오사무西田司 + 나카가와 에리카中川エリカ / 카나가와현神奈川県 / 2009

'모여서 살기'를 가능하게 하는 구조에 대해서 생각해 보자. 이 장에서는 가시적인 형태나 공간보다 사람 사이의 관계와 그 관계를 지탱하는 것들에 대해 관심을 가진다. 자연발생적으로 생겨난 마을과 거리는 지연이나, 혈연을 중심으로 생활과 문화를 반영해 왔다. 그렇다면 인구가 거대 도시에 집중되어 있으며 정보화가 진행된 현재의 도시나 사회에서는 어떨까? 우리 주위에서는 어떤 문제들이 발생하며, 어떻게 해결해야 할 것인가.

근대화 시기 산업 구조가 변화하고 도시화가 진행되면서 핵가족화라는 현상이 생겨났다. 그러나 지금은 세대 내 가족의 구성이 더욱 변화하고 있으며, 주택의 여유분Stock은 세대 수를 훨씬 웃돌고 있다. 공영 주택의 입주자도 노년층에 치우쳐 있으므로 기존의 커뮤니티가 붕괴되고 있는

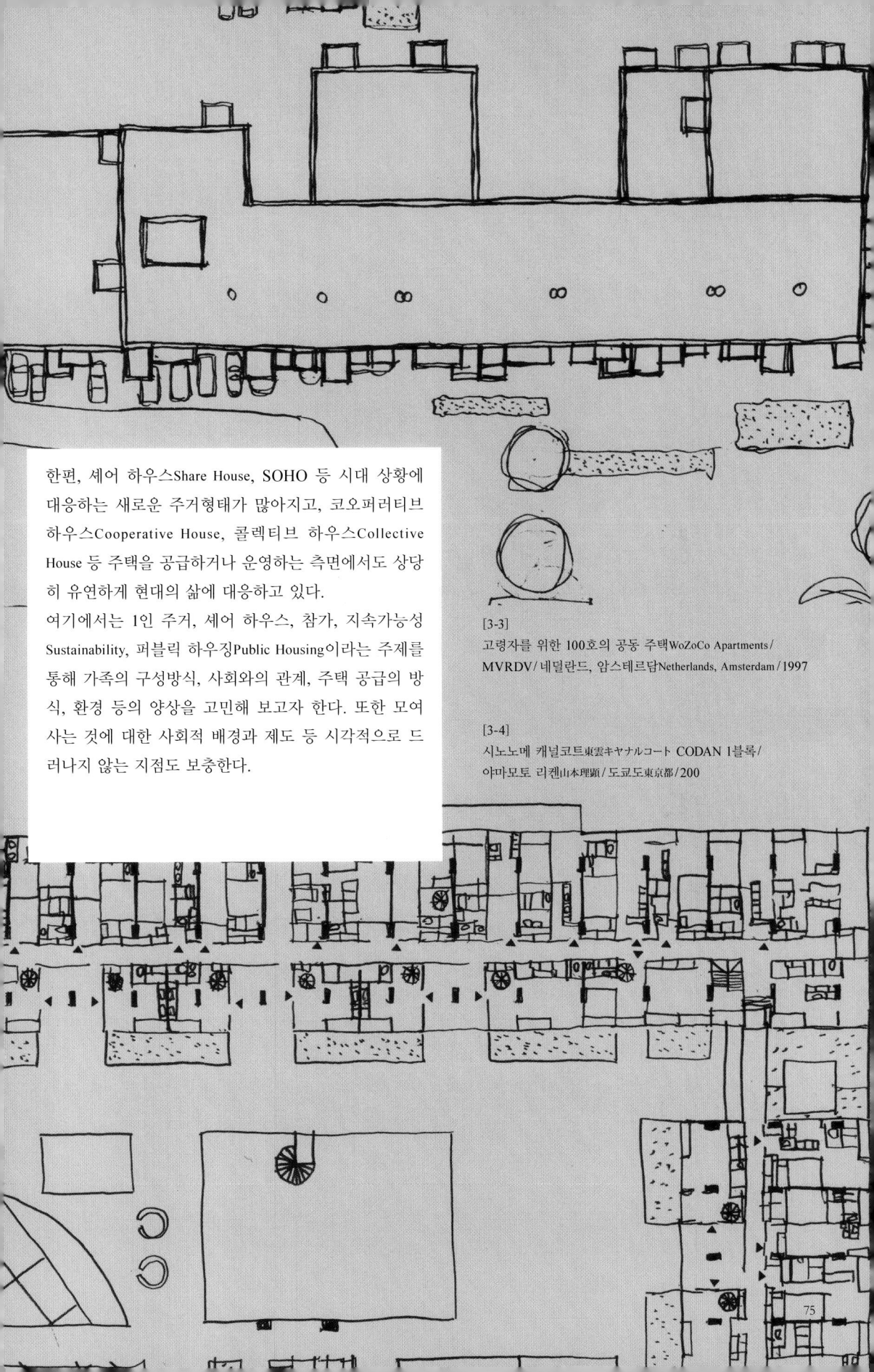

한편, 셰어 하우스Share House, SOHO 등 시대 상황에 대응하는 새로운 주거형태가 많아지고, 코오퍼러티브 하우스Cooperative House, 콜렉티브 하우스Collective House 등 주택을 공급하거나 운영하는 측면에서도 상당히 유연하게 현대의 삶에 대응하고 있다.

여기에서는 1인 주거, 셰어 하우스, 참가, 지속가능성 Sustainability, 퍼블릭 하우징Public Housing이라는 주제를 통해 가족의 구성방식, 사회와의 관계, 주택 공급의 방식, 환경 등의 양상을 고민해 보고자 한다. 또한 모여 사는 것에 대한 사회적 배경과 제도 등 시각적으로 드러나지 않는 지점도 보충한다.

[3-3]
고령자를 위한 100호의 공동 주택WoZoCo Apartments/ MVRDV/네덜란드, 암스테르담Netherlands, Amsterdam/1997

[3-4]
시노노메 캐널코트東雲キヤナルコート CODAN 1블록/ 야마모토 리켄山本理顕/도쿄도東京都/200

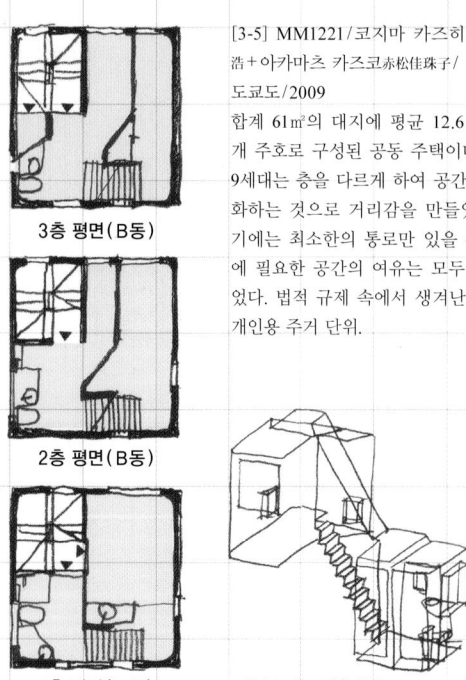

3층 평면(B동)

2층 평면(B동)

1층 평면(B동)

엑소노메트릭〈부분〉

[3-5] MM1221/코지마 카즈히로小嶋一浩+아카마츠 카즈코赤松佳珠子/도쿄도/2009
합계 61㎡의 대지에 평균 12.6㎡의 12개 주호로 구성된 공동 주택이다. 이중 9세대는 층을 다르게 하여 공간을 분절화하는 것으로 거리감을 만들었다. 여기에는 최소한의 통로만 있을 뿐 생활에 필요한 공간의 여유는 모두 배제되었다. 법적 규제 속에서 생겨난 극한의 개인용 주거 단위.

[3-6] APERTO/시노하라 사토코篠原聡子/치바현千葉県/2000
설비+수납을 직선상에 나열하고, 거실을 길게 배치하여 다양한 사용이 가능하도록 한 1인 주거용 유닛이다. 외부환경과의 완충영역으로서 공간A와 공간B를 외부에 계획하였다.

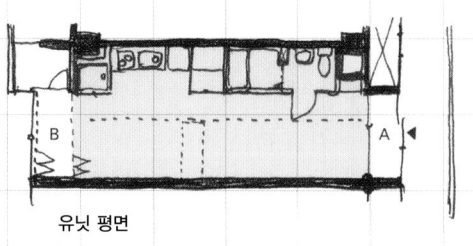

유닛 평면

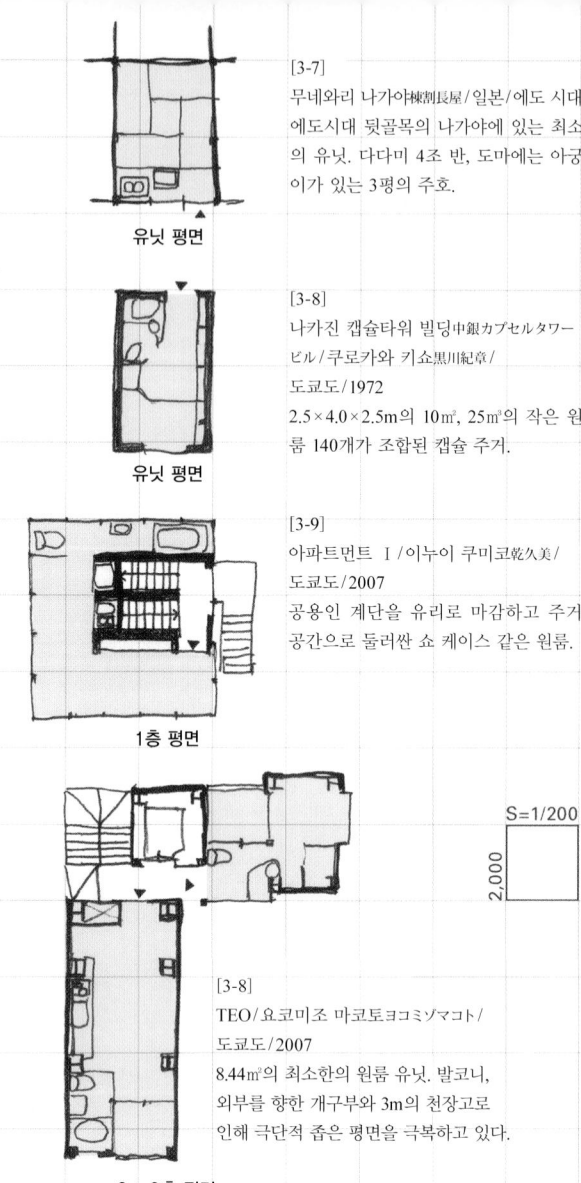

유닛 평면

[3-7] 무네와리 나가야棟割長屋/일본/에도 시대
에도시대 뒷골목의 나가야에 있는 최소의 유닛. 다다미 4조 반, 도마에는 아궁이가 있는 3평의 주호.

유닛 평면

[3-8] 나카긴 캡슐타워 빌딩中銀カプセルタワービル/쿠로카와 키쇼黒川紀章/도쿄도/1972
2.5×4.0×2.5m의 10㎡, 25㎡의 작은 원룸 140개가 조합된 캡슐 주거.

[3-9] 아파트먼트 I /이누이 쿠미코乾久美/도쿄도/2007
공용인 계단을 유리로 마감하고 주거 공간으로 둘러싼 쇼 케이스 같은 원룸.

1층 평면

[3-8] TEO/요코미조 마코토ヨコミゾマコト/도쿄도/2007
8.44㎡의 최소한의 원룸 유닛. 발코니, 외부를 향한 개구부와 3m의 천장고로 인해 극단적 좁은 평면을 극복하고 있다.

2~8층 평면

S=1/200

1인 주거

혼자 사는 사람들이 늘고 있다. 전통적으로 한 세대는 대가족으로 구성되었지만, 메이지明治 이후 근대화 시대부터 전후 시대에 이르기까지 단위 세대의 구조는 핵가족으로 급속하게 변화하였다. 그러나 현재의 단위 세대 구조는 산업화 시대의 고도 성장기와는 다르게 전개되고 있다. 즉, 고령화, 저출산화, 만혼화, 미혼화가 이어져 핵가족이 더 세분화되고 있는 것이다. 예전에는 개인이 하나의 세대에 주거하는 것이 일시적이고 특별한 현상이었지만, 지금은 보편적으로 인식된다. 한편 주택 수는 매년 꾸준히 증가해 포화 상태에 이르러 사용되지 않는 주택도 생겨나고 혼자서 여러 채의 주택을 소유하거나 사용하는 경우도 있다. 반면 1인 주거가 늘어나고 있으므로 이를 수용하는 주택의 공급은 여전히 이루어지고 있다. 이전에는 1인 주거의 대부분은 개실의 임대이거나, 기숙사 형식이었지만 1970년대부터는 높은 독립성을 갖춘 원룸이라는 극소 유닛이 나타나 정착해 왔다. 하지만 이런 원룸 주택은 대체로 임대용으로서 획일적인 구조로 제공되었다. 그 후, 부동산 운용을 목적으로 각종 요구에 대응하는 여러 가지 형식의 공간이 제안되며 극한의 주거 단위도 생겨났다.

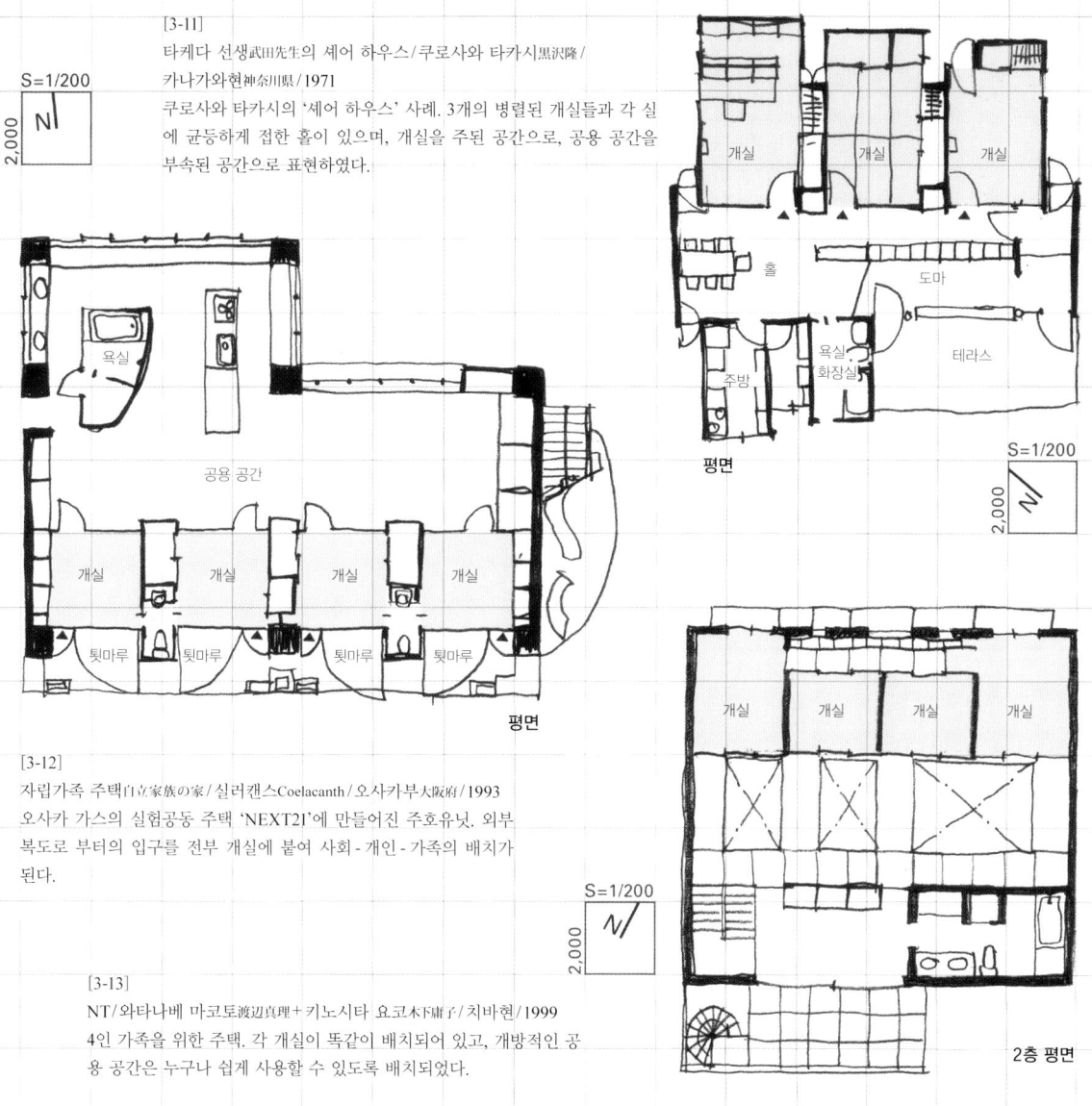

[3-11]
타케다 선생武田先生의 셰어 하우스/쿠로사와 타카시黒沢隆/
카나가와현神奈川県/1971
쿠로사와 타카시의 '셰어 하우스' 사례. 3개의 병렬된 개실들과 각 실에 균등하게 접한 홀이 있으며, 개실을 주된 공간으로, 공용 공간을 부속된 공간으로 표현하였다.

[3-12]
자립가족 주택自立家族の家/실러캔스Coelacanth/오사카부大阪府/1993
오사카 가스의 실험공동 주택 'NEXT21'에 만들어진 주호유닛. 외부 복도로 부터의 입구를 전부 개실에 붙여 사회 - 개인 - 가족의 배치가 된다.

[3-13]
NT/와타나베 마코토渡辺真理+키노시타 요코木下庸子/치바현/1999
4인 가족을 위한 주택. 각 개실이 똑같이 배치되어 있고, 개방적인 공용 공간은 누구나 쉽게 사용할 수 있도록 배치되었다.

셰어 하우스

1968년, 쿠로사와 타카시黒沢隆는 '셰어 하우스란 무엇인가?'('도시주택' 1968년 5월호)에서 ① 근대 주거 건축은 '핵가족'을 전제로 하며, ② 일하는 장소로부터 생활의 장소가 분리된 '사생활 영역'으로서의 주거가 되어야 하고, ③ 이 공간은 서구 근대 사회의 배경 하에 생겨난 부부 중심의 가족을 수용하는 것으로 nLDK로 설명할 수 있는 공간 구성이 이에 대응한 것이라고 비판했다. 더하여 현대 주거에서의 '사회-가정-개인'의 단계가 '사회-개인'으로 단순화되어 사회와 개인이 가족을 거치지 않는 직접적인 관계로 전환할 것이라고 예상하였다. 이에 대한 건축적 대안으로 독립된 개실이 사회에 직접 연결되는 '셰어 하우스'를 제창했다. 그로부터, 50년 이상 지난 현대에는 여성의 취업률 향상, 미혼자, 고령 독신자의 증가라는 사회 현상에 따라 가족의 붕괴와 핵가족의 종식이 가속화되고 있다. 이제는 가족에 대한 기존의 관념과 달리, 독립된 개인의 집합이라는 차원에서 생성된 전혀 다른 차원의 가족 의식이 오히려 자연스럽게 느껴진다. 즉 개인을 주거 단위로 하는 주거 형식이 가족상의 변화에 따라 주거 건축의 가장 중요한 주제가 되었다. 가족이라는 필터를 거치지 않고 개인이 사회에 연결되는 것은 무엇을 의미하는 것일까? 가족이란 무엇인가? 무엇이 가족인가?

Column

'개인용 주거 단위'라는 문제

가족과 인류

인간의 정체성은 다양하게 논의되어 왔다.

예를 들어, 도구를 만들고 발전시켜 나가는 것, 언어 작용을 연구하여 '개념'을 전개시키는 것, DNA의 변화(진호)를 통해 '종'을 바꾸어 가며 환경에 대응하는 다른 생물들과 달리, '종'을 고정한 채 당면한 문제들을 극복하면서 다양한 '문화'를 형성하는 것 등이다. 사실 '가족'이라는 개념도 인간만이 갖는 것으로 그 실태는 다양하게 나타나고 변화하면서 오늘에 이른다. 이것도 하나의 드러나지 않는 아이덴티이다. 옛날에 가족을 떠난 개인은 숨어서 몰래 살아가곤 했다. 그런데 오늘날 탈공업화 사회로 불리는 선진국들에서는 당당하게 개인의 삶을 이루어가는 독신자들이 상당수에 이른다. 이런 독신자의 증가에 따른 사회적으로나 건축적인 측면에서의 진지한 검토가 소홀하였던 것이 사실이다.

개인이 독신으로도 당당하게 살아갈 수 있는 사회적 배경이란 무엇인가? 이를 위한 '개인 주거 단위'의 건축계획이란 어떤 것인가? 독신주거로 인해 인구 감소를 초래하지 않으려면 사회적, 건축적으로 어떤 대책이 있어야 할까?

이 세 가지 관점에서의 검토가 필요하며, 당연히 우리의 중심 과제가 될 수밖에 없다.

사회 속의 개인

건축을 계획한다(의식적으로 '설계'한다)라는 것은 근대의 이탈리아, 일본, 서유럽 등에서 시작되었다.

기독교나 불교의 승려 또는 은둔의 수도자가 사는 개인용 주거 단위(Cell)가 먼저 대두되었다. 이 곳에서 종교인은 동서양을 막론하고 가족에 구애받지 않는 자유인으로 살았다. 이 개인용 주거 단위는 수도원이나 학문을 위한 실에 적용되었고, 마침내 대학 기숙사(Ospedale)에서 더 확실하게 사용되었다. 유토피아 사회주의자라 불리는 사람들은 '개인용 주거 단위'를 근대적 과제로 파악하여 커뮤니티 계획을 제안하는 가운데 사용하였고, 국가 차원에서 설립된 대학들을 계획하면서 이는 더욱 부각되었다. 즉 기숙사(Dormitory)라는 용도의 건축이다. 이에 대한 근대 건축의 뛰어난 사례로서 르 꼬르뷔지에의 스위스 학생회관(1932년)이나 브라질 학생회관(1959년), 알토의 MIT 학생기숙사(1948년), 루돌프의 예일대 기혼자 학생 기숙사(1960년) 등이 있다.

이 기숙사들은 모두 국제적인 혹은 국가적인 규모로 제안된 것으로 당시 4년제 이상 대학의 진학률은 겨우 10% 정도였으므로 가능한 것이었다.

오늘날 선진국에서는 각지에 대학이 난립해 진학률은 50%가 넘는다. 이제는 자택에서 통학하는 학생들이 많으며, 대학입장에서는 기숙사에 대한 관리 부담 때문에 시설을 많이 줄이게 되므로 외지 학생들은 학교 인근의 민간 주택에 주거하는 경우가 늘어났다. 개인용 주거 단위라는 과제는 학생들에게 있어서도 당면한 문제가 된 것이다.

탈공업화 사회의 출현

앞에서 탈공업화 사회에 대한 언급이 있었다.

산업 혁명에 의해서 야기된 '공업화 사회'는 사람들이 일하는 장소와 사는 장소를 엄격하게 나누고 인류 역사상 처음으로 '전용주거'를 탄생시키며 '임금 노동' 사회로 변화시켰다. 또한 도시 중심부에 상업지역, 업무지역, 공업지역 등을 위치시키고 주변 교외 지역으로 주거 지역을 넓게 분포시켰다(용도 지역제).

산업 혁명이 반드시 인구 증가를 야기한 것은 아니다. 그 전에도 농촌인구는 도시로 급속히 유입되어 도시는 팽창을 거듭하며 대도시권을 형성하였다. 이런 대도시권이 더 확장되어 거대도시Megalopolis로 전개되면서 요즘의 '탈공업화 사회'의 양상이 드러난 것이다. 예를 들어, 소품종 대량 생산에 익숙해 있던 산업 사회는 다품종화를 맞게 되고, 공업 생산의 축도

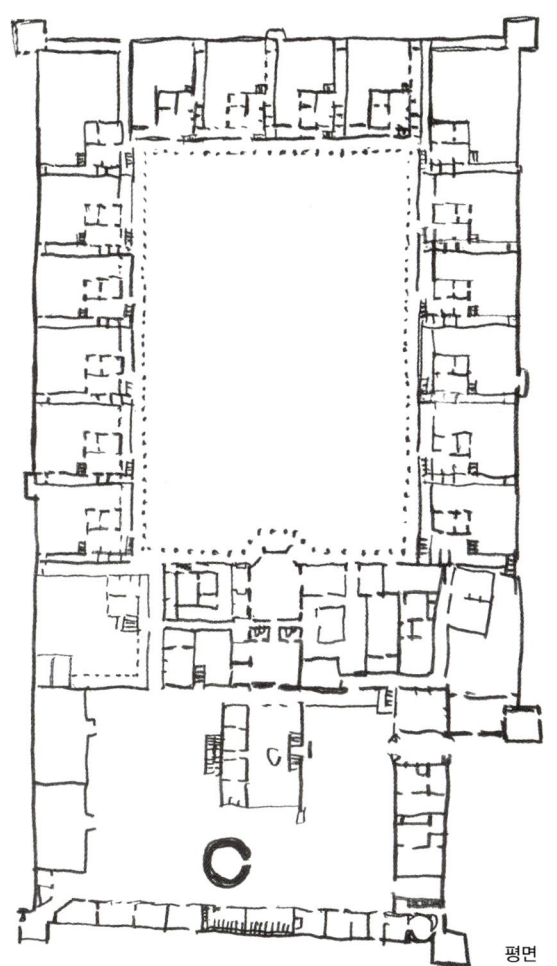

평면

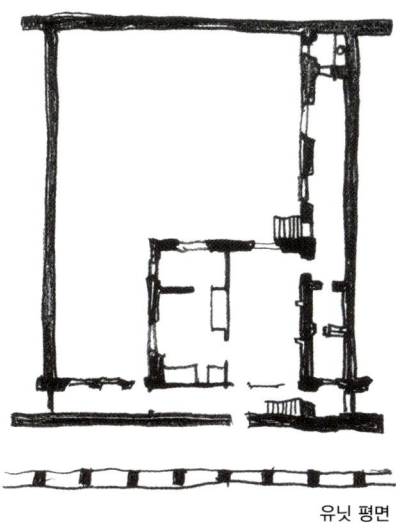

유닛 평면

[3-14]
카르투지오회Carthusian의 수도실Cell / 프랑스France
12세기 이후, 도시 주택은 대체로 '2실 구조'였다. 식사 등을 하는 낮의 실과 온 가족이 함께 잠을 자는 밤의 실이 있었다.
중세 서유럽 영주의 저택Manna house도 거대한 규모의 2실 주거였는데, 이즈음 수도회의 생활이 엄격하게 확립되어 수도원에서는 처음으로 중정Cloister을 둘러싼 개인용 수도실이 폐쇄적인 구조로 계획되었고, 수사들은 대화조차 금지당했다.

[3-15]
스위스 학생회관Pavilion Suisse a la Cte Universitaire /
르 꼬르뷔지에Le Corbusier / 프랑스, 파리France, Paris / 1932
같은 내용과 형식을 담은 실들이 한없이 나열되어 있는 기능적 근대성을 어떻게 건축화시킬 것인가 하는 큰 과제가 여기에서 구현되었다. 콘크리트 마감의 자유롭고 조형적인 인공 지반 위에 규격화된 개인실을 수용하는 철골조의 구조체를 만들었다. 개인실에는 세면대와 샤워기만 있을 뿐, 화장실 등은 공동으로 사용하도록 계획되었다.

입면

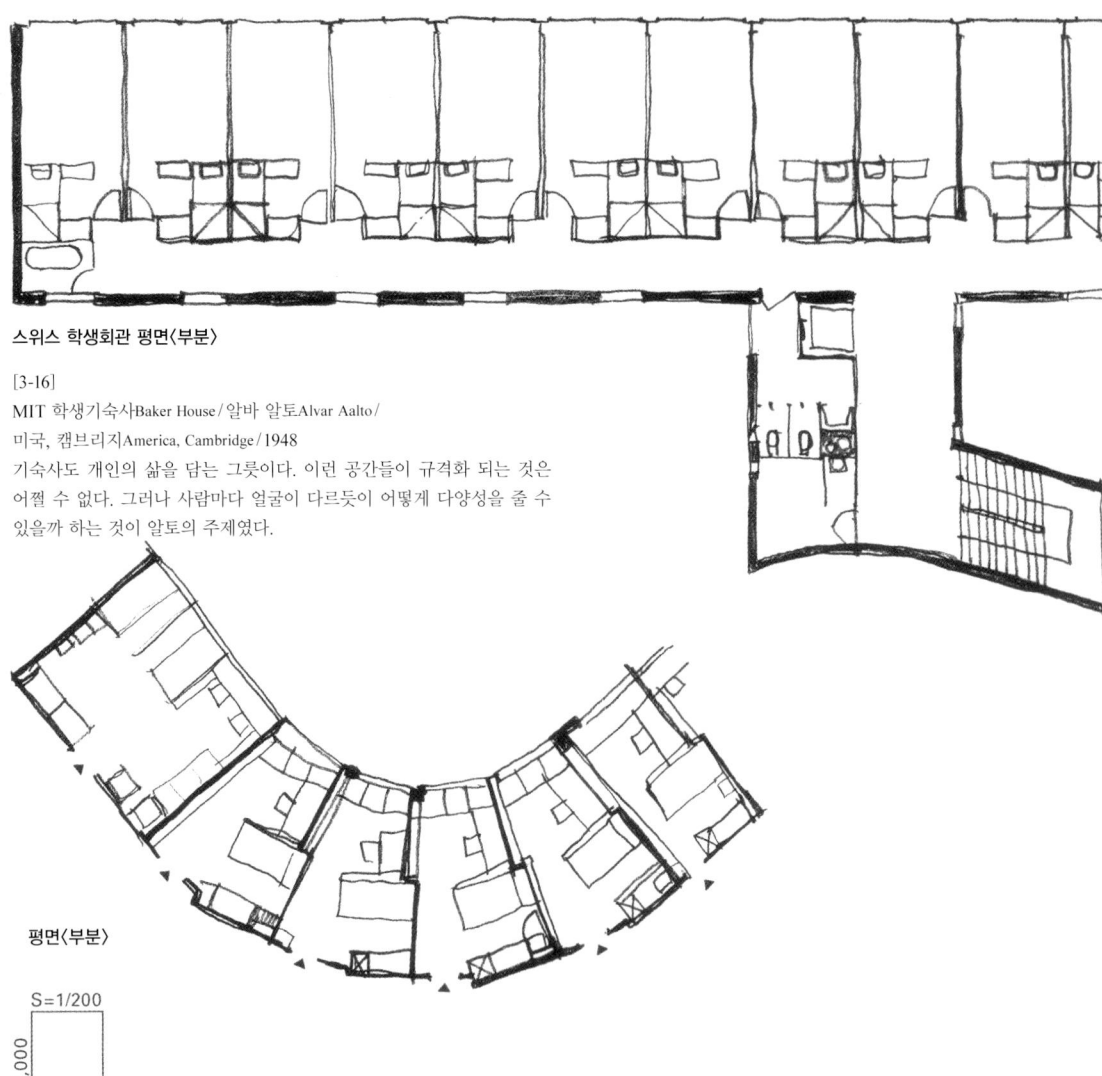

스위스 학생회관 평면〈부분〉

[3-16]
MIT 학생기숙사Baker House / 알바 알토Alvar Aalto /
미국, 캠브리지America, Cambridge / 1948
기숙사도 개인의 삶을 담는 그릇이다. 이런 공간들이 규격화 되는 것은 어쩔 수 없다. 그러나 사람마다 얼굴이 다르듯이 어떻게 다양성을 줄 수 있을까 하는 것이 알토의 주제였다.

평면〈부분〉

S=1/200
2,000

중공업에서 전자 공업으로 넘어간다. 동시에 자동 응답기, 팩스, 워드 프로세서 등의 가정과 사회를 연결하는 통신 설비와 컴퓨터, 비디오, 워크맨 등의 개인이 즐기는 기기가 주역으로 등장하였다. 필연적이라 할 수는 없어도 GDP나 GNP에서 공업 분야가 차지하는 매출이 서비스 분야의 매출에 추월당하였다. 예를 들어, 광고 비용만으로도 GDP의 1%가 넘었다. 이런 추세를 결정한 것이 멀티미디어라고 불리는 컴퓨터와 인터넷, 그리고 모바일의 대량 보급이었다. 일본에서 흔히 말하는 가타카나 직업군(카피라이터, 라이터, 디자이너...)의 대부분은 재택성 업무가 되었다. 이를 지원하듯이 편의점이 넓게 분포하며, 도시를 기능적으로 구분한 '용도 지역'의 경계는 모호해지고 기존의 임금 노동 사회를 일하는 장소와 사는 장소로 구분하지 않고 처한 상황에 따라 적응하도록 상대화 해 버린 것이다.

SOHO라는 과제

카타카나 직업이라 불리는 '지적'인 서비스산업은 원래 보좌역이나 사무직처럼 조직(Firm이나 Office라고 말한다)을 이루어 일하는 것을 전제로 하였다. 하지만 지금은 IT화나 모바일의 진화에 의해 개인이 주체적으로 할 수 있는 업무로 변하였다.
즉, 고도로 IT화된 사회에서 '개인으로 사는 것'의 배경에는 그 사회에서 크게 일어난 지적 서비스 산업의 영향이 있다. 이 경우, '개인

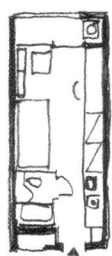

[3-17]
W BOX(C3타입)/시이나 에이조椎名英三/치바현/1986
개인용 주거 공간의 예.

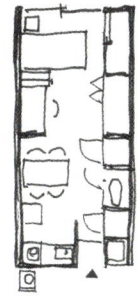

[3-18]
1LDK/일본/1980년대
팔기위한 상품으로써의 개인 주거 공간을 계획하였지만 가구 배치를 해보면 살기 불편하다.

[3-19]
나카진 캡슐타워 빌딩/쿠로카와 키쇼/도쿄도/1972
서민 주택의 대량공급과 질적 향상은 '근대'의 과제였다. 이것을 달성하기 위하여 '공업화'를 제안하고 건축적 대안을 제시한 것이 전화 부스 같은 공간Cubicle 유닛을 공장에서 효율적으로 생산해 내도록 하여 이상을 실현하고자 하였다.

[3-20]
세이비 그린 빌리지(B'타입)/쿠로사와 타카시/도쿄도/1983
대형의 개인용 주거 단위로 테라스로 접근을 시도.

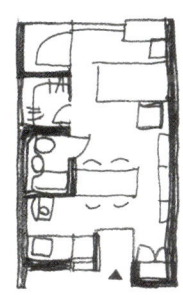

[3-21]
세이비せいび 그린 빌리지(C타입)/쿠로사와 타카시/도쿄도/1983
유닛의 장·단변비가 적절하지 못하여 25㎡를 넘어도 충분하지 못한 사례.

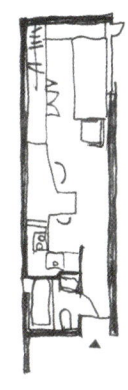

[3-22]
호시카와 큐비클즈ホシカワ·キュービクルズ/쿠로사와黒沢隆/치바현/1977
어느 정도의 재택근무가 가능한 개인용 주거 단위는 어떤 규모일 때 필요, 충분한가? 그 연구의 실현화(19.5㎡).

용 주거 단위'는 분명히 직장을 겸한 것이다.
최근 몇 년간 잘 사용되고 있는 SOHO(Small Office/Home Office)는 바로 이것을 의미한다.
그 뿐만이 아니다. 가족이 함께 주거하는 주택도 이러한 사회의 변화에 직면해 있다. 부부가 같은 일을 하거나, 다른 직업이지만 한 집에서 업무를 보는 경우, 부부 중에 한 사람이 직장을 다니고 다른 사람은 아이를 돌보는 경우도 많을 것이다. 또는 아이가 있는 1인 가구로 재택근무를 하는 사람도 적지 않다.
어느 쪽이든 기존의 단독 주택 혹은 공동 주택에서 생활하기에는 어려운 점이 있다. 여기에 현대 도

[3-23]
코원 키 송느コワン·キ·ソンヌ(A2타입)/쿠로사와 타카시/도쿄도/1986
20㎡ 정도면 개인용 주거 공간이 가능하다고 알려지면서 80년대에는 원룸 주택 형식이 만연하여 사회문제가 되었다. 하지민 개인용 주거 공간이라도 실의 장변은 8m를 넘어야 비로소 가능하였으므로, 이후에는 30㎡대의 개인용 주거 공간이 시도되었다.

[3-24]
슈퍼 원룸 플러스 원スーパーワンルームプラスワン / 쿠로사와 타카시 / 일본 / 2008
이미 50대가 된 커리어 우먼은 사실 최초의 원룸 생활자였다. 혼자 아이를 키우는 경우, 남편이나 아내와 사별한 부모가 자주 찾는 경우, 친구가 자주 들르는 경우, 업무상 손님이나 협의를 위해 필요한 경우 등에 어떻게 대응하며 개인용 주거 단위를 유지할 수 있을지를 시도한 사례(프로젝트).

파이프 샤프트
각 주호를 관통하는 수직 배관이다. 그러므로 왯존에는 불필요한 공간 없이 적절한 크기로 계획될 수 있으며, 남는 면적은 다른 부분으로 사용할 수 있다.

위생시설의 분리
건식의 전실(화장실, 세면·탈의)과 습식의 욕실, 총 3조가 표준 사이즈이다. 욕실은 바닥에서 허리높이 까지 방수 처리한다.

T튜블러Tubular 조명
각 주호를 관통하는 수직 배관이다. 그러므로 왯존에는 불필요한 공간 없이 적절한 크기로 계획될 수 있으며, 남는 면적은 다른 부분으로 사용할 수 있다.

엔트런스
입구 도마는 적어도 3/4조가 필요. 벽면은 부츠와 우산 등의 수납이 가능한 큰 수납장이 있다.

주방
L형의 콤팩트한 주방과 반대측의 배식대(전자레인지나 조리기구도 배치)로 구성되어 있다.

냉장고

세탁기/건조기

수납장
수건, 시트 등의 리넨류 수납. 하단에는 양동이나 청소 도구의 수납도 고려되어 있다.

워크인 크로젯 Work in Closet
원래는 부부침실용 수납공간이지만 굳이 이렇게 별도의 수납공간을 고려한 것은 손님이 있어도 옷을 갈아입을 수 있고, 옷 이외의 다양한 수납도 가능하기 때문이다.

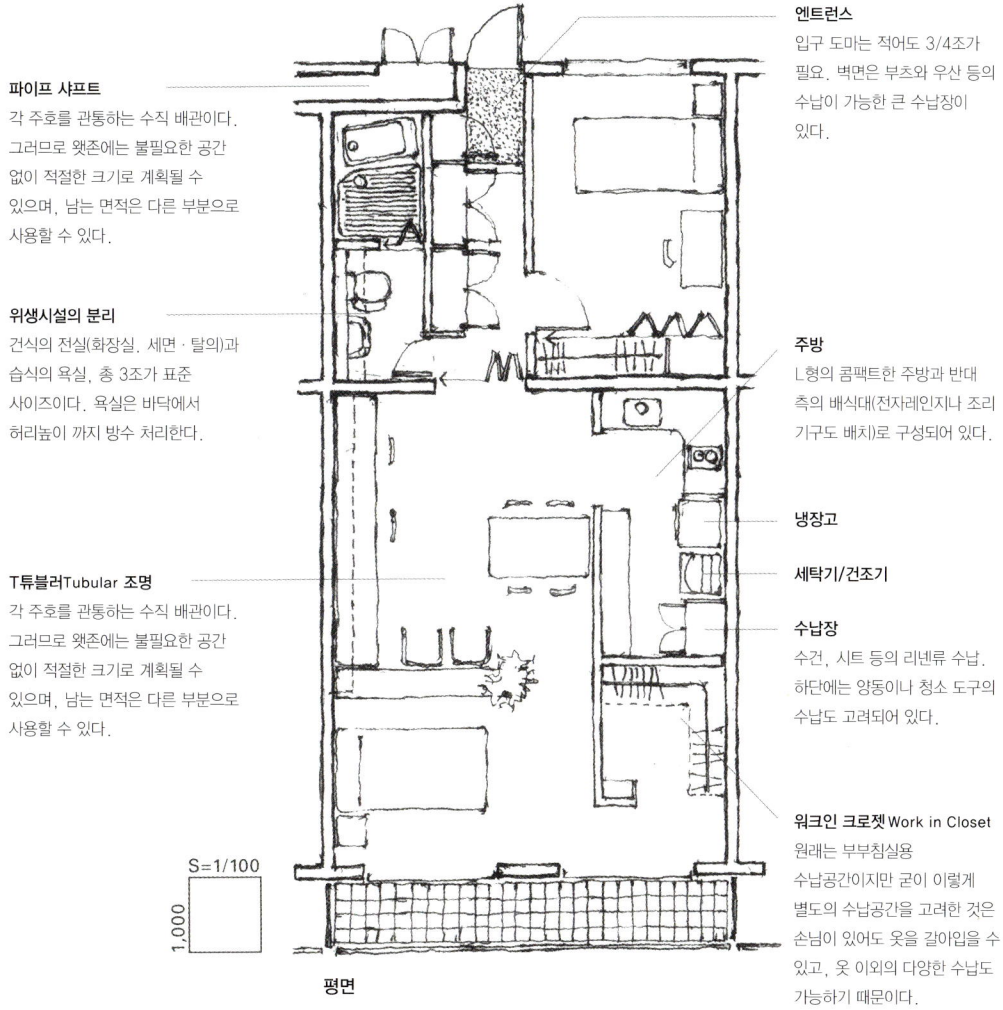

평면

시에서 생활하는 우리의 과제가 집약되어 있다.

예를 들어, 공업화 사회의 주거 공간은 '프라이버시의 성'이라고 말할 수 있는 것으로 사회나 커뮤니티로부터 거리를 유지하고 '개인성'을 확립해 왔다. 주택의 구조나 거리와의 관계 등은 무시하고 원룸에 깊이 틀어박힌다고 해도 광범위한 IT 사회로부터 벗어날 수는 없다.

가능하다면, 거리를 오가는 사람들과 눈을 마주칠 수 있는 작업실이 있다면 좋겠다. 거기에서는 새로운 비즈니스의 기회도 생겨날 것이다. 이런 계획을 충분히 달성한 중·고층의 공동 주택은 아직 세상에 존재하지 않는다. 오히려 반대로 보안의 강화를 더 강요하는 사회이다. 이렇게 '보안'이라는 것이 사회에서 개인을 고도로 격리하는 것이라면 그것은 이해 할 수 없는 일이다. 이제, 어떻게 하면 좋을 것인가.

'개인용 주거 단위'에 대한 관심은 이러한 새로운 사회를 지향하는 출발선에 불과한 것이 아닌가.

한편, 개인이 살아가는데 만족할만한 주호의 설비와 규모(시빌 미니멈Civil Minimum)에 대해서도 부단한 연구가 필요하다. 진화하고 발전해 가는 IT 기술 체계에 대응하는 업무 영역이나, 이 공간을 구현함에 있어 거리와 연결할 방안도 요구된다. 또 단위 주호가 콤팩트하게 구성되고 적정한 임대비가 책정되는 등도 중요한 과제이다.

과제가 다각화되어 너무 어렵지만 그것을 해결해가는 즐거움은 더 크지 않을까?

쿠로사와 타카시黒沢隆

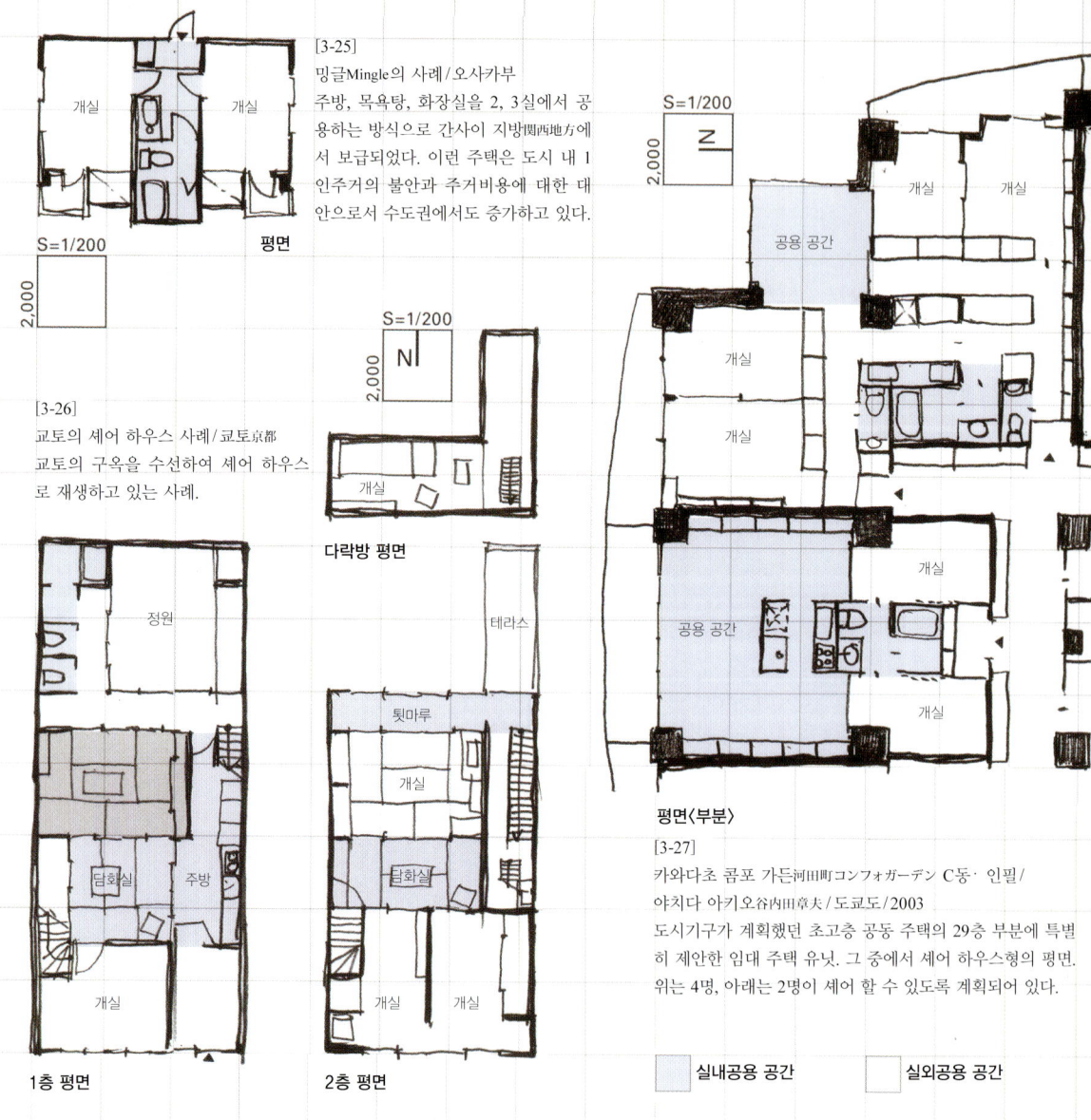

[3-25] 밍글Mingle의 사례/오사카부
주방, 목욕탕, 화장실을 2, 3실에서 공용하는 방식으로 간사이 지방關西地方에서 보급되었다. 이런 주택은 도시 내 1인주거의 불안과 주거비용에 대한 대안으로서 수도권에서도 증가하고 있다.

[3-26] 교토의 셰어 하우스 사례/교토京都
교토의 구옥을 수선하여 셰어 하우스로 재생하고 있는 사례.

[3-27] 카와다초 콤포 가든河田町コンフォガーデン C동·인필/ 야치다 아키오谷內田章夫/도쿄도/2003
도시기구가 계획했던 초고층 공동 주택의 29층 부분에 특별히 제안한 임대 주택 유닛. 그 중에서 셰어 하우스형의 평면. 위는 4명, 아래는 2명이 셰어 할 수 있도록 계획되어 있다.

실내공용 공간   실외공용 공간

셰어 하우스

셰어 하우스가 늘고 있다. 셰어 하우스는 가족이 아닌 여러 주거자가 한 건물 내에서 반공동의 생활을 하는 주거 형식이다. 개인이 주거하는 방은 독립된 사적 공간으로 잠금 장치가 있고, 화장실이나 욕실은 공동으로 사용한다. 단독 주택보다 비용은 적게 부담하면서 풍부한 환경을 얻을 수 있는 장점이 있다. 이런 주거 형식의 배경은 ①미혼자나 고령 독신자의 증가, ②인터넷의 보급 등으로 모집이 쉬움, ③가족주거용의 주택물량이 남아도는 현상, ④해외 셰어 하우스 경험자의 증가, ⑤일본의 주택에서 개인의 독립성 강화 등이다. 이와 함께 완전한 독립보다 적당히 타인과 접촉이 가능한 환경을 원하는 사람도 증가했기 때문이다. 셰어 하우스는 지금까지는 단독 주택, 아파트, 단지, 독신 기숙사 등의 기존 건축물을 개조해 사용하는 경우가 많았다. 그러나 일본의 오래된 민가들이 셰어 하우스로 전용되고 있는 사례는 교토 등, 학생이 많은 도시에서는 이전부터 흔히 있었다. 영역이 애매하며 공간의 가변성이 확보된 전통적인 일본 민가의 공간은 어느 정도 타인과의 접촉이 이루어지는 데 적합한 환경일지도 모른다. 요즘에는 아예 셰어 하우스를 고려해 건축하는 예도 늘고 있다.

※ 코바야시 히데키小林秀樹 '지금 왜 셰어 하우스?' 〈주거론〉 2007년 춘계호

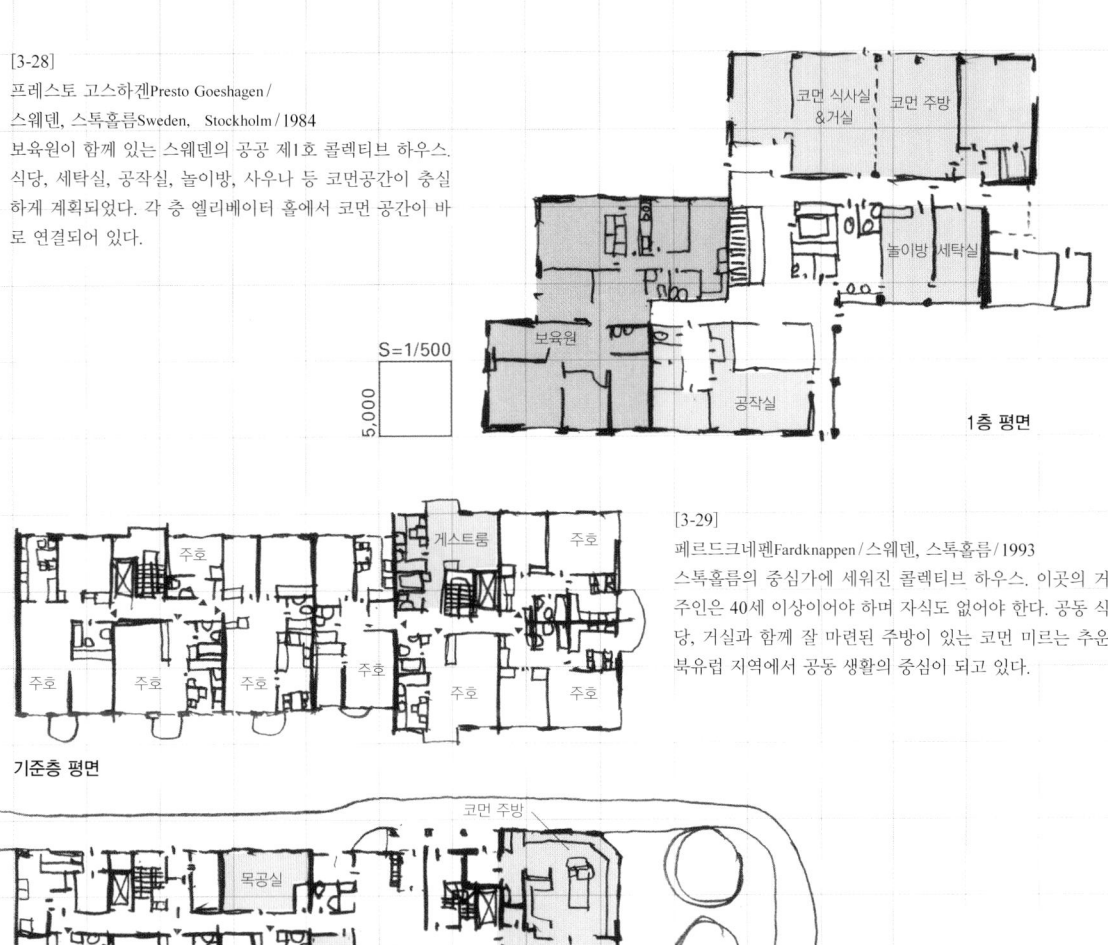

[3-28]
프레스토 고스하겐Presto Goeshagen /
스웨덴, 스톡홀름Sweden, Stockholm / 1984
보육원이 함께 있는 스웨덴의 공공 제1호 콜렉티브 하우스. 식당, 세탁실, 공작실, 놀이방, 사우나 등 코먼공간이 충실하게 계획되었다. 각 층 엘리베이터 홀에서 코먼 공간이 바로 연결되어 있다.

[3-29]
페르드크네펜Fardknappen / 스웨덴, 스톡홀름 / 1993
스톡홀름의 중심가에 세워진 콜렉티브 하우스. 이곳의 거주인은 40세 이상이어야 하며 자식도 없어야 한다. 공동 식당, 거실과 함께 잘 마련된 주방이 있는 코먼 미르는 추운 북유럽 지역에서 공동 생활의 중심이 되고 있다.

콜렉티브 하우스

셰어 하우스의 한 종류이다. 북유럽에서 1930년경부터 여러 타입으로 시행되어 변천을 거치면서 오늘에 이른 주거의 방식이다. 특징으로는 단위 주호별로 완전히 독립된 설비가 있지만, 공동으로 사용하는 코먼 공간과 풍부한 설비를 갖춘 것이다. 이러한 주거 형식은 코먼 미르Common Mir,※ 에서 유래한 것으로 요리를 공동으로 하고 식사나 육아 등을 함께 해, 단독 세대가 얻을 수 없는 풍부한 공동체 생활을 영위하는 것을 목적으로 하고 있다. 그런 의미에서 모여 사는 의의를 보다 명확히 한다. 콜렉티브 하우스는 일반적으로 임대 주택인 경우가 많다. 풍부한 공간을 공유하는 만큼 임대료가 높게 책정되지만 일상생활 속에서의 접촉이나 안정감 등, 다른 곳에서는 얻을 수 없는 풍요로운 삶의 질을 누릴 수 있다. 애초에는 가사부담을 경감시키기 위해 규모가 클수록 더 효율적이라고 생각하였다. 즉 커뮤니티가 더 중요하고 서비스가 생활의 주체였다고 한다. 최근에는 공동생활에서 이루어지는 자연스러운 만남과 풍부한 인간 관계를 중시하여 작은 단위의 커뮤니티를 지향하면서 전체 규모도 작아지고 있다. 이러한 생활 방식은 고령화사회나 1인 주거 등을 해결하는 과정에서 매력적인 대안으로서의 가능성이 있다. 콜렉티브 하우스에서 쾌적한 생활을 유지하기 위해 공용 공간의 사용법이나 유지·관리 방법 등, 생활 방식의 규칙은 거주인들이 스스로 정한다. 이러한 일상적인 활동을 통하여 거주인들은 생활 속에서 풍부한 관계들을 쌓아갈 수 있다.

※ 러시아 고유의 공동체 촌락

■ 실내 공용 공간   □ 실외 공용 공간

[3-30]
콜렉티브 하우스 캉캉모리かんかん森/NPO 콜렉티브 하우징사/도쿄도/2003
입주 2년 반 전에 NPO를 구성하여 입주자를 모집하고 건물 계획을 위한 워크숍 등을 실시했다. 공사 당시 이 주택은 20세대 중 11세대가 예약되었고, 20명 미만의 멤버로 주거자 조합을 설립하였다. 노인 주택과 보육 시설 등을 포함하여 닛뽀리日暮里 커뮤니티의 일부로서 계획된 것이 특징이다. 현재는 주민들이 뜻을 모아 세운 회사에서 운영을 담당하고 있다.

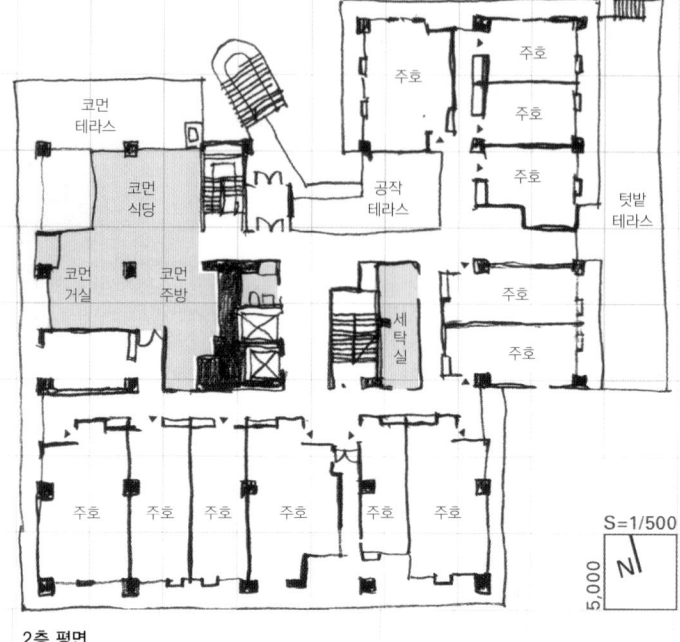

2층 평면

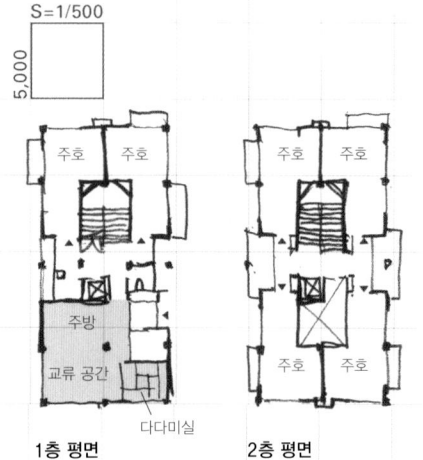

1층 평면   2층 평면

[3-31]
효고 현영兵庫県営 '카타야마 만남의 주택片山ふれあい住宅'/
효고현 도시주택부 주택정비과+이치우라市浦 도시개발건축 컨설턴트/효고현兵庫県/1997
한신·아와이 대지진 이후, 공영의 부흥 주택으로 60세 이상의 독신 노인들을 위해서 만들어진 콜렉티브 하우징이다. 공용 공간은 만남의 장소가 되어 개인 생활이 확장되는 의미 있는 역할을 한다. 공영 주택법의 틀 내에서는 독신의 고령자들을 위한 복지형 주택에 속하는 콜렉티브 하우스이다.

일본의 콜렉티브 하우스

일본에서 콜렉티브 하우스는 아직 새로운 것이다. 한신·아와이 대지진阪神淡路大震災 이후에 이재민에게 공영의 부흥 주택이 공급되었으며, 그 중 고령자를 대상으로 한 주택에 상부상조의 커뮤니티를 만들고자 하는 계획이 제안되었고 몇 개의 사례가 시도되었다. 그 중에서도 본격적인 다세대 공생형 민간 임대 주택은 2003년에 완성된 '콜렉티브 하우스 캉캉모리かんかん森'다. 이 주택을 계획한 NPO 콜렉티브 하우징사는 그 외에도 '마츠카게 코먼즈松陰コモンズ(2002년)'나 '콜렉티브 하우스 스가모巣鴨(2007년)'등을 기획·개발하였다.

다양한 세대·가구에 거주하는 사람들이 개인적인 생활을 보장받으면서, 같이 거주하는 이들 사이에 원만한 커뮤니티를 형성하는 것을 목표로 공간의 사용 방식이나 주거 방식 등에 관해서 주택이 완공될 때까지 수차례 회의를 하였다. 완공 후의 삶도 이런 과정의 연장선상에 있으므로 주민들은 생활하면서 회의를 계속 이어가며 커뮤니티를 보완하고 성장시킨다. 이렇게 지연이나 혈연과 무관하게 이루어지는 계획적인 커뮤니티에서는 주민들이 함께 삶의 방식을 조절하고 만들어 가는 과정이 중요하다.

[3-32]
요코하마 아파트먼트ヨコハマアパートメント /
니시다 오사무西田司 + 나카가와 에리카中川エリカ / 카나가와현 / 2009
젊은 예술가들에게 전시·작업·주거의 장소를 제공하는 4호의 목조 공동 주택이다. 1층은 천장고 4.9m의 반옥외 광장으로 거주인이 주최하는 다양한 이벤트에 대응할 수 있다.

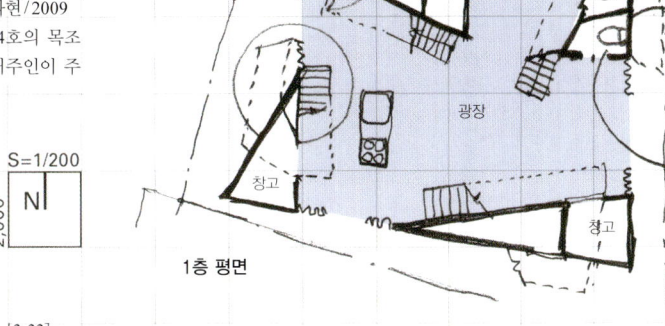

1층 평면

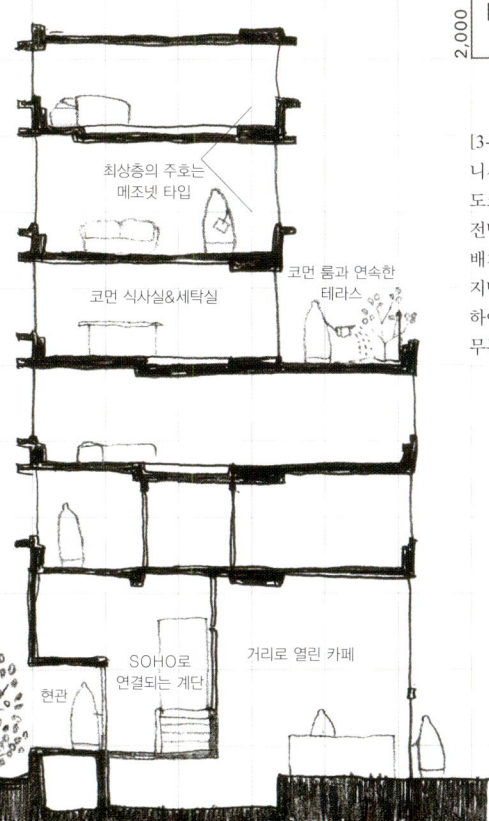

단면

[3-33]
니시코쿠분지西国分寺의 공동 주택 마쥬 니시코쿠분지マージュ西国分寺 / 야치다 아키오 / 도쿄도 / 2008
전망이 좋은 테라스를 가진 코먼 식당과 세탁실을 중심으로 19㎡~80㎡의 유닛 9세대를 배치하였다. 1층에는 거리를 향해 열린 카페와 셰어 형태의 SOHO를 마련해 규모는 작지만 거리에 융합하는 기능을 의도하였다. 이 주택도 건설 중에 워크숍이나 협의를 진행하여 건물명이나 생활의 규칙 등을 논의하고 결정하였다. 임대 주택의 주민들은 참가의 무는 없지만 월 1회의 회의를 가지며 서로 조화롭게 공간을 활용하고자 한다.

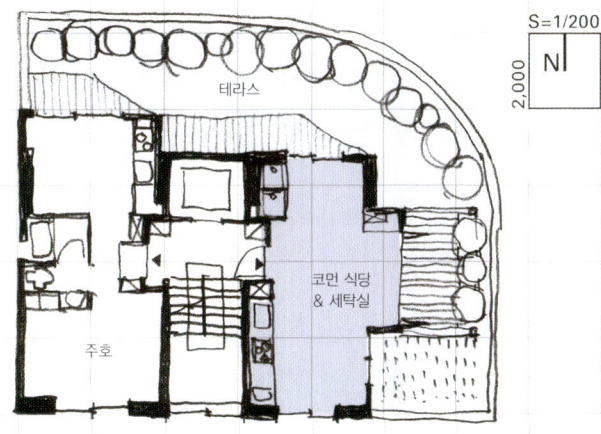

4층 평면

작은 콜렉티브 하우스

대지가 작은 경우라도 토지 소유자의 양해 속에 간단한 프로그램을 적용하거나, 임대 공동 주택의 연장 차원에서 콜렉티브 하우스를 만들 수 있지는 않을까? 콤팩트한 코먼 공간, 옥상의 이용, 1층 부분에서 지역과의 연결을 위한 제안도 가능하다. 또한 옥내 계단이나 통로, 테라스를 활용하여 중간 영역을 살리고 이곳을 주거자의 '표출'의 장으로 활용할 수도 있을 것이다. 일반적으로 콜렉티브 하우스에서는 코먼 공간이 10%에서 15% 정도 필요하므로 임대비를 올리지 않으면 사업성이 나빠진다. 그러나 이 코먼 공간을 5%정도로 콤팩트하게 계획하면 소규모의 민간 임대 공동 주택을 운영하는데 크게 부담스럽지 않을 것이다. 또는 소유주가 사업성을 뛰어넘을 의사가 있다면 다소 손실을 보더라도 모여 사는 커뮤니티의 의미를 더 중요하게 고려할 수도 있을 것이며, 이는 사업의 규모가 작을 경우 가능성이 더 높다. 이런 코먼 공간의 설치를 장려하기 위하여 용적률의 완화나 공적자금에 의한 보조금 지원, 또는 대출 여력의 확대 등으로 제도를 정비할 수 있다면, 우리의 주거 문화와 역사에 관련이 있으며 현재의 시대 상황에도 적합한, 하지만 지금까지 없었던 자연스러운 커뮤니티의 장소를 유도하는 것도 가능하지 않을까?

Column

코 하우징

코 하우징Cohousing의 접두어인 'Co'는 콜라보레이션Collaboration이나 커뮤니티Community의 접두어와 같은 뜻이다, '공동' 또는 '원조'라는 의미를 지닌다. 1970년대에 북유럽에서 많이 시도된 콜렉티브 하우스를 지칭하는 것이 코 하우징이다. 코 하우징은 1980년대에 미국의 건축가 캐서린 맥코먼트Kathryn McCamant와 찰스 듀렛Charles Durette이 덴마크에 등장한 보페레스카바Bofælesskaber※라는 공동주거의 형식을 접하고, 미국에 소개하면서 주호의 독립성을 유지하면서도 공동생활의 이점을 살린 생활 방식의 개념을 일컫는 용어로 사용하였다. 이를 스웨덴에서는 콜렉티브 휴스Collective Hus, 네덜란드에서는 센트럴 보우넨Centraal Wohnen으로 불린다. 여기에서는 네덜란드와 미국의 사례를 예로 들어 설명하지만 각각 그 나라의 명칭을 사용하고 있으며 이러한 주택을 통칭하여 코 하우징으로 부르고자 한다.

코 하우징은 모여 사는 다양한 라이프 스타일 중 하나로 공간의 일부, 혹은 주거의 일부를 공유하고 개인의 생활을 스스로 운영해 가는 공동주거 형식이다. 개인이 사는 방은 조금 콤팩트하게 하고 전용부분의 일부를 공동으로 하면서 반드시 단위 주호마다 두지 않아도 될 공간을 조절하거나, 혹은 단위 주호 내의 주어진 면적으로는 도저히 확보할 수 없는 공간을 다수의 주호가 함께 공유함으로써 보다 여유로운 생활 환경을 가질 수 있을 것이라는 점이 코 하우징의 기본적인 목표다. 즉 공유의 생활공간인 커뮤널 에어리어Communal Area를 가진다는 것이다. 이런 점에서 입주 희망자가 모여 조합을 결성한 후에 그 조합이 사업주가 되어 직접 건설하는 사업의 구조를 의미하는 코오퍼러티브 하우스와는 근본적으로 다르다.

네덜란드의 센트럴 보우넨 제1호
: 힐베르쉼 멘트

사건의 발단은 1969년, 어느 주부가 신문에 의견 광고를 게재하면서 시작되었다. 여성이 직업을 가지기 위해서는 육아와 식사를 준비하는 것과 같은 일상의 책임을 함께 부담하는 공동 주택의 건설이 필요함을 호소한 것이다. 이 여성의 주장은 큰 반향을 불러 일으켰으며, 1971년 센트럴 보우넨 협회의 설립으로 이어졌다.

이후 1977년 네덜란드에서 최초의 센트럴 보우넨인 '힐베르쉼 멘트Hilversum Meent'가 탄생했다. 힐베르쉼은 암스테르담과 위트레흐트Utrecht 사이에 위치한 소도시이다. 이 공동 주택은 54개의 단위 주호로 구성되어 있으며 최초의 입주자는 편부모 가정, 양친 가정, 커플, 독신자 모두해서 133명(성인 남자 38명, 성인 여자 41명, 아이 54명)이었다.

단지는 대지의 중앙에서 십자형으로 교차하는 거리(보행로)를 중심으로 단위 주호가 배치되어 있다. 단위 주호는 거리의 주위에 들쑥날쑥하게 나열되어 있고, 반대쪽에는 또 다른 주호가 함께 사용하는 정원과 주차장이 계획되어 있다. 단지 내의 주호는 모두 임대용으로 바닥 면적은 $41m^2$에서 $107m^2$까지로 방의 개수는 스튜디오타입의 원룸에서 4실형까지 다양하게 변형된 타입을 가진다. 여기에서는 모든 주호에 전용의 주방과 욕실이 갖춰져 있다.

단위 주호와 함께 공용 공간은 '클러스터'와 '그룹'의 2단계로 구성된다. 단지 내 주호는 4~5호 정도를 하나의 단위로 하여 클러스터를 형성한다. 전체적으로 10개의 클러스터가 있으며, 각 클러스터의 중심공간은 약 $33m^2$의 면적을 가진 코먼 룸이다. 건축가의 이야기에 따르면 "요리는 다른 사람과 함께 하더라도 식사는 집에서 따로 해야 하지 않나?"라는 생각으로 처음에는 코먼 룸에 공용 주방을 2개 준비하였다고 한다. 코 하우징의 특징으로서 공동의 식사는 중요한 조건이었지만, 당시의 센트럴 보우넨 계획에서는 공동의 식사가 필수적인 전제 조건은 아니었던 것 같다. 그러나 이런 '예상'은 기우였으며 요리 영역으로 마련되었던 코먼 룸은 식사의 장

※ 영어로 직역하면 Living Communities

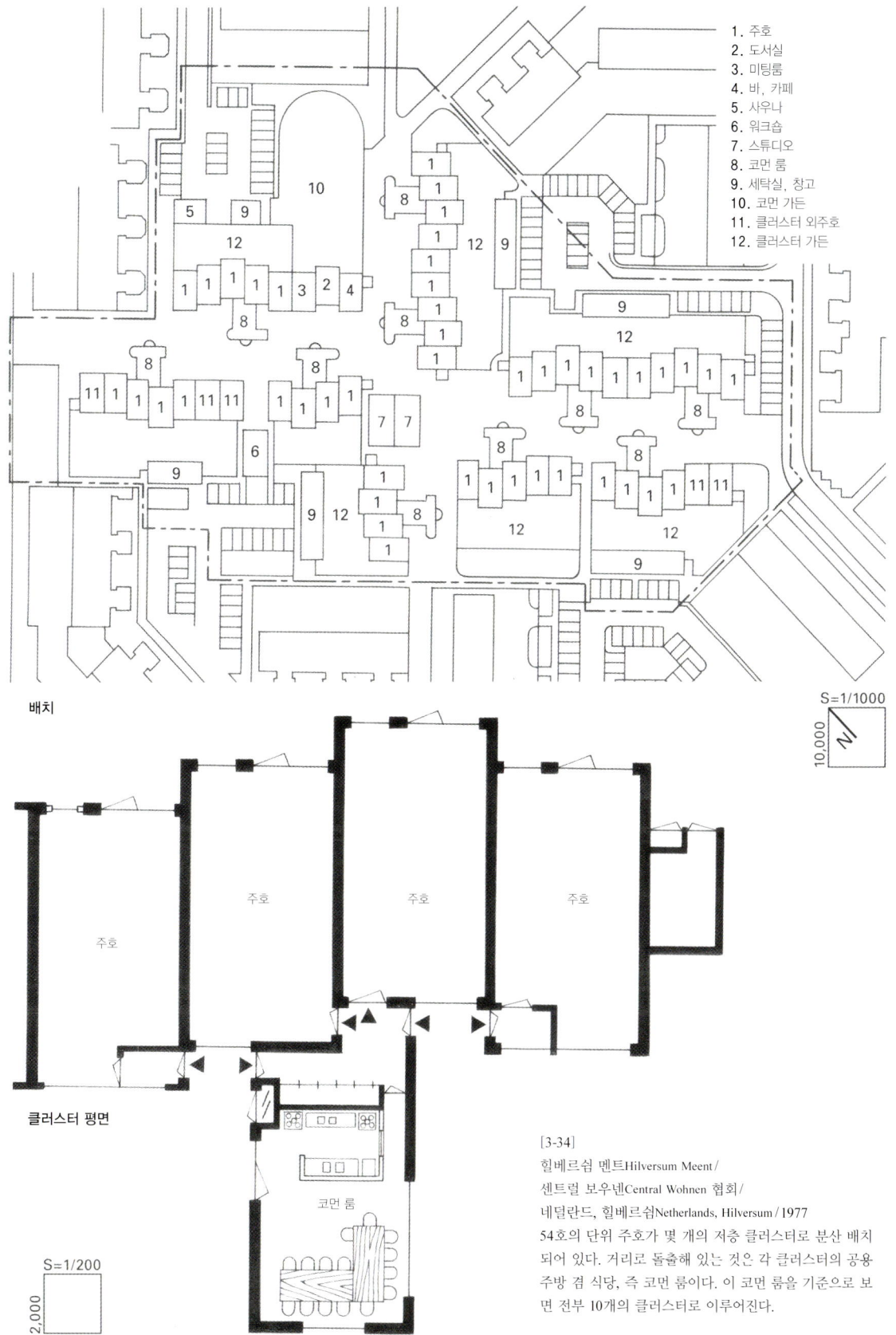

1. 주호
2. 도서실
3. 미팅룸
4. 바, 카페
5. 사우나
6. 워크숍
7. 스튜디오
8. 코먼 룸
9. 세탁실, 창고
10. 코먼 가든
11. 클러스터 외주호
12. 클러스터 가든

배치

S=1/1000

클러스터 평면

S=1/200

[3-34]
힐베르쉼 멘트Hilversum Meent /
센트럴 보우넨Central Wohnen 협회 /
네덜란드, 힐베르쉼Netherlands, Hilversum / 1977
54호의 단위 주호가 몇 개의 저층 클러스터로 분산 배치되어 있다. 거리로 돌출해 있는 것은 각 클러스터의 공용 주방 겸 식당, 즉 코먼 룸이다. 이 코먼 룸을 기준으로 보면 전부 10개의 클러스터로 이루어진다.

소로도 사용되었다. 각 클러스터에는 코먼 룸과 함께 세탁실 겸 창고로 쓸 수 있는 작은 실이 부수적으로 계획되었다. 단지 전체(그룹)의 공용 시설로는 집회실 동(95m²), 탁아소(41m²), 청소년 집회실(41m²), 목공·도예·수리 작업을 위한 작업실(27m²), 세 개의 게스트 룸과 사우나 동(30m²m²)이 설치되어 있다.

미국의 코 하우징 제1호 : 도일 스트리트Doyle St. 코 하우징 커뮤니티

이 커뮤니티는 앞에서 언급한 미국 코 하우징의 선구자인 캐서린 맥코먼트와 챨스 듀렛이 기획·설계한 계획으로 약 2년 동안 사업이 진행되어 1992년에 완성되었다. 위치는 샌프란시스코 북쪽의 에머리빌Emeryville이라는 소도시. 기존의 고벽돌로 지어진 창고를 증·개축한 12세대를 수용하는 코 하우징이다. 원래 대공간으로 천장고가 높은 창고였지만, 개방적인 복층형과 단차를 지닌 공동 주택으로 다시 태어났다.

우리가 방문했을 때는 완공 후 몇 년이 지나서였는데, 당시는 12호에 6가구가 독신자, 1가구가 편부모 가정, 나머지는 양친가정의 세대가 입주해 있었다. 주민들의 연령층은 30대부터 70대까지 매우 폭넓었고 주로 변호사나 교사, 컴퓨터 관련 기술자 등의 전문직이었다.

단위 주호의 면적은 약 70~145m²까지로 현재 일본의 주택들과 비교해도 그다지 규모가 크다고는 말하기 어렵다. 아마도 미국 내에서도 대지의 확보가 어려워 토지

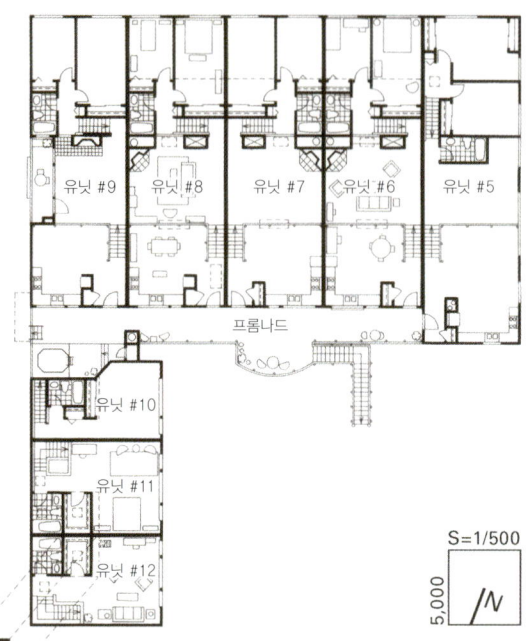

2층 평면

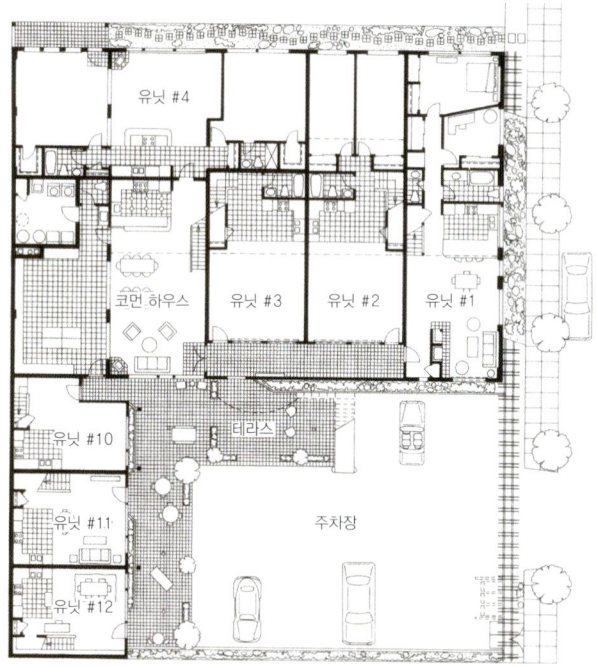

1층 평면

[3-35]
도일 스트리트 코 하우징 커뮤니티The Doyle Street Cohousing Community/ 코 하우징 컴퍼니CoHousing Company + 윌리엄·F·오린Williams Frank Ohlin / 미국, 에머리빌America, Emeryville / 1992
천장고가 높은 기존 창고의 단면을 그대로 살려 1층은 복층형 주호로 재구성 하였고, 2층도 레벨차가 있는 주호로 계획되었다

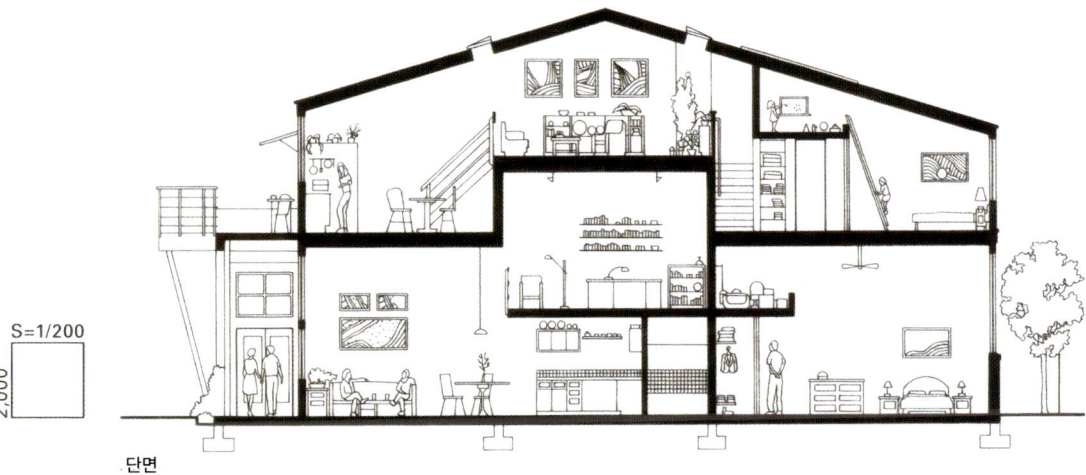

단면
S=1/200

가격이 높은 지역인 샌프란시스코 베이 에어리어라는 입지조건 때문일 것이다.

전용의 단위 주호들과 함께 약 190㎡의 코먼 룸을 계획하였으며 여기에는 벽난로가 있는 담화실, 식당, 주방, 아이의 놀이방, 목공실인 워크숍 겸 레크리에이션 룸, 큰 창고에 세탁실 그리고 사우나까지 계획하였다. 이 커뮤니티에서도 유럽의 사례와 같이 '식사를 함께 한다'것을 중시하여, 주 3회는 코먼 룸에서 함께 식사하는 것이 생활의 일부이다. 이 주택은 맛있는 요리를 제공하는 것이 자랑거리라고 한다.

가족 구성이 다양화하고 있는 일본사회와 미래의 주거

20세기 후반, 즉 전후의 일본에서는 '핵가족'을 사회의 이상적인 가족상으로 여겨왔다. 핵가족은 '부부와 미혼의 자녀로 구성된 가족 (고지엔 사전)'이라고 정의되어 있으며 대체로 가족이라고 할 때, 핵가족을 의미하는 것이 일반적이었다. 전후, 널리 보급된 DK형의 주택은 바로 핵가족=표준 세대 (실제로 가족을 표준화할 수 없지만)라는 도식을 근거로 제안된 주거의 형식인 것이다.

20세기 말에 이르러 사회의 세대 구성은 급격히 변하기 시작하였고 21세기인 지금도 가족 구성은 여전히 다양화하고 있다. 더하여 일본에서는 2005년부터는 통계사상 최초로 출산율이 사망률을 밑도는 현상도 발생하였다. 이제는 핵가족이 가장 보편적이라는 전제 하에 공급되어 온 20세기의 주택에 대한 고정 관념을 바꿔, 대안적인 주거 형식이 제안되어야 할 시대를 맞이했다고 할 수 있을 것이다.

우리가 주택을 설계하면서 핵가족이 일본 사회의 세대 구성을 대표하고 있다고 여기는 전제 조건에 의문을 가지기 시작한 것은 사실 1990년대 중반 무렵으로, 지금으로부터 약 25년 전의 일이다. 1995년에는 그동안의 1인 주거를 대신할 생활 방식의 가능성을 찾기 위해 유럽이나 미국의 코 하우징 형식의 공동 주택을 시찰하고 '1인 주거의 집주체-비핵가족의 주거'(와타나베 마코토渡辺真理+키노시타 요코木下庸子, 1998년)라는 책을 통해 정리하였다. 여기에서 소개한 네덜란드 및 미국 코 하우징의 앞선 사례는 그 책에서도 거론되었지만, 여기서 다시 조명함으로써 미래 주택의 대안을 고민하는 계기가 되었으면 한다.

키노시타 요코木下庸子

[3-36]
하렌 지드룽 Siedlung Halen / 아틀리에5 Atelier5 /
스위스, 베른 Switzerland, Berne / 1961

스위스의 건축가 그룹이 자신들의 주거지를 만들기 위해 주도하고 개발한 프로젝트다. 아틀리에5는 이 성공을 바탕으로 유럽에서 많은 코오퍼러티브 하우스를 실현시켰다. 성냥갑처럼 배치한 연립 주택의 통로에 중간 영역적 성격을 지닌 외부 공간을 삽입하여 주호와 접속한다. 단위 주호들은 2중의 콘크리트블록으로 나눠져 독립성이 높다. 주유기와 창고를 둔 차고, 수영장이나 운동 시설, 집회실 등의 공용 시설을 충실히 갖춘 숲속의 마을을 만들었다.

엑소노메트릭

[3-37]
SLIDE 니시오기西荻/코마다 타케시駒田剛司+코마다 유카
駒田由香/도쿄도/2008

골목 안에 위치한 대지에 세워진 9채의 코오퍼러티브 하우스이다. 이 주택은 기본계획을 완성한 후에 입주자를 모집하는 방식을 취하였다. 법규상 공동 주택을 지을 수 없는 땅을 저렴하게 구입하여 건축가의 상상력을 발휘해 레벨차를 갖는 매우 특색 있는 단위 주호로 이루어진 공동 주택이다.

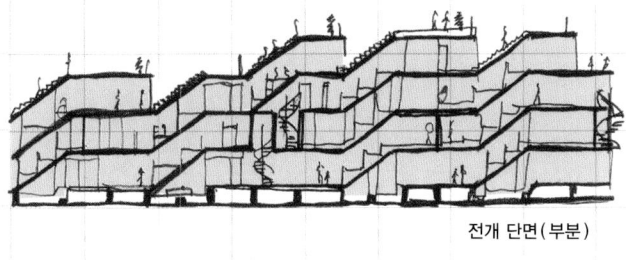

전개 단면(부분)

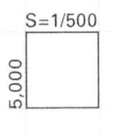

참가

오랜 시간에 걸쳐 조성된 마을이나 거리는 눈에 보이지는 않지만 서로의 삶을 지키는 연결된 사회로부터 고안된 것이다. '두레'라고 불리는 공동작업을 위한 상부상조의 제도는 오랫동안 마을과 같은 환경 만들기를 지지하며 커뮤니티를 키워왔다. 이러한 커뮤니티는 '모여서 살기'라는 것의 시간적 축적으로 얻어진 것이다. 그리고 경제적·문화적·자연적인 요인에 따라 지역 고유의 형태가 갖추어진다. 이러한 지역성이나 커뮤니티를 계획하거나 디자인 속에 포함시키는 것은 불가능한 것인가.

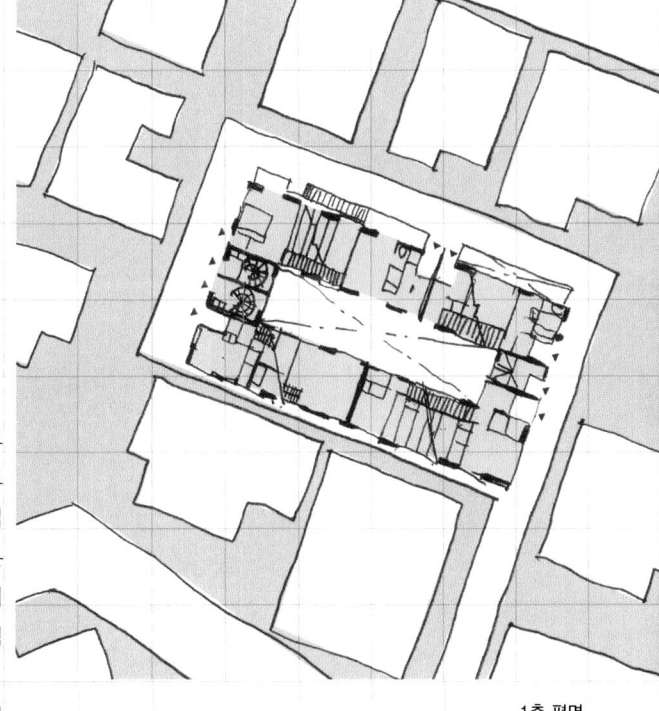

1층 평면

코오퍼러티브 하우스

거주인이 스스로 모이고 협력해서 만드는 공동 주택이다. 공동 주택 계획 단계에서부터 서로가 가지고 있는 주택에 대한 생각들을 논의할 것이므로 함께 '모여서 살기'에 대한 깊은 생각의 기회를 가질 것이다. 이런 코오퍼러티브 하우스는 유럽을 중심으로 널리 보급되어 독일에서는 전 주택의 약 10%, 스웨덴에서는 약 20%까지 이른다. 일본에서는 1980년대에 주목을 받기 시작하여 주로 소규모 공동 주택으로 구현되었으며 분양 공동 주택을 대신하는 선택 사항의 하나가 되었다. 그러나 이런 형식의 주택도 사업자 선정, 토지 매입, 가격 설정은 물론 계획 단계부터 전문적 지식이 필요하기 때문에 막대한 시간과 노력이 소모된다. 이런 이유로 자주적인 계획이 곤란하여 흐지부지 되는 경우도 많다. 최근에는 전문 사업자가 입주자를 모집하는 경우가 많아지고 있다. 이 경우에도 경제적인 이익 추구와 자유롭게 공간을 이용하고자 하는 목적으로 구조체만 공급해 본래의 모여 살기의 장점을 끌어내지 못하는 경우도 많다. 그러나 그런 상황을 극복하여 벽·바닥·천장을 공유하는 공동체를 만들면서 지금까지 없었던 새로운 주거 공간을 만들어가는 사례들도 증가하였다.

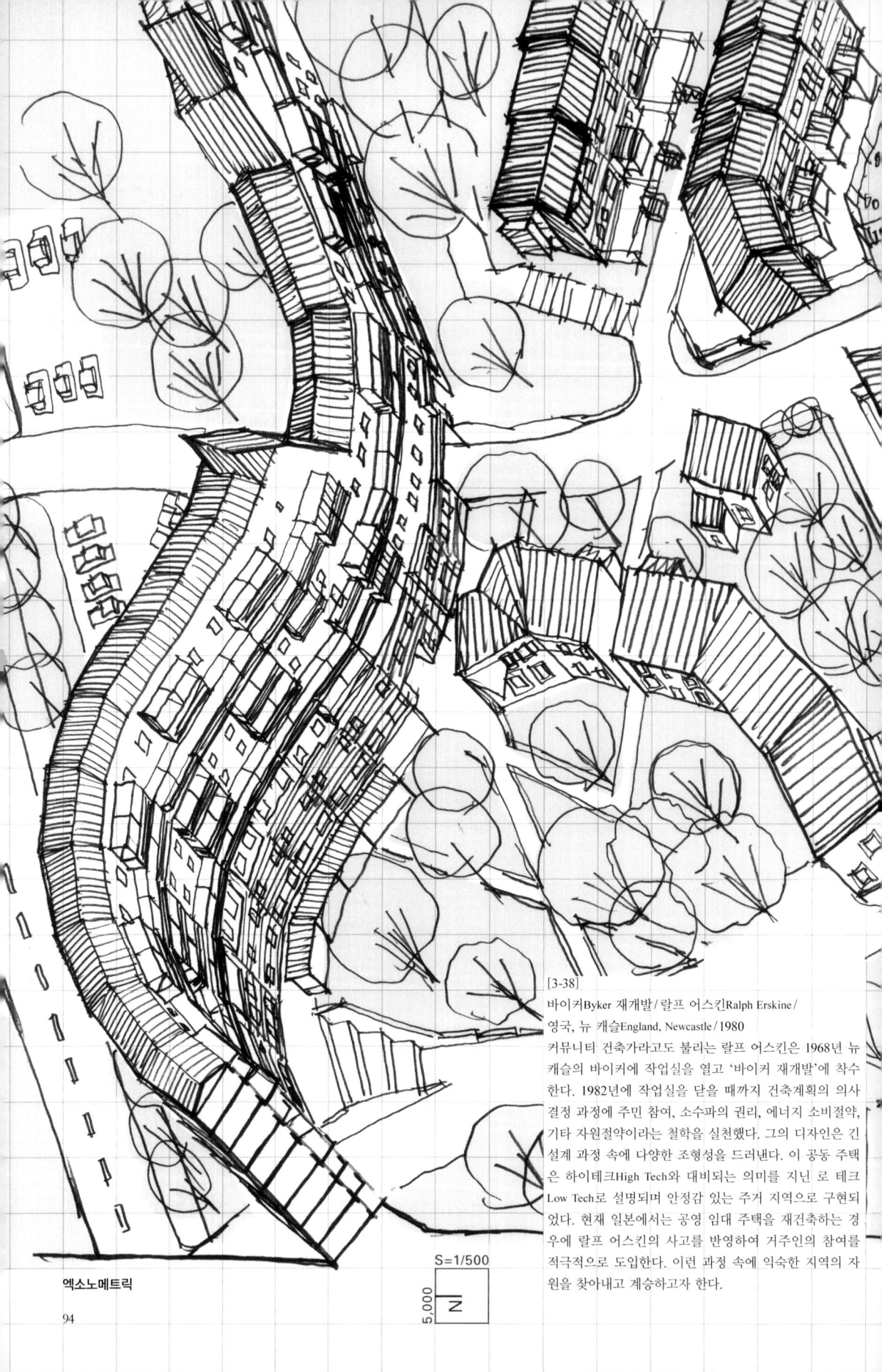

[3-38]
바이커Byker 재개발/랄프 어스킨Ralph Erskine/
영국, 뉴 캐슬England, Newcastle/1980

커뮤니티 건축가라고도 불리는 랄프 어스킨은 1968년 뉴 캐슬의 바이커에 작업실을 열고 '바이커 재개발'에 착수한다. 1982년에 작업실을 닫을 때까지 건축계획의 의사결정 과정에 주민 참여, 소수파의 권리, 에너지 소비절약, 기타 자원절약이라는 철학을 실천했다. 그의 디자인은 긴 설계 과정 속에 다양한 조형성을 드러낸다. 이 공동 주택은 하이테크High Tech와 대비되는 의미를 지닌 로 테크Low Tech로 설명되며 안정감 있는 주거 지역으로 구현되었다. 현재 일본에서는 공영 임대 주택을 재건축하는 경우에 랄프 어스킨의 사고를 반영하여 거주인의 참여를 적극적으로 도입한다. 이런 과정 속에 익숙한 지역의 자원을 찾아내고 계승하고자 한다.

S=1/500

엑소노메트릭

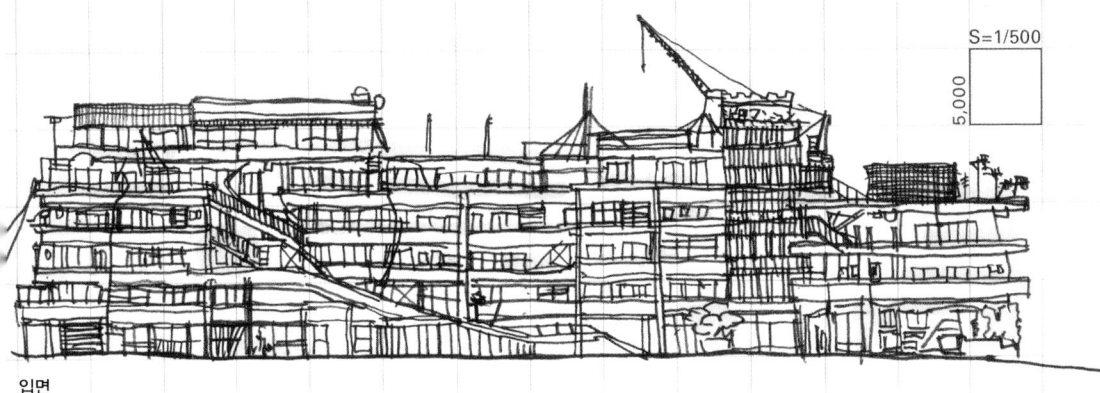

입면

[3-39]
루반 카톨릭 대학The Catholic University of Louvain 의대 기숙사/루시앙 크롤Lucien Kroll+주거자/벨기에, 브뤼셀Belgium, Brussels/1974
학생들이 선정한 건축가인 루시앙 크롤이 이용자인 학생과의 협력을 통해 설계하였다. 루시앙 크롤이 제안한 모듈에 따라 자유로운 공간의 구성이 가능하고 내부는 학생들의 손으로 만들었으며 그들의 요구로 위계가 없는 공간이 연속한다. 입면에는 건물의 시스템과 건축 과정이 반영되어 있다.

[3-40]
사와다 아파트沢田マンション/사와다 카노우沢田嘉農+사와다 히로에沢田裕江/코치현高知県/1971
건축을 전공으로 하지 않은 비전문가가 독학하여 건설한 철근콘크리트조의 임대공동 주택. 1971년 이후 지금까지도 여전히 건설되고 있다. 지어진 주택에 주민들이 살면서 커뮤니티가 성장할 것이라는 생각보다는 건설과정 속에 이미 커뮤니티가 만들어진다. 이 아파트는 경제성·안락성과는 별도로 그저 그 속에서의 생활을 기대하며 입주하는 사람들이 많다고 한다.

평면〈부분〉

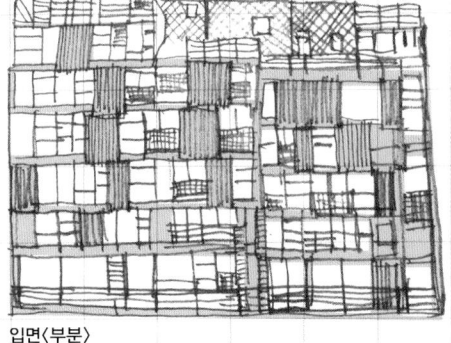

입면〈부분〉

코오퍼러티브 하우스
계획 단계에서 거주인이 참여하는 주민 참여는 1960년대의 주민 운동에서 시작하였고, 1970~80년대 이후에는 대화·제휴형의 주민참여로 변화되어 행정적으로도 주민의 의사결정 과정을 도입하도록 하였다. 최근에는 주민 자치제가 보편화되면서 주민의 주권의식도 높아져 이런 주민 참여가 더 적극적으로 이루어진다.
C·알렉산더Christopher Alexander는 '오리건 대학의 실험 The Oregon Experiment' 등에서 패턴 랭귀지A Pattern Language라는 건축의 언어 체계를 사용하여 디자인을 생성하는 것을 주장하였다. 이러한 수법은 시간이 들더라도 주민과의 워크숍 등을 통해 프로그램을 결정하는 공공건축의 프로그램을 만드는 기초가 되었다. 분양 주택이나 공영의 공동 주택을 재건축하거나 리모델링할 때 반드시 필요한 방법이다.

셀프 빌드
계획뿐만 아니라 시공도 스스로 하는 것이 셀프 빌드 Self Build다. 이것은 공사를 영리목적으로 하기 보다는 여러 입주민들이 스스로 살아갈 주택을 건설하겠다는 목적을 지니므로 그 과정 속에 충분히 자기 의사를 제시할 수 있다. 사업성에 근거한 건설업자의 일반적인 구축 방법에서 해방되므로 발상이 자유로워지고 새로운 공간이 생겨날 수도 있다. 시간이 지나면서 계획이 변할 수 있으므로 부정형이 될 가능성이 많고, 오히려 건물이 생명체처럼 유기적인 형태가 되는 결과를 가져올 수도 있을 것이며, 환경과 공생하고자 하는 생각이 반영되는 경우도 많다.

[3-41]
에콜로니아Ecolonia/루시앙 크롤/
네델란드, 암스테르담Netherlands, Amsterdam/1993
1993년에 창립된 네덜란드 중서부 도시, 알펜 안 덴 라인 Alphen aan-den-Rijn에 있는 환경 공생형 주택지. 총 101채의 에코 프로젝트이다. 에너지 환경청과 공공 주택 추진 기구가 공동으로 사업화하였다. 벨기에 건축가인 루시앙 크롤이 설계를 진행하며 계획 과정에서 지역 주민 스스로가 주거를 디자인하는 참신한 방법을 이용하였다. 입주 후 생활하면서 쓰레기, 배수, 빗물, 식량 등의 자원을 순환시켜 반영구적으로 재활용하고 있다.

S=1/1000

지속가능성

서스테이너빌리티Sustainability란 물리적, 경제적으로 지속의 여부를 나타내는 개념이다. 공동 주택은 주택이 집적하므로 단독 주택에 비해 기본 건축비뿐만 아니라 냉난방·설비 등의 운용 및 유지비용의 측면, 그리고 보안 등에서도 효율적이다. 한편 집합하고 있으므로 발생하는 문제도 많지만 환기나 채광 등의 문제는 계획적으로 해결이 가능하다. 또 빗물, 쓰레기 처리, 옥상 이용, 텃밭, 비오톱 등의 측면에서도 집합화에 따른 효율성이 높아진다. 이런 점들이 모여 사는 주거 형식의 장점이다. 하지만 이런 장점들을 지속하기 위해 주민들 간에 합의점을 찾는데 어려움도 있다. 또한 토지를 공유한다는 개념의 역사가 아직 깊지 않아서 세월이 흐른 후, 주택을 수선하거나 재건축하는 경우에 동의를 얻기 어려운 것과 같은 문제도 있다. 그래서 '스크랩 앤드 빌드Scrap and build[1]'가 반복되면서 새로운 자원이 필요하고 소비되어 왔다. 하지만 '스켈레톤·인필Skeleton·Infill'이나 '정기차지권定期借地權' 등의 방식이 일반화되면 스크랩 앤드 빌드는 해소되고 주거 환경의 개선이 가능해 질 것이므로 지속가능한 구조가 형성될 수도 있다.

[3-42]
콜로라도 코트Colorado court / 브룩스&스카르파Brooks&Scarpa / 미국, 산타모니카America, Santa Monica / 2000
미국 서해안 산타모니카에 있는 44호의 원룸(35㎡)으로 계획된 공동 주택. 천연가스 터빈을 이용해 기본적인 전력 및 온수를 공급하고, 지붕과 벽면에는 태양열 집열판을 설치하여 전력을 감당하는 자급자족형 건축을 목표로 하였다.

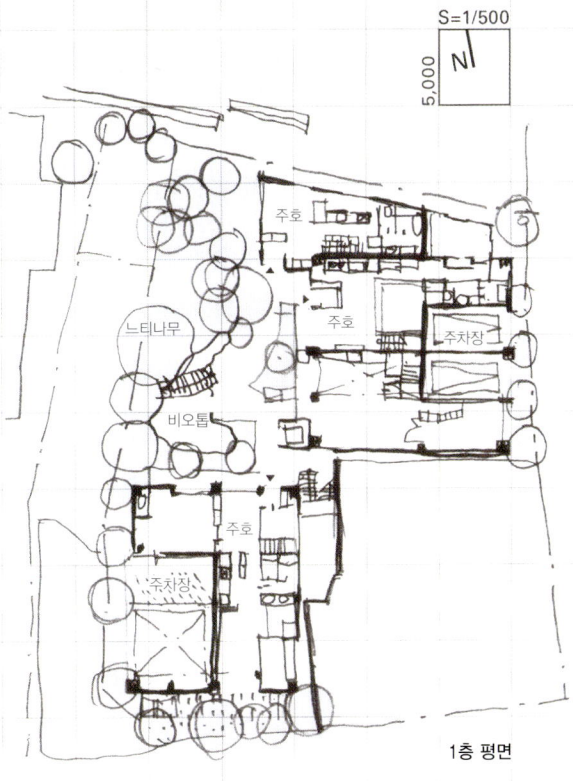

1층 평면

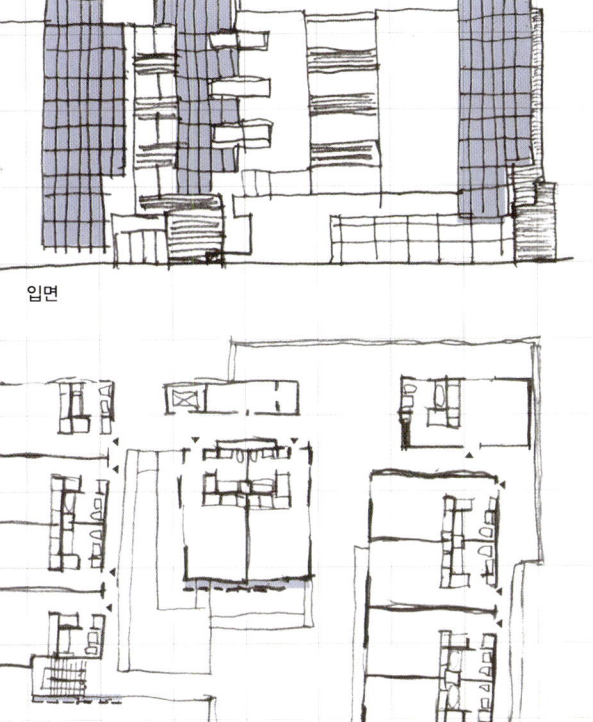

입면

평면

S=1/500

[3-43]
케야키 하우스欅ハウス / HAN환경·건축설계사무소 / 도쿄도 / 2003
수령 250년의 느티나무를 중심으로 정원의 가치를 공유하는 프로젝트. 환경 공생의 취지에 따라 태양열이나 빛, 바람, 야간의 냉기 등을 주택 내부로 세심하게 끌어들여 실내를 쾌적하게 하는데 자연을 이용하는 '패시브 디자인'을 조합하였다.

환경 공생

환경 공생 주택이란 '사는 사람들이 지구 환경을 보전한다는 관점에서 에너지·자원·폐기물 등에 대하여 충분한 계획적 고려에 관여하여 주변의 자연 환경과 친밀하고 아름다운 조화를 이루어 건강하고 쾌적한 생활이 가능하도록 제안된 환경과 공생하는 라이프 스타일을 실천할 수 있는 주택 및 그 지역 환경'[※2]을 말한다.
일반적으로는 어느 주택에 환경 부하가 걸리지 않도록 계획적 배려를 더 한 것을 가리키며, 기계적인 장치를 부가하는 경우와 건축을 인위적으로 조절하는 경우가 있다. 미국, 유럽에서는 서구의 자연관에 따라 에너지를 기계적인 힘으로 제어하는 것이 더 익숙하므로 기술적 설비로 해결하고자 하는 경우가 많다. 일본에서도 이런 영향을 받은 경우도 있지만 전통적인 주택에서는 자연과 친근한 방식으로 환경을 조절해 왔으므로 로 테크적인 환경 공생 주택으로의 기능을 원래 갖추고 있었다.

※1. 공장 설비나 조직 등에서 낡은 것을 정리하고 새로운 것을 만드는 경영법이나 정책(=전면 재개발)

※2. 환경공생주택추진협의회環境共生住宅推進協議会 HP에서

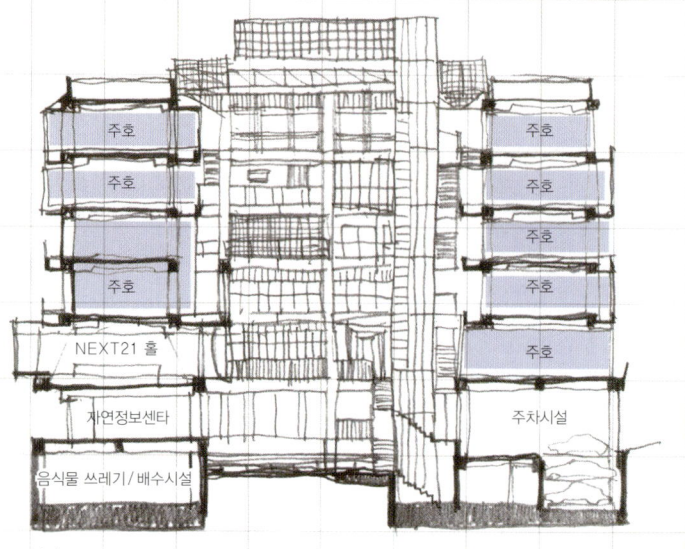

단면

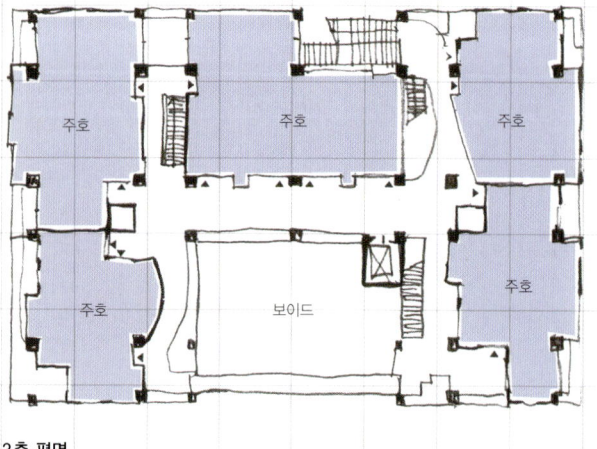

3층 평면

입면

[3-44]
NEXT21/오사카 가스 NEXT21건설 위원회/
오사카부/1993
기둥과 보로 구성된 기본 구조(스켈레톤), 건물 마감재로서의 클래딩Cladding, 자유로운 인필의 세 가지의 개념을 명확히 표명한 오사카 가스 실험공동 주택의 사택이다. 근대 공동 주택의 근본적인 문제를 해결하기 위해 공용 공간을 풍부히 하면서도 옥상 녹화, 가변형 주거, 입체 가로 등을 도입하였다. 13개의 단위 주호에 각각 다른 설계팀이 관여하여 기존에 없던 건물 외관을 만들고 있다. SI주택의 아이디어를 구체화하여 정착시키고자 한 공동 주택으로 현재는 제3단계의 주거실험을 실시하고 있다.

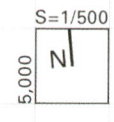

스켈레톤·인필

사는 사람의 라이프 스타일의 변화를 받아들일 수 있는 주택을 계획적으로 공급할 수는 없을까? 대체로 공동 주택에서는 개별 가정의 요구에 대응하기에는 한계가 있으므로 주어진 공간 속에서 개인의 생활이 왜곡되는 경우가 많다.

N·J·하브라켄N. J. Habraken은 1960년대에 '거리Tissue', '주택 건물Supporter', '주택 내장·설비Infill'의 개념에 따라 오픈 빌딩 이론을 제창했다. '열린 건축'이란 공동 주택 계획이나, 도시 계획에 있어서 주민 참여형의 공간 구성 수법이다. 이 세 가지의 개념에 따라 도시에서 주택 내부로 이르는 설계, 건설, 관리·운영의 주체와 역할을 명확히 하며 또한 거주인에게 적합한 주거 환경을 구축할 수 있다고 하였다.

이런 개념에서 'SI 주택Skeleton·Infil'이 생겨났다. '스켈레톤'이란 건물을 지지하는 구조체 등이며, '인필'이란 단위 주호의 실 배치나 내장이다. 이렇게 스켈레톤과 인필을 구분하면 인필 영역의 계획적 자유도가 상승하고 거주인의 요구를 쉽게 반영시킬 수 있다. 또한 시간이 지나서 거주인의 생활의 변화에 대응하도록 스켈레톤은 유지하면서 단위 주호의 내부 공간은 자유롭게 수정할 수도 있다.

스켈레톤 정기차지

1992년 일본에서는 '정기차지권定期借地權[3]'이라는 일정 기간 토지만 빌려서 사용할 수 있는 차지권이 생겨났다. 이 차지권을 바탕으로 고안된 공동 주택의 공급 방식이다. 즉 토지를 임대하여 아파트를 짓고 여기에 사는 입주

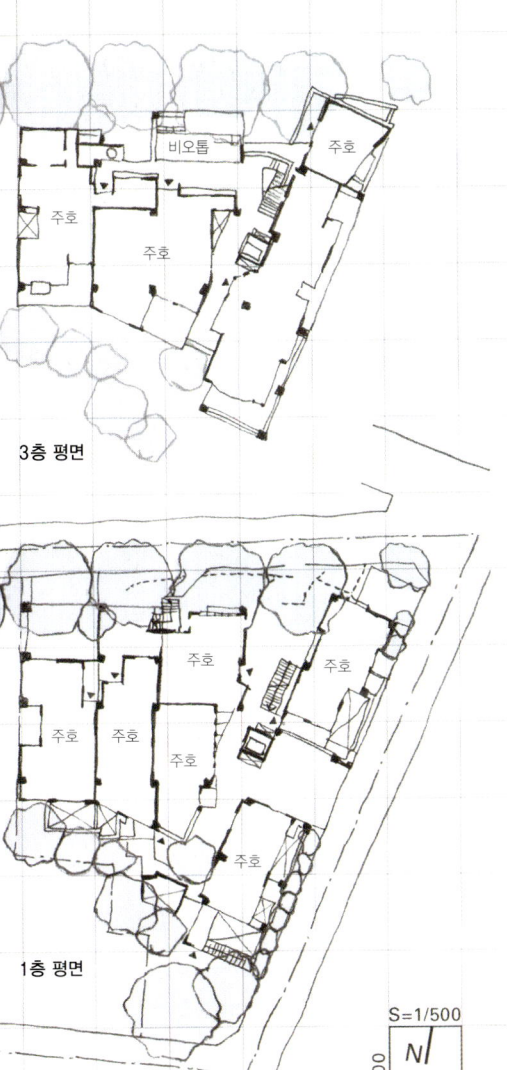

3층 평면

1층 평면

S=1/500

[3-45]
교우도 사経堂の社 / 유우계획공방邑計画工房 / 도쿄도 / 2000
건물 전체를 녹지로 뒤덮어 수목을 환경 장치로 사용함으로써 커뮤니티를 형성하는 협동 조합 공동 주택이다. 츠쿠바 방식에 따라 입주자는 토지를 구입할 필요가 없으므로 자금에 여유가 생겨 이를 환경에 투자할 수 있었다. 계약 종료 후(이 경우 60년 후)에는 건물을 철거하지 않고 토지 주인에게 양도할 수 있다. 완공 시에 잘 정비된 주거 환경은 오랜 기간 동안 양호한 환경의 건물로 보전되고 다른 이용자에게로 계승된다. 단독 주택 주거의 집합체를 일종의 환경 장치로 변환시켜 '개인의 이익'을 '주민들의 이익'으로 전환하고자 하였다.

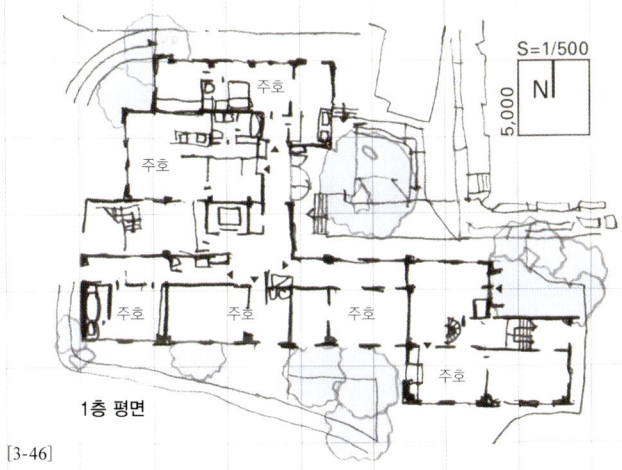

1층 평면

S=1/500

[3-46]
쿠도학사求道学舍 리노베이션 / 치카즈미近角 건축설계사무소 + 슈코사集工舎 건축 도시 디자인 연구소 / 도쿄도 / 2006
교토대학 건축학과의 창설자인 타케다 오이치武田五가 설계한 학생 기숙사와 사감의 주거(1926년 준공. 현존하는 유일한 다이쇼 시대의 철근콘크리트구조 공동 주택)를 도시형 공동 주택으로 재생한 것이다. 설계공모를 통하여 계획안이 결정되었고 사업은 정기차지권 + 협동 조합 주택 방식으로 진행한 것으로, 높은 층고를 활용한 스켈레톤·인필 수법을 적용하여 역사적·문화적 가치와 도시적 편리성을 겸비한 공동 주택으로 재생하였다. 인접한 쿠도회관을 포함하여 건물을 유지·관리해 갈 수 있도록 이 방법이 이용되었다.

자는 스켈레톤은 바꾸지는 못하지만 인필은 바꿀 수 있다. 30년 후, 스켈레톤은 토지 주인에게 소유권이 넘어가지만 입주자는 스켈레톤의 임대를 더 연장하여 계속 살 수도 있는 구조이다. 이것은 토지 주인이 토지를 소유한 채로 입주자는 주거 공간을 원하는 대로 변경시킬 수 있는 권리를 계속 가지는 제도이다. 이렇게 하여 주택 가격을 낮출 수 있으며, 양질의 공동 주택을 사회에 보급시킬 수 있는 새로운 주택의 공급 방식이다.

30년 후에도 계속 주거를 원하는 경우, 입주자는 건물의 양도금을 토지 주인에게 미리 예탁하고, 그 상환금과 월세를 매년 지급하는 구조이다. 그러므로 입주자에게는 주택 임대료의 지급이 크게 줄어들어 노후에도 안심하고 살 수 있다. 또 지주는 건물의 매입 자금을 준비할 필요가 없고 원하는 경우 차지권을 소멸시킬 수도 있다. 이 차지권은 협동 조합 주택에 바람직하며, 이를 조합한 방식을 '츠쿠바 방식つくば方式[4]'이라고 부른다.

※3. 정기차지권은 임차계약 만료 후, 갱신 없이 토지를 소유자에게 반환하는 제도이다. 1992년 시행된 차지차가법借地借家法 에 의한 것이다. 정기차지권을 설정하면 계약기간 종료 후, 세입자는 토지를 토지 주인에게 반납해야 한다. 정기차지권의 도입으로 토지의 안정감 있는 대차가 가능해졌다.

※4. 츠쿠바 방식은 건물양도특약에 첨부된 정기차지권을 응용한 SI 주택이다. '스켈레톤 정차'라고도 하는데 계약기간이 30년 이상의 '정기차지권' 물건(物件)으로 한다. 입주자는 당초 30년간은 정차를 가진 집에 살며, 토지 임대료와 관리비를 토지 주인에게 지불한다. 31년 이후는 건물을 토지 주인에게 매각한 후, 계속 임대하여 살 수 있다. 매각대금은 임대상계계약을 맺고, 그 후 임대비를 낮춘다. 첫 번째 사례가 츠쿠바에서 출현하여 붙여진 이름으로 이전에 없었던 획기적인 방법으로 주목받았다.

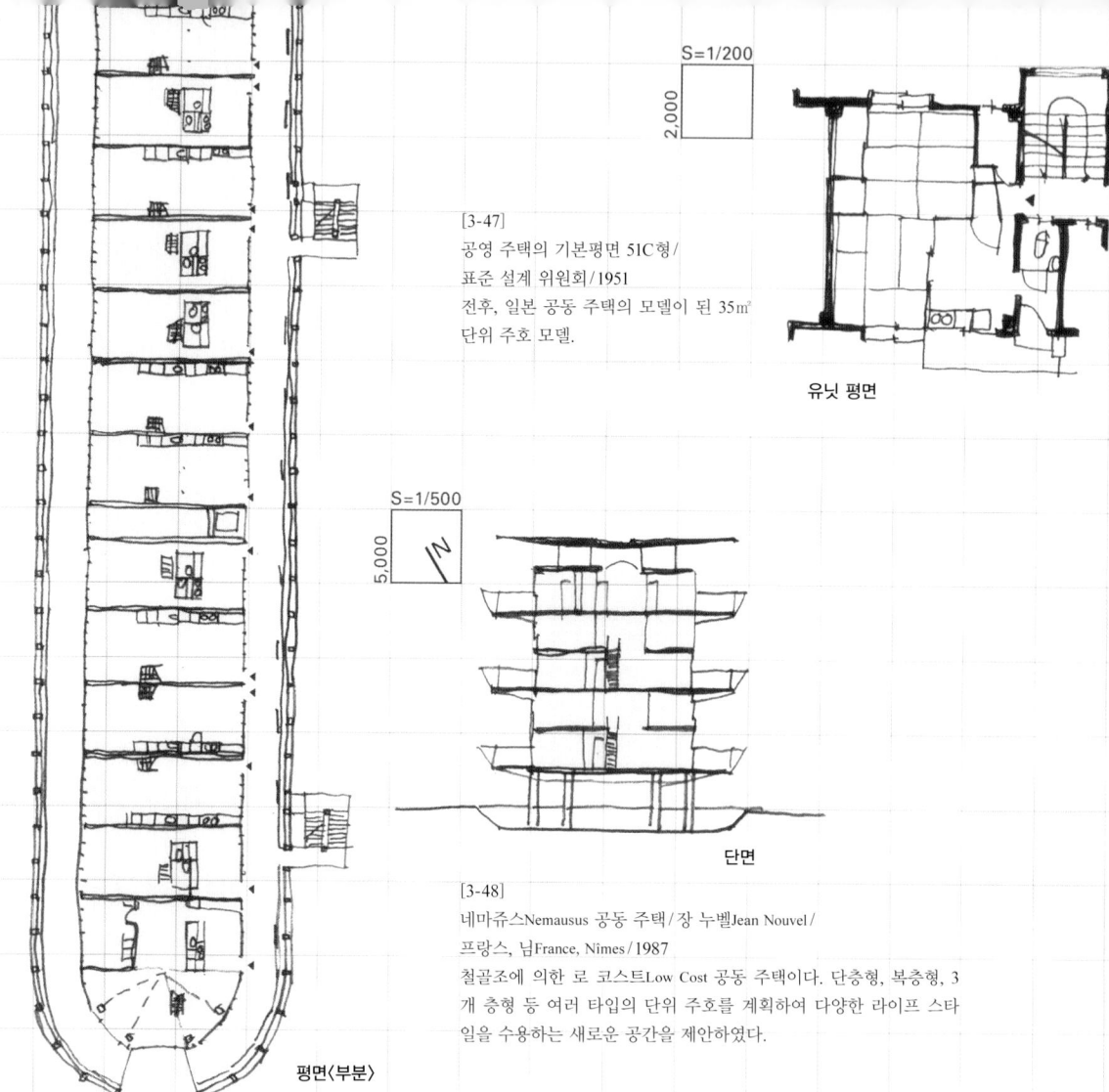

[3-47]
공영 주택의 기본평면 51C형 /
표준 설계 위원회 / 1951
전후, 일본 공동 주택의 모델이 된 35㎡
단위 주호 모델.

유닛 평면

[3-48]
네마쥬스 Nemausus 공동 주택 / 장 누벨 Jean Nouvel /
프랑스, 님 France, Nimes / 1987
철골조에 의한 로 코스트 Low Cost 공동 주택이다. 단층형, 복층형, 3
개 층형 등 여러 타입의 단위 주호를 계획하여 다양한 라이프 스타
일을 수용하는 새로운 공간을 제안하였다.

단면

평면〈부분〉

퍼블릭 하우징

공영의 임대 주택으로 사회 주택 Social Housing이라고 도 불린다. 그러나 현재, 행정상의 재원 부족이나 공평성 등의 문제가 지속적으로 생겨나고 있다. 전후 응급 주택을 시작으로 주택의 양적 확보가 중요한 목적이었을 때 등장하였지만, 여기에 좋은 건축가나 연구자들이 참여하여 양질의 주거 환경을 조성해 내기도 하였으며, 공동 주택의 규범을 만드는 데에도 기여하였다. 또한 새로운 커뮤니티도 생겨났다. 하지만 거주인과 함께 커뮤니티의 양상도 변화하여 고령화 사회에 대응하는 주거성의 미비, 보수·유지의 어려움, 내진 기준의 강화 등에 따라 재건축이 필요한 경우가 많아졌다. 하지만 민간 주택의 양과 질이 충분히 확보된 현재에는 퍼블릭 하우징 본래의 역할은 끝났다고 할 수 있다. 지금은 공공 기관이 직접 퍼블릭 하우징을 건설하여 공급하기보다는 저소득층 주민이 집세, 방세, 토지 임대료 등을 지불할 여력이 부족할 때 이를 경제적으로 지원하는 바우처 제도가 주를 이룬다.

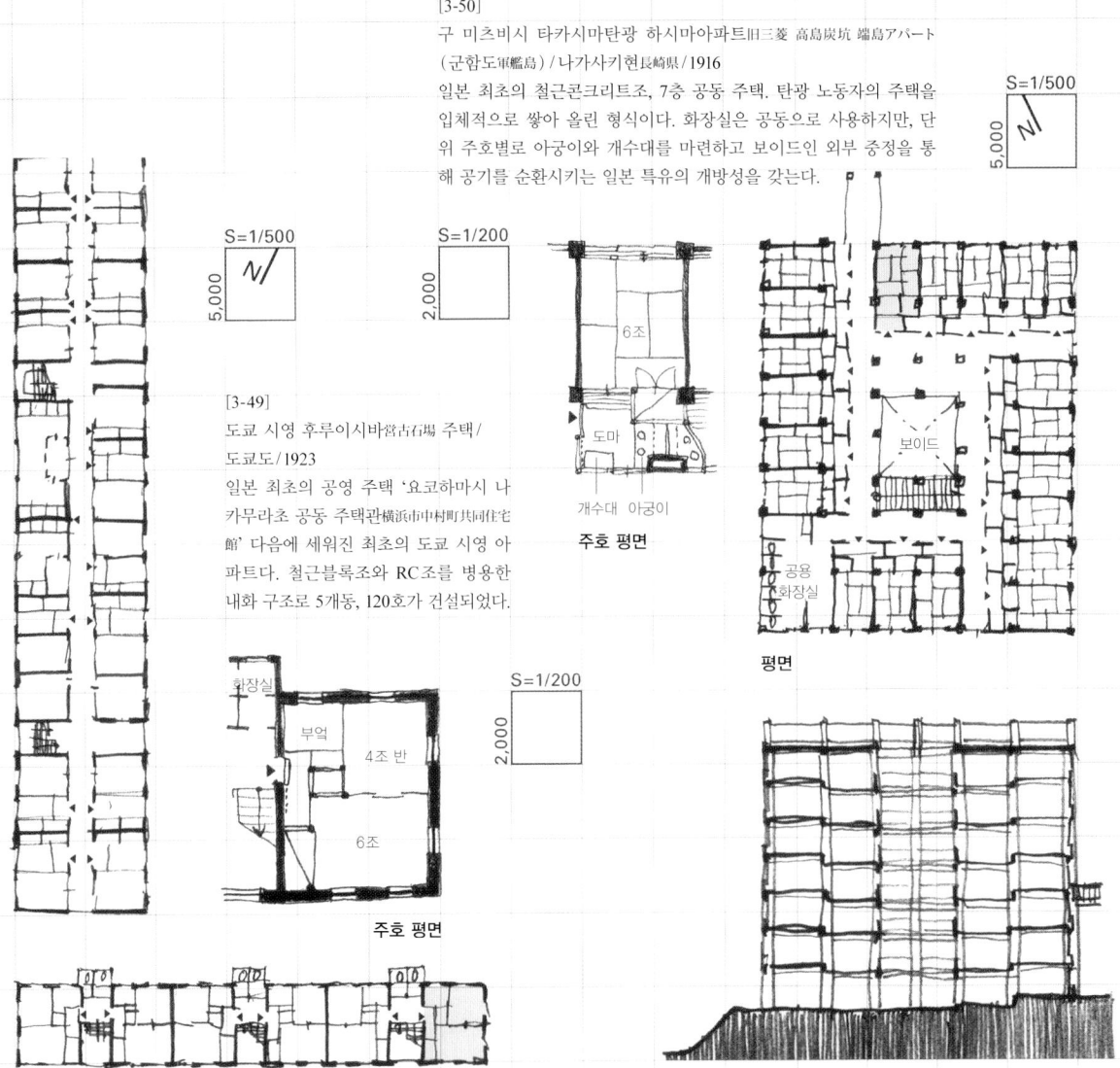

[3-50]
구 미츠비시 타카시마탄광 하시마아파트旧三菱 高島炭坑 端島アパート
(군함도軍艦島) / 나가사키현長崎県 / 1916
일본 최초의 철근콘크리트조, 7층 공동 주택. 탄광 노동자의 주택을 입체적으로 쌓아 올린 형식이다. 화장실은 공동으로 사용하지만, 단위 주호별로 아궁이와 개수대를 마련하고 보이드인 외부 중정을 통해 공기를 순환시키는 일본 특유의 개방성을 갖는다.

[3-49]
도쿄 시영 후루이시바営古石場 주택 / 도쿄도 / 1923
일본 최초의 공영 주택 '요코하마시 나카무라초 공동 주택관横浜市中村町共同住宅館' 다음에 세워진 최초의 도쿄 시영 아파트다. 철근블록조와 RC조를 병용한 내화 구조로 5개동, 120호가 건설되었다.

일본에서는

근대 일본의 공동 주택은 공장이나 탄광의 공동 합숙소 등에서 시작되었다. 그러나 관동대지진関東大震災 이후 발족한 도준카이同潤会는 임대사업의 주체인 동시에 설계 조직으로, 당시에는 가장 적극적으로 주택 공급을 추진하였다. 도준카이는 국가적 사업의 일환으로 일본 도시에 근대 주거의 규범을 도입하는 성과를 거두었다.

전후에는 국가 주택 정책의 차원에서 공적 자금을 투입하여 중산층에게 양질의 주택을 공급할 목적으로 1955년 일본주택공단이 발족하였고, 여기에서는 대표적으로 70년대의 '이바라키 현영 미토6번지 단지茨城県営水戸六番池団地'(현대계획연구소 / 1976년), 90년대의 구마모토 아트폴리스くまもとアートポリス에 의한 구마모토 현영 주택, 시영 주택 등을 추진하여 많은 건축가에 의한 새로운 공동 주택이 제안되었다. 하지만 공영 주택의 주거기준이 제한적이었으므로 내부 공간보다는 진입 공간 등이 매력적인 경우가 많았다.

그러나 현재는 지자체의 재정난으로 유지비 부담을 경감하기 위해 이런 공영 주택의 건설이 줄어들고, 민간 임대 주택에 대한 임대료 보조나, 사회 안전망을 구축하는 역할로 바뀌어 가고 있다.

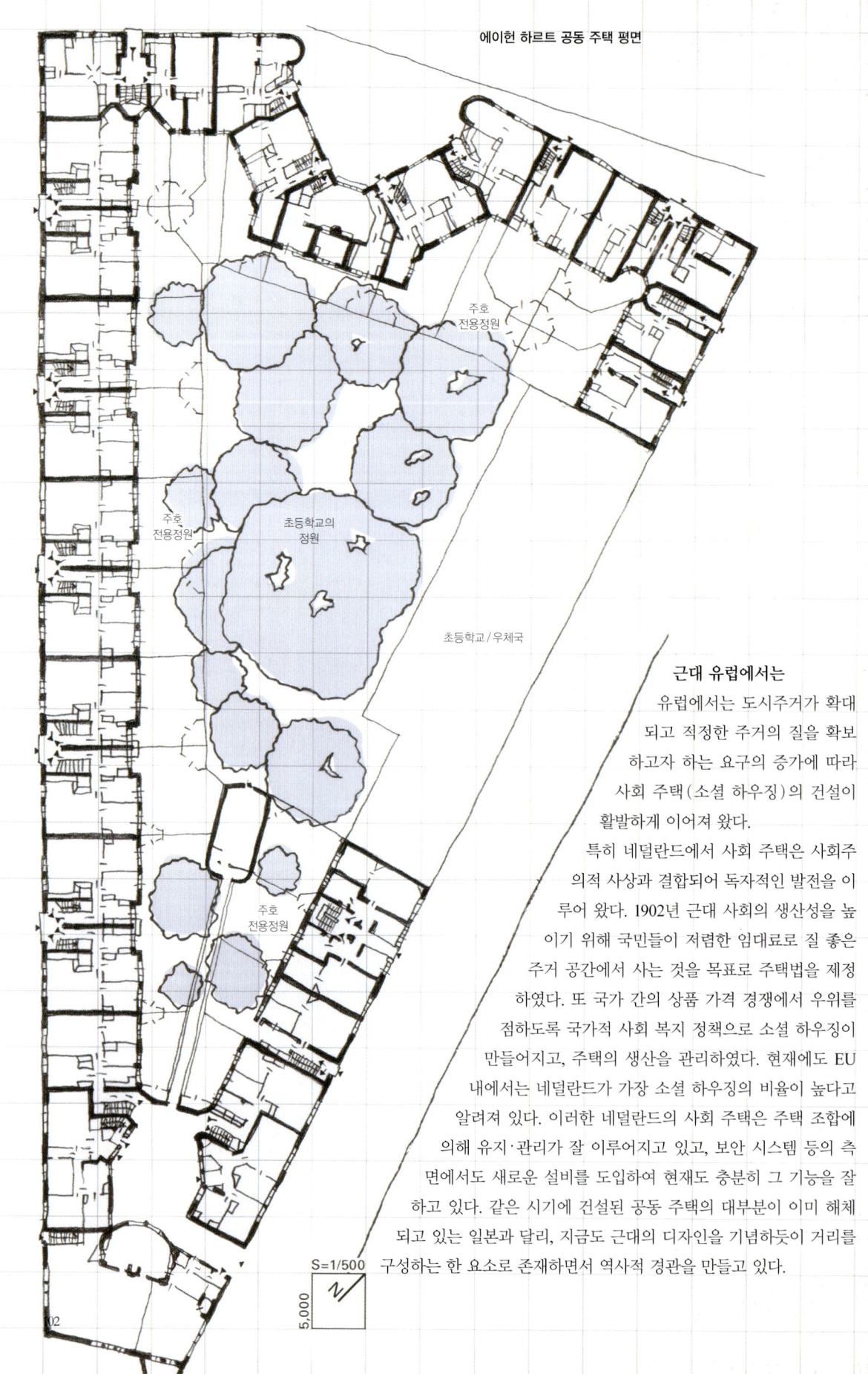

에이헌 하르트 공동 주택 평면

근대 유럽에서는

유럽에서는 도시주거가 확대되고 적정한 주거의 질을 확보하고자 하는 요구의 증가에 따라 사회 주택(소셜 하우징)의 건설이 활발하게 이어져 왔다.

특히 네덜란드에서 사회 주택은 사회주의적 사상과 결합되어 독자적인 발전을 이루어 왔다. 1902년 근대 사회의 생산성을 높이기 위해 국민들이 저렴한 임대료로 질 좋은 주거 공간에서 사는 것을 목표로 주택법을 제정하였다. 또 국가 간의 상품 가격 경쟁에서 우위를 점하도록 국가적 사회 복지 정책으로 소셜 하우징이 만들어지고, 주택의 생산을 관리하였다. 현재에도 EU 내에서는 네덜란드가 가장 소셜 하우징의 비율이 높다고 알려져 있다. 이러한 네덜란드의 사회 주택은 주택 조합에 의해 유지·관리가 잘 이루어지고 있고, 보안 시스템 등의 측면에서도 새로운 설비를 도입하여 현재도 충분히 그 기능을 잘 하고 있다. 같은 시기에 건설된 공동 주택의 대부분이 이미 해체되고 있는 일본과 달리, 지금도 근대의 디자인을 기념하듯이 거리를 구성하는 한 요소로 존재하면서 역사적 경관을 만들고 있다.

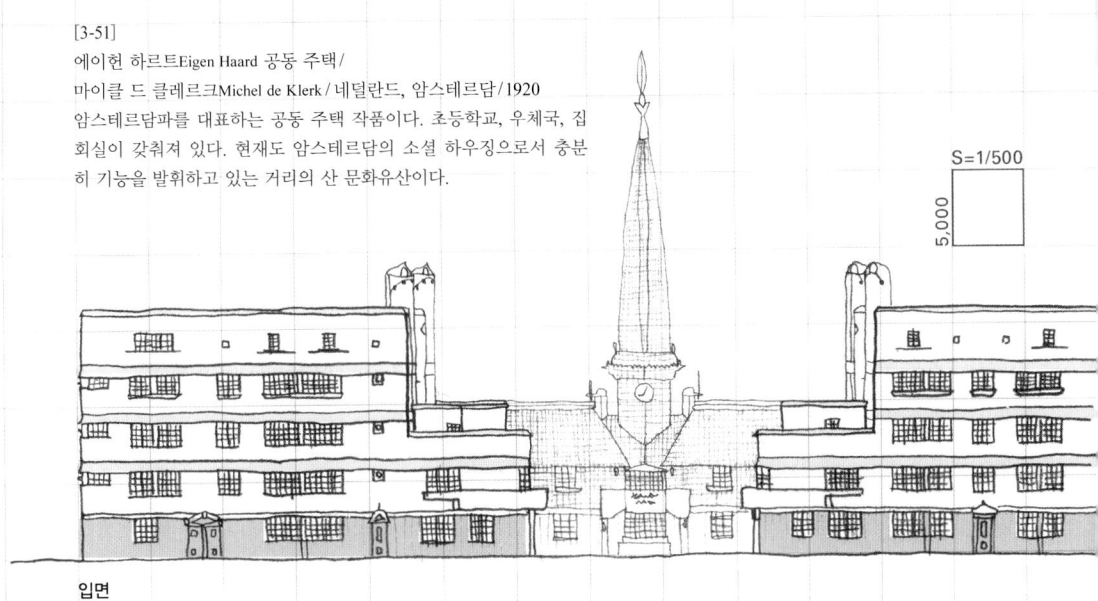

[3-51]
에이헌 하르트Eigen Haard 공동 주택/
마이클 드 클레르크Michel de Klerk/네덜란드, 암스테르담/1920
암스테르담파를 대표하는 공동 주택 작품이다. 초등학교, 우체국, 집회실이 갖춰져 있다. 현재도 암스테르담의 소셜 하우징으로서 충분히 기능을 발휘하고 있는 거리의 산 문화유산이다.

입면

현대 유럽에서는

전후, 프랑스는 공동 주택에 있어서도 건축가들이 참여하여 많은 제안들이 이루어져 왔고, 사회 주택도 다양한 스타일로 공급했지만 결과적으로는 이민자 등의 저소득자용 커뮤니티로 사용되고 있는 경우가 많은 실정이다. 네덜란드에서는 소셜 하우징이 널리 보급되었지만, 암스테르담 동부 항만 지구 개발 계획 등에서는 새로운 매력적인 주거 공간을 분양하여 활기찬 거리를 만들고자 하였다. 공공 주택 정책도 재정 부담이 큰 사회 주택에서 분양 주택으로 전환하고 있다. 이제 퍼블릭 하우징이라는 개념은 과거 시대의 꿈인 듯하다.

그러나 스페인에서는 2004년 사회노동당이 주축이 되어 EU통합 이후 치솟는 집값에 대응하기 위해 대규모 소셜 하우징을 많이 공급하였으나, 이 역시 재정적으로 크게 부담이 되었다. 이제 정책의 기본 축이었던 소셜 하우징은 어떤 길을 향할 것인가?

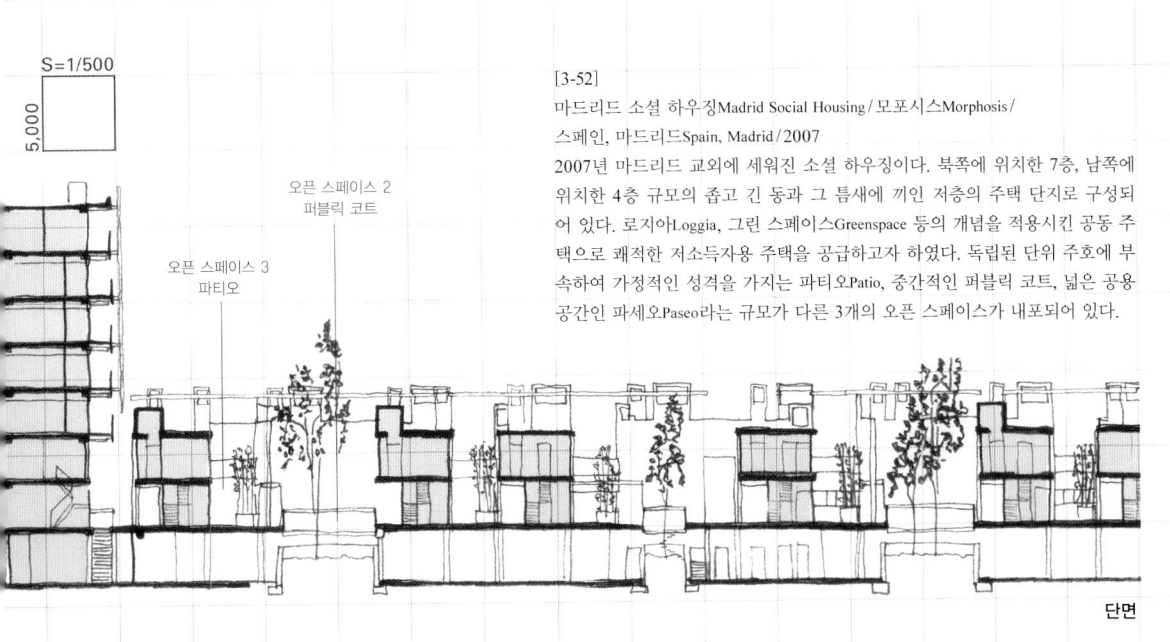

[3-52]
마드리드 소셜 하우징Madrid Social Housing/모포시스Morphosis/
스페인, 마드리드Spain, Madrid/2007
2007년 마드리드 교외에 세워진 소셜 하우징이다. 북쪽에 위치한 7층, 남쪽에 위치한 4층 규모의 좁고 긴 동과 그 틈새에 끼인 저층의 주택 단지로 구성되어 있다. 로지아Loggia, 그린 스페이스Greenspace 등의 개념을 적용시킨 공동 주택으로 쾌적한 저소득자용 주택을 공급하고자 하였다. 독립된 단위 주호에 부속하여 가정적인 성격을 가지는 파티오Patio, 중간적인 퍼블릭 코트, 넓은 공용 공간인 파세오Paseo라는 규모가 다른 3개의 오픈 스페이스가 내포되어 있다.

단면

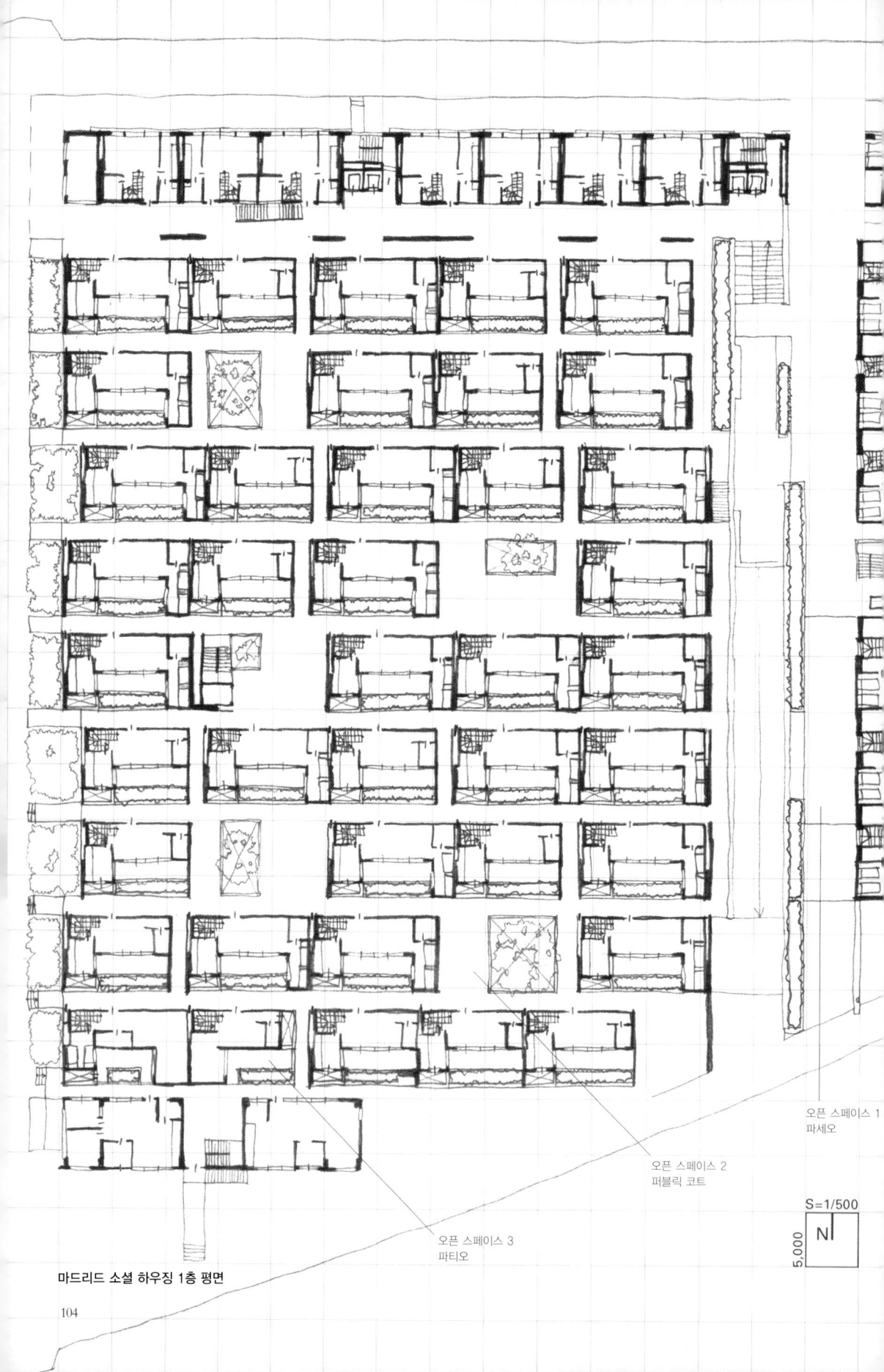

마드리드 소셜 하우징 1층 평면

모
여
서
살
기

제4장

모여서 살기 〈장소〉

[4-1]
분산형 마을 / 토야마현富山縣, 토나미 평야礪波平野

[4-2]
아사가야阿佐ヶ谷단지 (일본주택공단 아사가야 분양 주택) /
일본주택공단日本住宅公団 + 마에카와 쿠니오前川國男 /
도쿄도東京都 / 1958

각각의 주거 공간이 모이고 서로 기대어 마을을 형성하는 것은 가장 원시적인 '모여서 살기'의 방법이다. 그 모이는 방식은 예부터 혈연에 기인하거나 공동 생산의 필요성에 따른 것으로 인간이 살아가기 위한 기본적인 요건이었다.
그 후 단독 주택에서 벽을 공유하는 연립 주택 형식이 생겨나고, 기술의 발달로 주택을 수직으로 쌓아올리는 형식도 등장하였다.
그리고 이런 곳에서 사람들은 함께 살아가기 위해 생활의 일부를 공유해야 하는 집단이 되어갔다.
4장에서는 대지(수면도 포함)에 접하고 살

아가는 형태를 모아보고자 하였다. 이것은 살아가는 데에 근원적인 거처이다.
사는 것 자체가 삶의 방식이었던 원시적인 공동주거부터 오늘날까지 사람들이 모여 사는 이유나 형태는 다양하다. 또 '인간이라는 것은 어떤 환경에서도 살 수 있는 것이 아닌가?'라는 생각이 들 정도로 사는 곳도 다양하다. 모이는 장소는 어떤 의미를 가지고, 그것이 어떤 형태를 이루는 것인가?
오히려 원시적일수록 구성이 강하고 명확한 건축으로 보인다.

[4-3]
킹고Kingo 공동 주택 / 요른 웃존Jørn Utzon /
덴마크, 헬싱외르Denmark, Helsingør / 1961

[4-4]
와쥬輪中 마을 / 미에현三重県, 나가시마초長島町

[4-5]
토라니파타Toranipata의 수상마을/페루Peru

해발 3,885m의 티티카카 호수Titicaca Lake에 '토토라Totora'라고 불리는 수초가 오랜 시간동안 무성하게 쌓여 만들어진 섬마을이다. 5~6호의 주호가 1개의 군으로 약 16호, 80여명이 함께 살고 있는 배와 같은 형상의 마을이다. 이 마을의 근원은 스페인의 침략을 피한 원주민들이 숨어들어 외딴 마을을 이룬 것이라고 한다. 티티카카 호수 위에는 이런 마을들이 여러 곳에 걸쳐 흩어져 있으며 약 80호의 규모에 1,000여명의 주민이 생활하고 있다.

주호 평면
S=1/200

외부의 적

여기서 말하는 적은 반드시 인간만 의미하는 것은 아니다. 정글 같은 대자연이나 사막처럼 건조한 대지에서는 살아남기 위하여 싸우거나 이겨내야 하는 환경이 있다. 현대의 도시화나 세계화에 대하여 거리를 두는 것도 외부에 대치하는 것이라고 할 수 있다. 원래 마을이라는 것은 다소 방어적 형태이며, 그 마을의 분위기나 모이는 방식은 각각 다른 특징으로 나타난다.
대치하고 있는 것이 무엇일까? 무엇을 지키고자 하는 것일까? 마을을 통해 이러한 것들을 읽어 낼 수 있다.

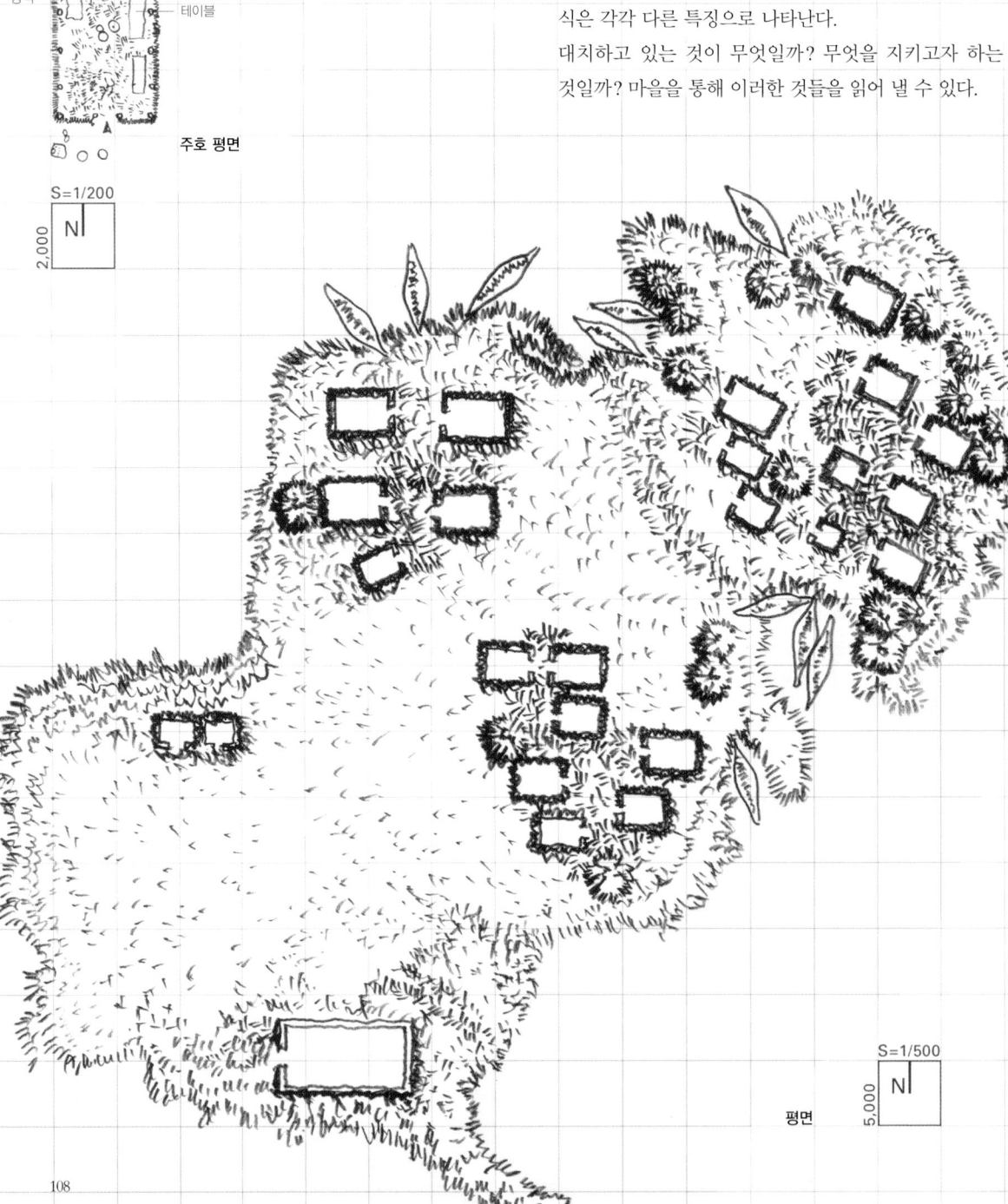

평면
S=1/500

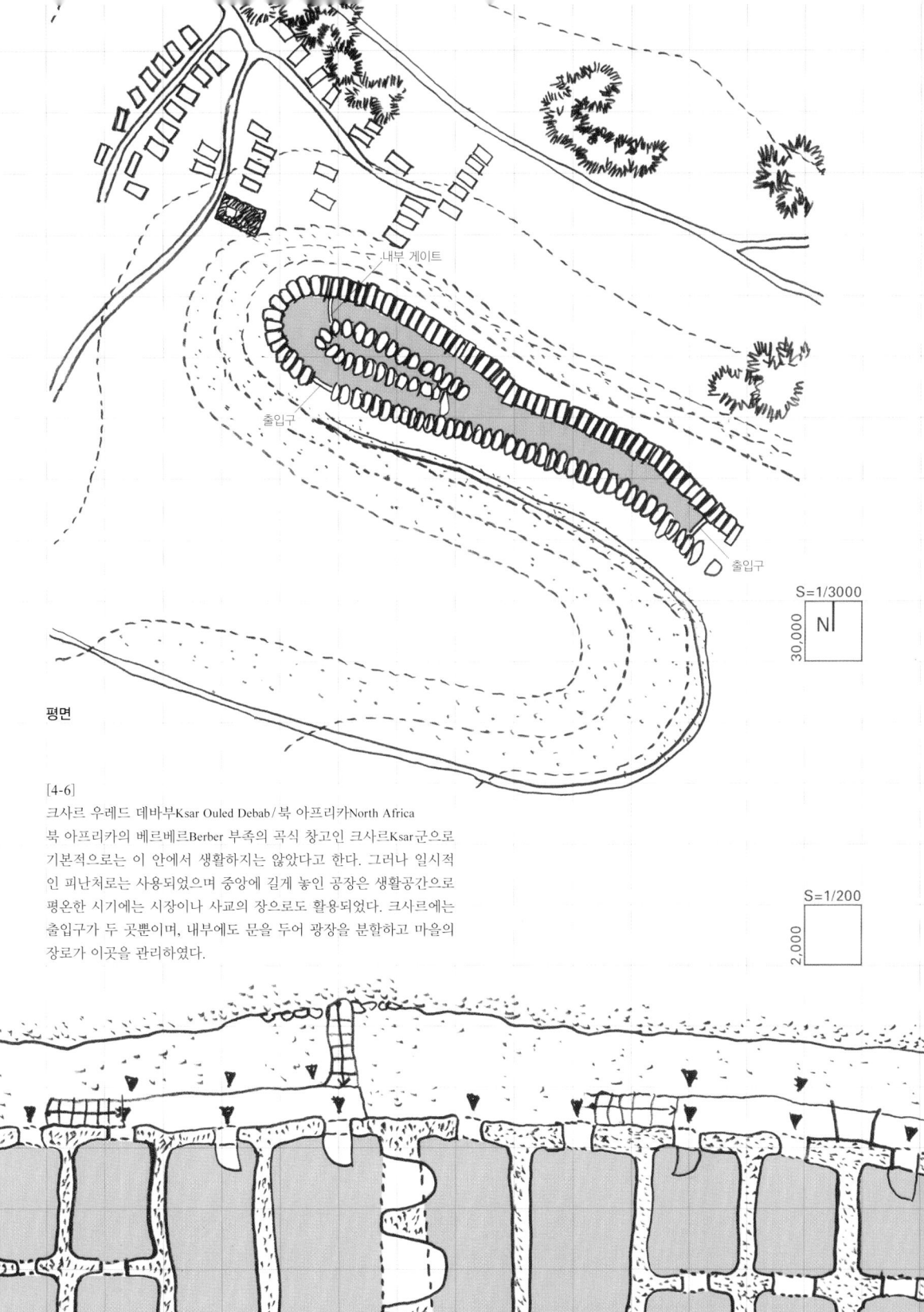

평면

[4-6]
크사르 우레드 데바부Ksar Ouled Debab / 북 아프리카North Africa
북 아프리카의 베르베르Berber 부족의 곡식 창고인 크사르Ksar군으로 기본적으로는 이 안에서 생활하지는 않았다고 한다. 그러나 일시적인 피난처로는 사용되었으며 중앙에 길게 놓인 공장은 생활공간으로 평온한 시기에는 시장이나 사교의 장으로도 활용되었다. 크사르에는 출입구가 두 곳뿐이며, 내부에도 문을 두어 광장을 분할하고 마을의 장로가 이곳을 관리하였다.

크사르 평면

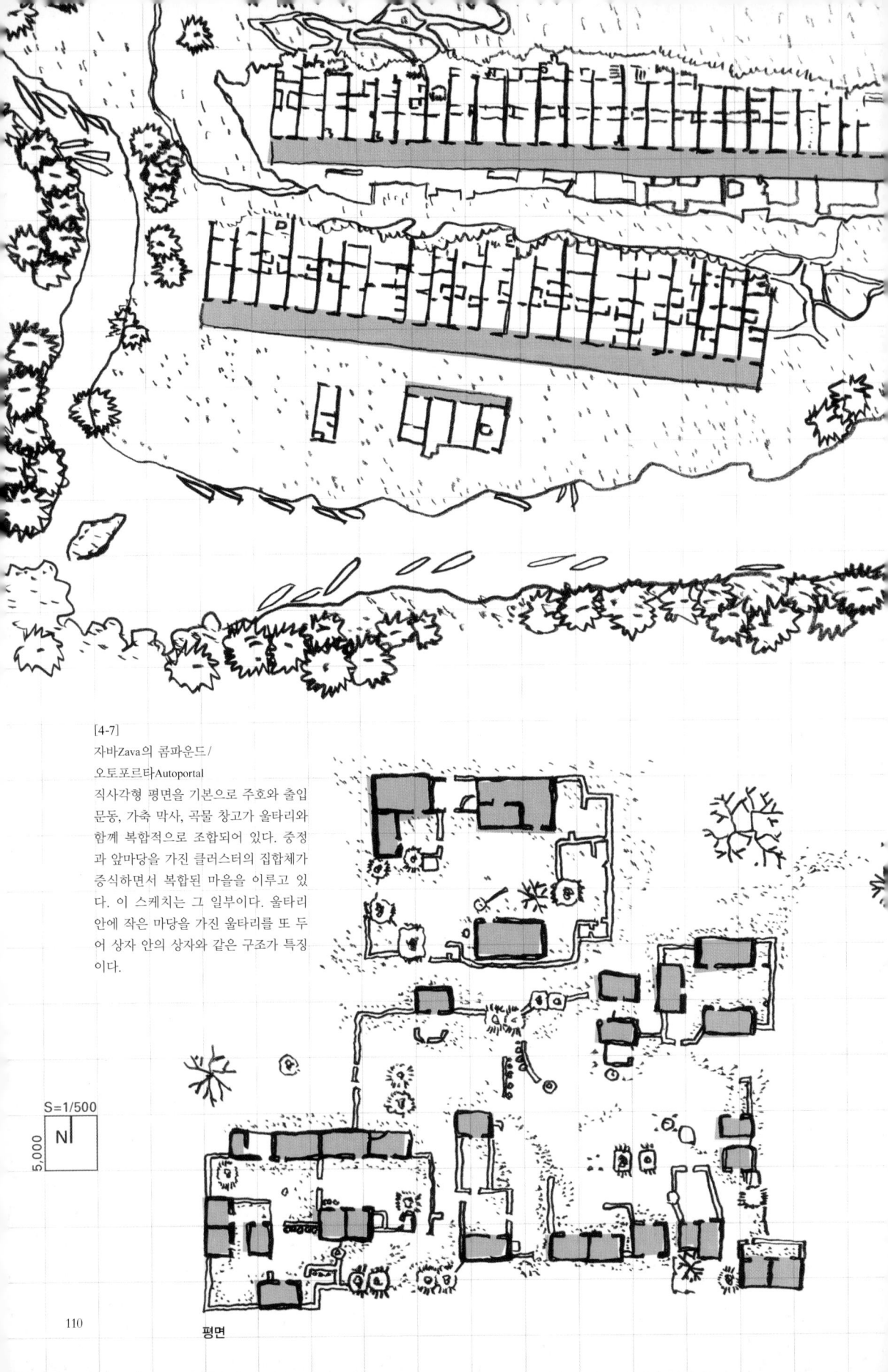

[4-7]
자바Zava의 콤파운드/
오토포르타Autoportal
직사각형 평면을 기본으로 주호와 출입문동, 가축 막사, 곡물 창고가 울타리와 함께 복합적으로 조합되어 있다. 중정과 앞마당을 가진 클러스터의 집합체가 증식하면서 복합된 마을을 이루고 있다. 이 스케치는 그 일부이다. 울타리 안에 작은 마당을 가진 울타리를 또 두어 상자 안의 상자와 같은 구조가 특징이다.

S=1/500
5,000
N

평면

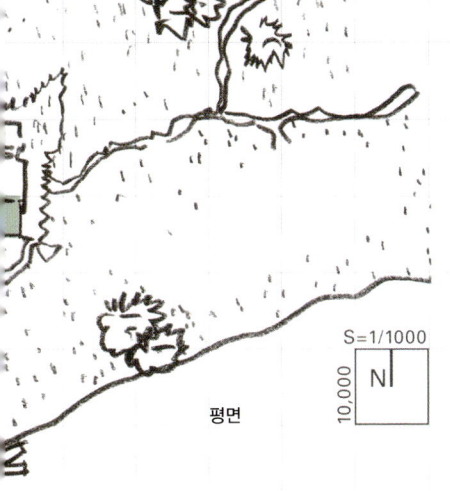

혈연

혈연은 같은 조상으로 연결된 가족을 말한다. 예전에는 어느 조상의 후손이 번창하여 근처로 분가해 나감으로써 새로 형성된 마을도 있었다. 이렇게 분가할 때의 규칙이나 새로운 가족의 규모 등은 다양했다. 예를 들어 풍수적으로는 부모(조상)의 품에 안길 수 있는 정도의 규모로 이루어진 마을 형태가 가장 안심할 수 있는 적절한 구조라고 한다.

S=1/1000
N
10,000
평면

[4-8]
이반Iban족의 롱 하우스/
말레이시아, 보르네오Malaysia, Borneo
전체 마을 주민이 한 지붕 아래에 살고 있다. 10세대부터 많게는 30세대까지 있으며 길이가 150m에 이르는 것도 있다. 주호의 구성은 탄쥬Tanju(발코니), 루아이Ruai(통로), 빌리크Bilik(거실), 다푸르Dapur(주방 등)로 이루어져 있다.

다푸르(주방 등)
빌리크(거실)
루아이(통로)
탄쥬(발코니)
S=1/200
2,000
평면〈부분〉

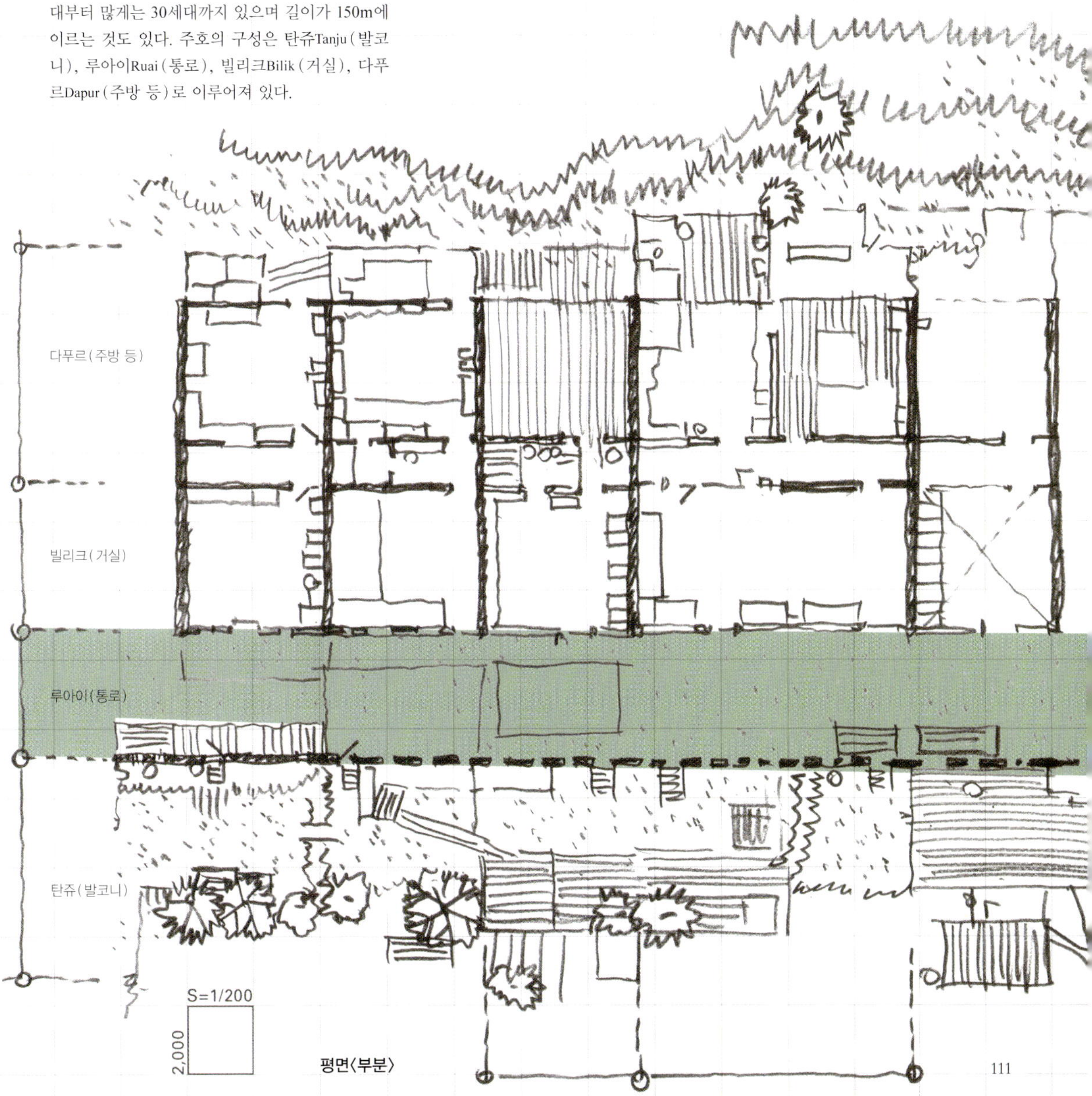

지형 · 자연 · 풍토

사람은 무언가에 기대어 거처를 정한다. 물 주위나 동굴, 바위 그늘 등과 같이 생활의 근거가 될 수 있는 장소에 모이는 것이다. 이런 곳에도 사람이 사는 것이 가능한가? 왜 이런 장소에서 모여 사는 방법을 취할까? 어쩌면 인간의 삶을 좌우해 온 것 중에는 지형이나 자연, 풍토에 관련된 것이 많았을 것이다.

[4-9]
멕스칼티탄Mexcaltitán 마을 / 멕시코Mexico
직경 300m의 섬은 기하학적이고 명쾌한 구성을 가진다. 페드로 강Rio San Pedro의 늪지 안에 있으며 주위는 맹그로브Mangrove에 둘러싸여 있어 배로 접근이 가능하다. 우기 때는 섬의 도로도 침수되어 카누가 교통수단이 된다. 아스테카Azteca시대의 고대도시를 기원으로 하는 마을이다.

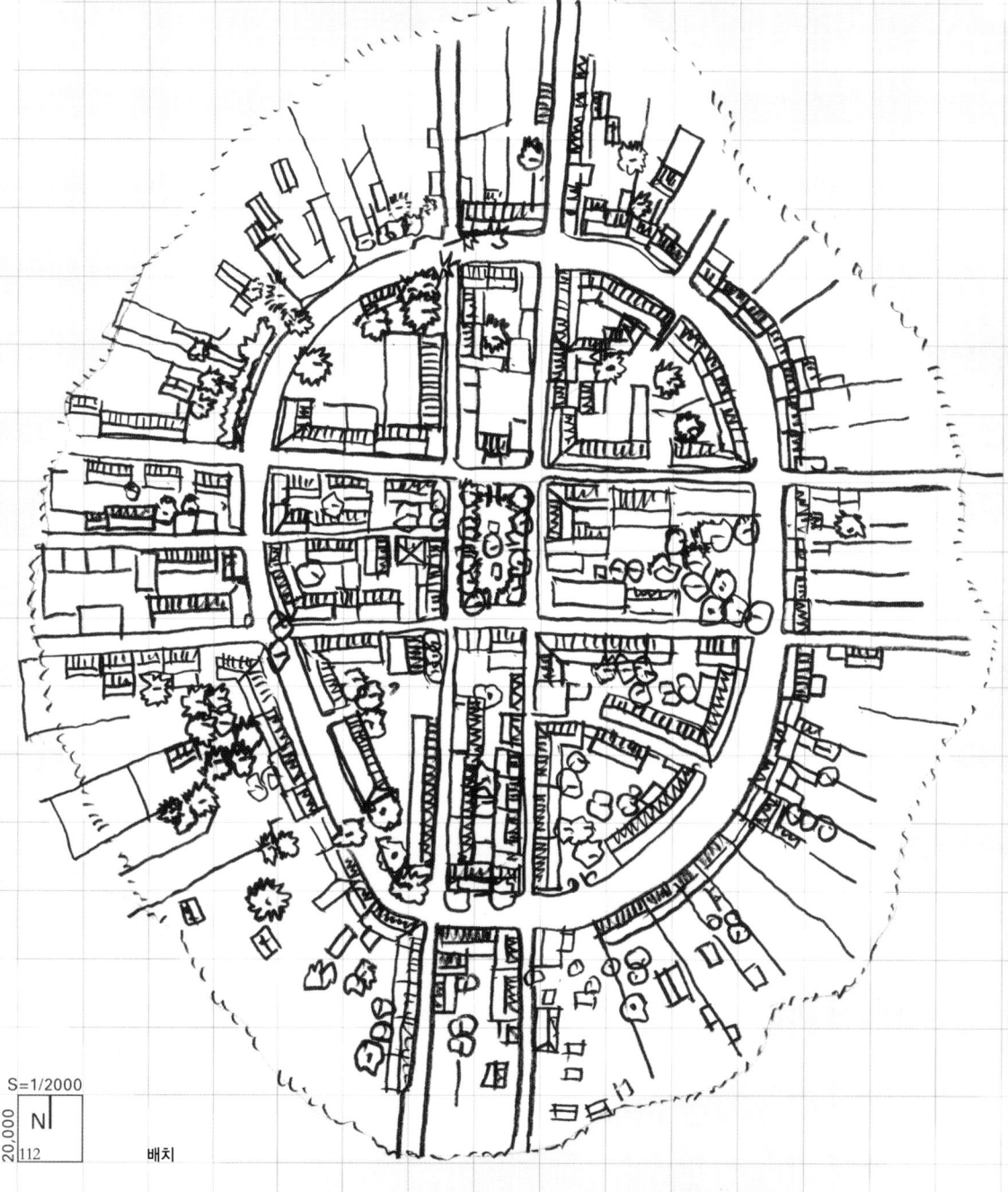

[4-10]
푸에르토 발디비아Puerto Valdivia 마을/
콜롬비아Columbia
나루터로 번성했던 어촌 마을의 분위기가 남아 있다. 여러 차례 강이 범람하여 큰 피해를 입었음에도 다시 강에 끌리듯이 모이는 것은 단지 경제적인 이유뿐만 아니라 강을 신앙적 존재처럼 신성시 하면서 의지하고자 하는 것이 아닐까 짐작해 볼 수 있다.

[4-11]
산다칸Sandakan 수상마을/ 말레이시아, 보르네오
수상생활을 하는 사람들이 정주해 왔다고도 알려졌지만, 이 수상마을의 발생 기원은 분명치 않다.

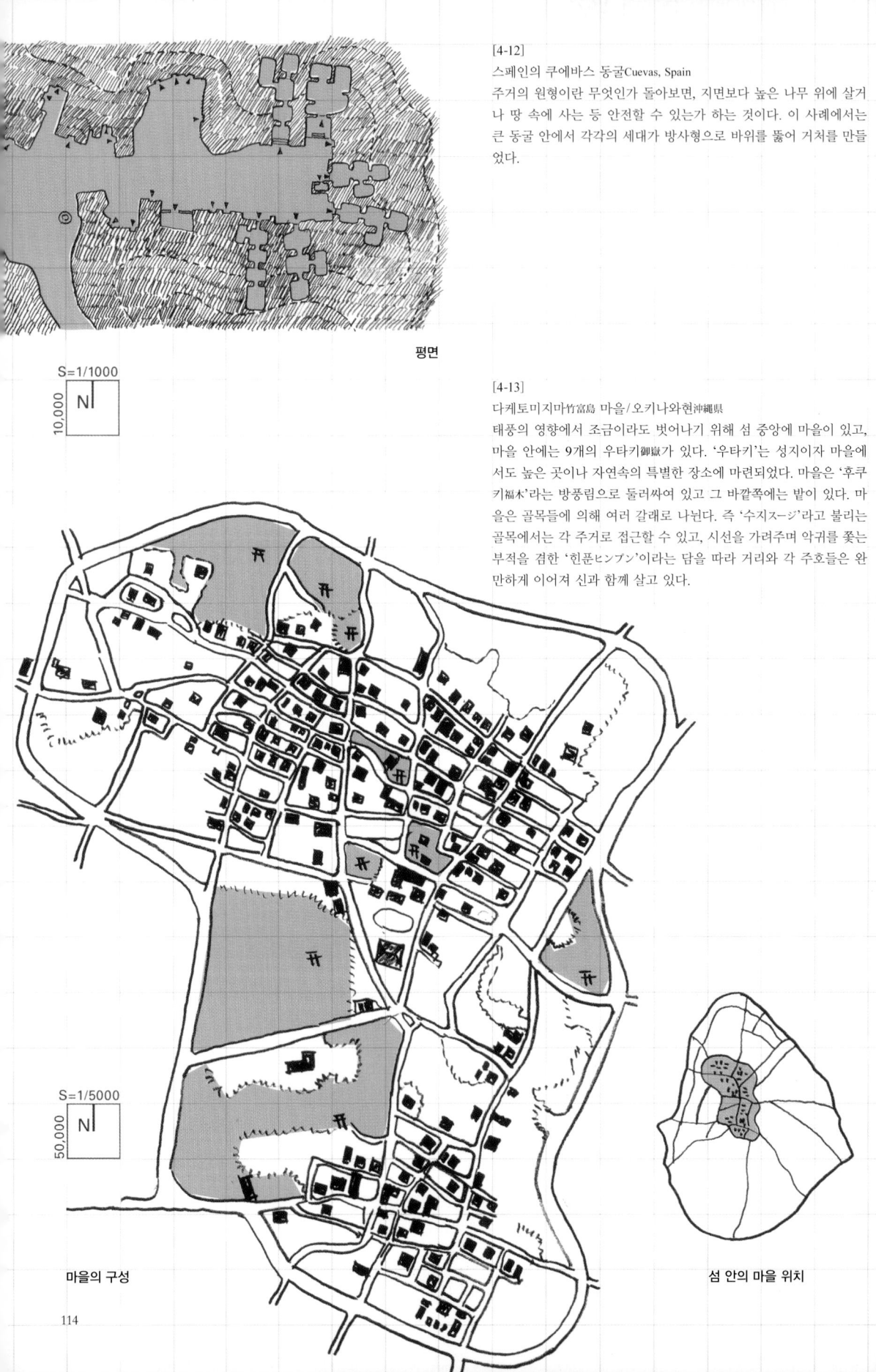

[4-12]
스페인의 쿠에바스 동굴Cuevas, Spain
주거의 원형이란 무엇인가 돌아보면, 지면보다 높은 나무 위에 살거나 땅 속에 사는 등 안전할 수 있는가 하는 것이다. 이 사례에서는 큰 동굴 안에서 각각의 세대가 방사형으로 바위를 뚫어 거처를 만들었다.

평면

[4-13]
다케토미지마竹富島 마을 / 오키나와현沖縄県
태풍의 영향에서 조금이라도 벗어나기 위해 섬 중앙에 마을이 있고, 마을 안에는 9개의 우타키御嶽가 있다. '우타키'는 성지이자 마을에서도 높은 곳이나 자연속의 특별한 장소에 마련되었다. 마을은 '후쿠키福木'라는 방풍림으로 둘러싸여 있고 그 바깥쪽에는 밭이 있다. 마을은 골목들에 의해 여러 갈래로 나뉜다. 즉 '수지スージ'라고 불리는 골목에서는 각 주거로 접근할 수 있고, 시선을 가려주며 악귀를 쫓는 부적을 겸한 '힌푼ヒンプン'이라는 담을 따라 거리와 각 주호들은 완만하게 이어져 신과 함께 살고 있다.

마을의 구성

섬 안의 마을 위치

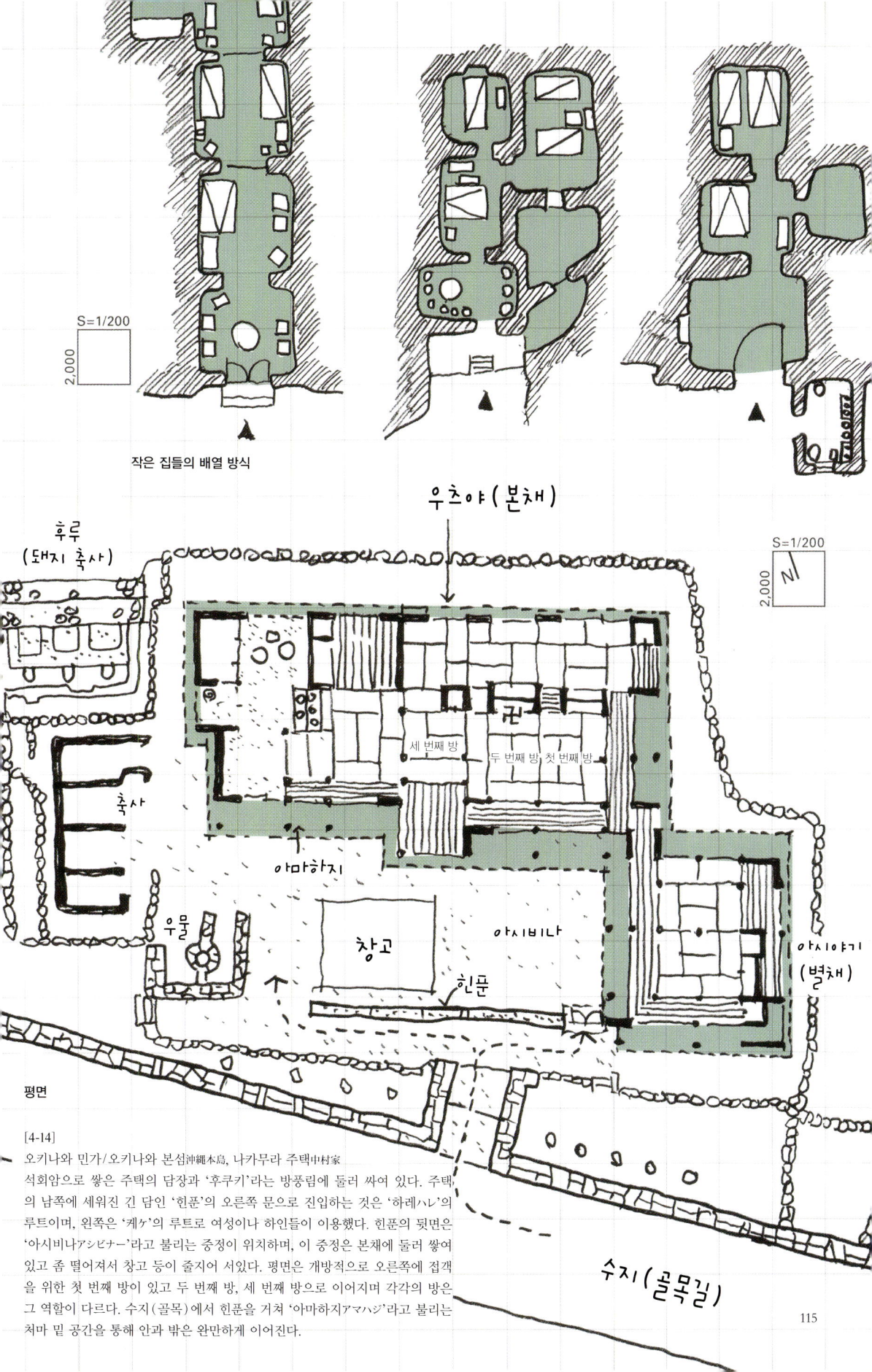

작은 집들의 배열 방식

평면

[4-14]
오키나와 민가/오키나와 본섬沖縄本島, 나카무라 주택中村家
석회암으로 쌓은 주택의 담장과 '후쿠기'라는 방풍림에 둘러 싸여 있다. 주택의 남쪽에 세워진 긴 담인 '힌푼'의 오른쪽 문으로 진입하는 것은 '하레ハレ'의 루트이며, 왼쪽은 '케ケ'의 루트로 여성이나 하인들이 이용했다. 힌푼의 뒷면은 '아시비나アシビナー'라고 불리는 중정이 위치하며, 이 중정은 본채에 둘러 쌓여 있고 좀 떨어져서 창고 등이 줄이어 서있다. 평면은 개방적으로 오른쪽에 접객을 위한 첫 번째 방이 있고 두 번째 방, 세 번째 방으로 이어지며 각각의 방은 그 역할이 다르다. 수지(골목)에서 힌푼을 거쳐 '아마하지アマハジ'라고 불리는 처마 밑 공간을 통해 안과 밖은 완만하게 이어진다.

[4-15]
발리Bali의 마을/인도네시아Indonesia
발리 섬의 사람들은 2개의 축으로 공간을 인지한다. 첫 번째 축은 '카자Kaja'로 불리는 신성한 산의 방향과 '크로드Kelod'라고 불리는 세속적인 의미를 지닌 바다 방향의 축이다. 섬의 남쪽에서는 북-남의 축이 되며 섬의 북쪽에서는 반전되어 남-북의 축이 된다. 두 번째 축은 해가 뜨는 동쪽 '캉긴kangin'과 해가 지는 서쪽 '카우-kauh'의 축으로 이것도 역시 신성/죽음의 의미를 갖는다. 마을 사람들은 '카자'의 방향으로 조상을 모시는 사당을 배치하고, '크로드'의 끝에 그 외 죽은 자의 사당을 배치하였다. 이 두 사당을 연결하는 도로가에는 좌우로 담으로 구획된 필지들이 나열되어 있다. 이 필지의 내부에는 혈연관계인 여러 가족들이 함께 주거한다. 즉 담 안에는 여러 가족들이 사는 작은 집들이 모여 있으며, 이 집들의 배치 방식은 일률적으로 정해져 있다.

배치

작은 집들의 배열 방식

A 신들의 사당   C 행사 건물
B 침실 건물   D 부엌

S=1/2000

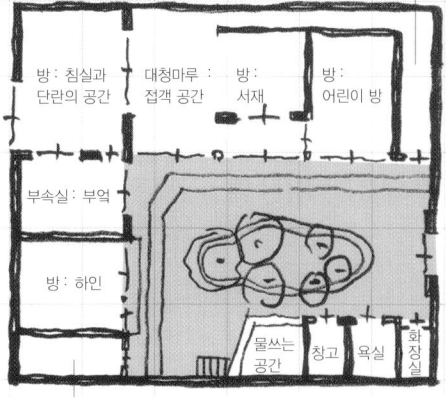
주호 평면

[4-16]
한옥/한국
성벽으로 둘러싸인 도시에는 과거 지배 계급의 주택인 한옥이 많이 남아 있다. 한옥은 대체로 돌담으로 둘러싸여 있고 중정을 가진 L자형의 평면이다. 남향을 선호하며 대문도 남쪽이나 동쪽에 위치하는 경우가 많고, 거리에서 작은 골목을 만들고 여기에 대문을 두는 경우가 많다.

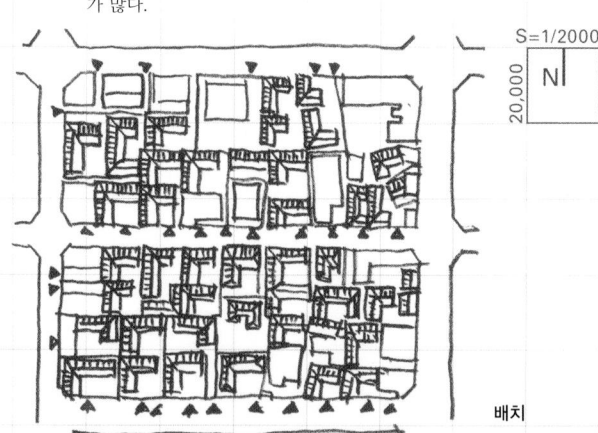
배치
S=1/2000

[4-17]
우르Ur/이라크Iraq
우르는 약 5,000년 전에 수메르Sumer인이 세운 도시국가다. 지구라트Ziggurat가 우르의 중앙에 있고 미로 같은 골목에서 연결되는 폐쇄적인 중정을 가진 주거군에 둘러싸여 있다.

S=1/500

평면

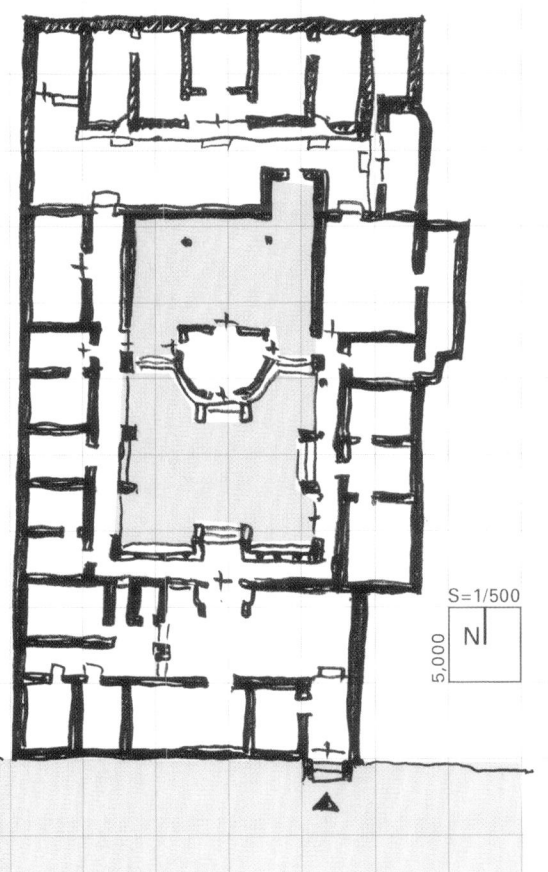

S=1/500

평면

[4-18]
사합원四合院/중국中國
중국의 전통적인 주택으로 중정 주위에 건물이 직각으로 둘러싼 정형적이며 폐쇄적인 구조를 가진다. 예로부터 중국에서는 이러한 형식의 주택이 정착되고 계승되어 왔다. 사합원에는 남북을 중심축으로 하여 정원과 가옥이 대칭으로 배치된다. 외부와는 하나의 출입구로만 연결되어 있으므로 건물로 둘러싸인 가운데, 조용한 주거 환경이 만들어졌을 것이다. 원래는 한 가족을 위한 주택이었지만 최근 베이징에서 볼 수 있는 사합원은 다세대화 되는 경향이 있으며, 중정 공간은 공용의 장소인 듯 하다.

도시 · 거리 · 도로

사람은 사람을 찾아 모이고, 서로 관계를 맺고자 한다. 사람들이 만나면서 새로운 관계가 생겨나고 확대, 증식하면서 또 다른 새로운 관계들을 낳는다. 이렇게 만남의 장이 되는 곳이 도시, 거리, 길의 공간이다. 함께 모여서 살다보면 다양한 사람들이 공유할 수 있는 공간, 그리고 활동성이 높은 공간들이 만들어진다. 공과 사, 외부와 내부의 관계가 다양하게 형성되면서 공용 공간을 풍부하게 한다.

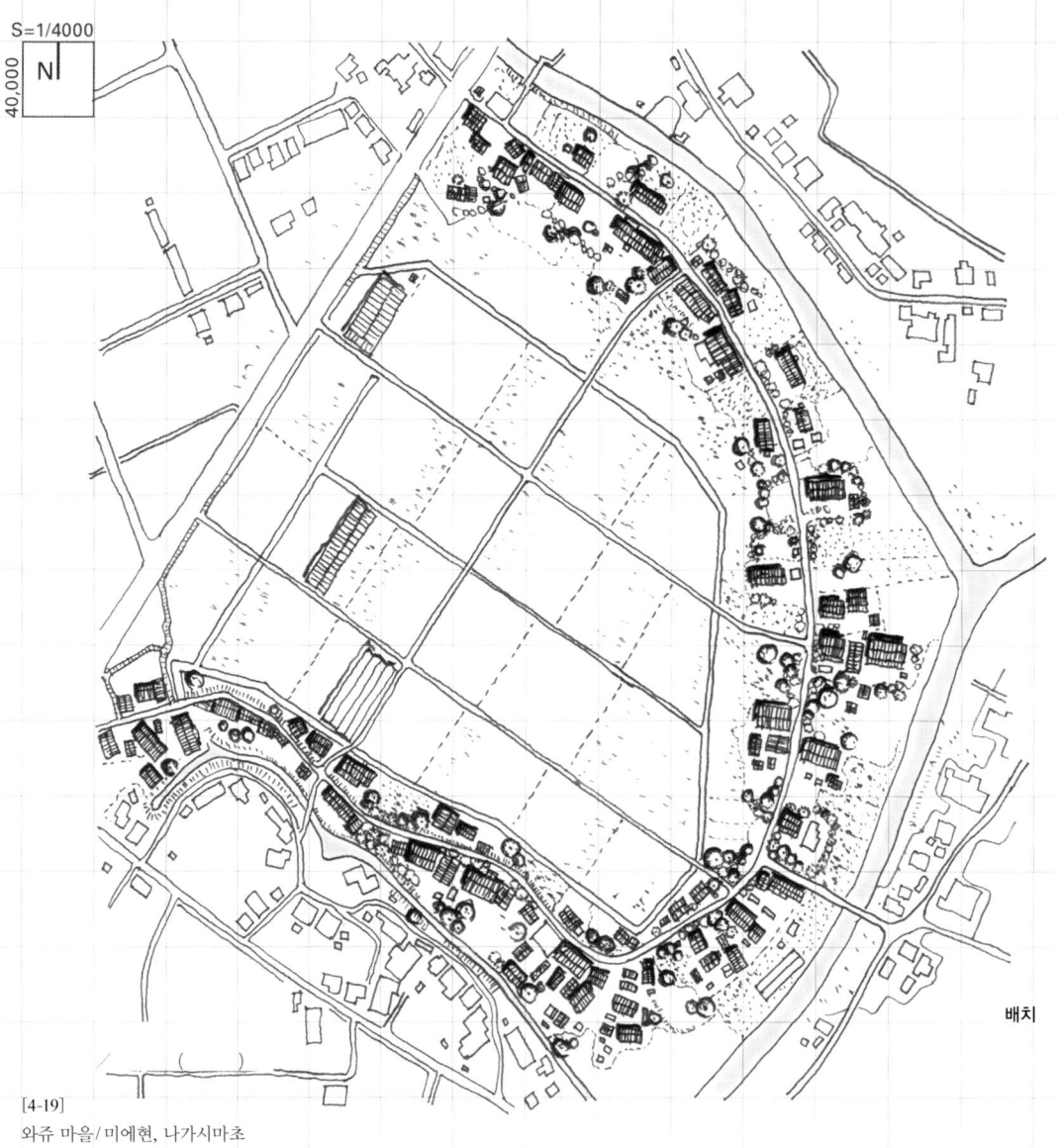

[4-19]
와쥬 마을/미에현, 나가시마초

농촌의 구조

농촌 마을은 자연 환경과 생산 구조에 의해 만들어진다. 사람들은 자연스럽게 모여 살면서 힘을 모아 자연에 적응하며 자연을 이용해 간다.

산기슭의 완만한 경사지에 주호가 나란히 위치한 산기슭형 마을은 에도시대 초까지 일반적인 마을의 모습이었다. 배후의 산은 마을을 지키며 숲은 도토리 등의 나무 열매를 키워주고, 산나물이나 버섯도 제공한다. 사람들은 졸참나무나 밤나무 등을 정기적으로 베어내고 다시 키우면서 장작이나 숯 등으로 이용해 왔다. 산에서 솟아나는 맑은 물을 평지로 끌어들여 주택 주위에는 자급자족할 수 있는 밭이 펼쳐지고, 들판에서는 벼농사가 이루어지는 풍요로운 산기슭 마을의 모습이다. 강의 범람이 종종 있었던 저지대에서는 자연 제방 위에 '와쥬輪中'라고 불리는 저습지의 마을이 형성되었다. 제방으로 둘러싸인 논에서는 쌀을 재배하고, 논이나 주위의 하천에서는 논어업으로 붕어와 잉어, 미꾸라지를 잡았다. 마을 뒤편의 숲이나 나무에서는 나무 열매를 채취했으며, 숲이 없는 지역에서는 자연 제방이나 마을 내에도 밤나무나 떡갈나무 등을 심고 숲을 조성하여 열매를 채취하였다. 여기에서는 자연 지형을 활용할 뿐만 아니라 논, 하천 그리고 숲 등을 이용해 식량의 안정적인 공급을 가능하도록 한 것이 그대로 마을의 형태로 나타난다.

한편, 평지에 마을이 만들어 질 때는 단순한 기하학적 형태로 조성되기도 한다.

독일의 벤트란트Wendland 지방에는 150개 정도의 환상형 마을이 있다. 직경 50~100m정도로 광장을 둘러싸고 건물들이 배치되며 주호는 내부 광장을 향한다. 광장의 입구 쪽에는 대체로 교회가 있으며 광장의 중앙에 영주의 저택이나 교회가 위치하기도 한다. 각 주호의 농지는 광장에서 방사상으로 퍼져나간다.

이러한 마을의 형태는 중세 시대 농지의 기본형으로 계승된 것이다. 예전에는 이렇게 방사상으로 분포된 농지에 울타리나 나무를 심어 경계를 짓지도 않은 채, 그저 들판 위에 세 마리의 말로 오가며 밭을 가는 삼포식 농업을 했다. 원형의 농지 바깥쪽의 들판과 더 먼 자연까지를 포함해, 마을은 큰 동심원 형태의 공간 구조를 하고 있었다. 이런 마을들이 모이는 경우, 마을과 마을은 멀리 떨어지기 보다는 적당한 거리를 유지하였다.

환상형 마을의 둥근 형태를 펼쳐서 주호를 직선으로 나열하고 방사형의 토지 분할을 직사각형으로 바꾸면, 일본 닛타新田 등에서 볼 수 있는 격자형 마을의 형태와 유사하다.

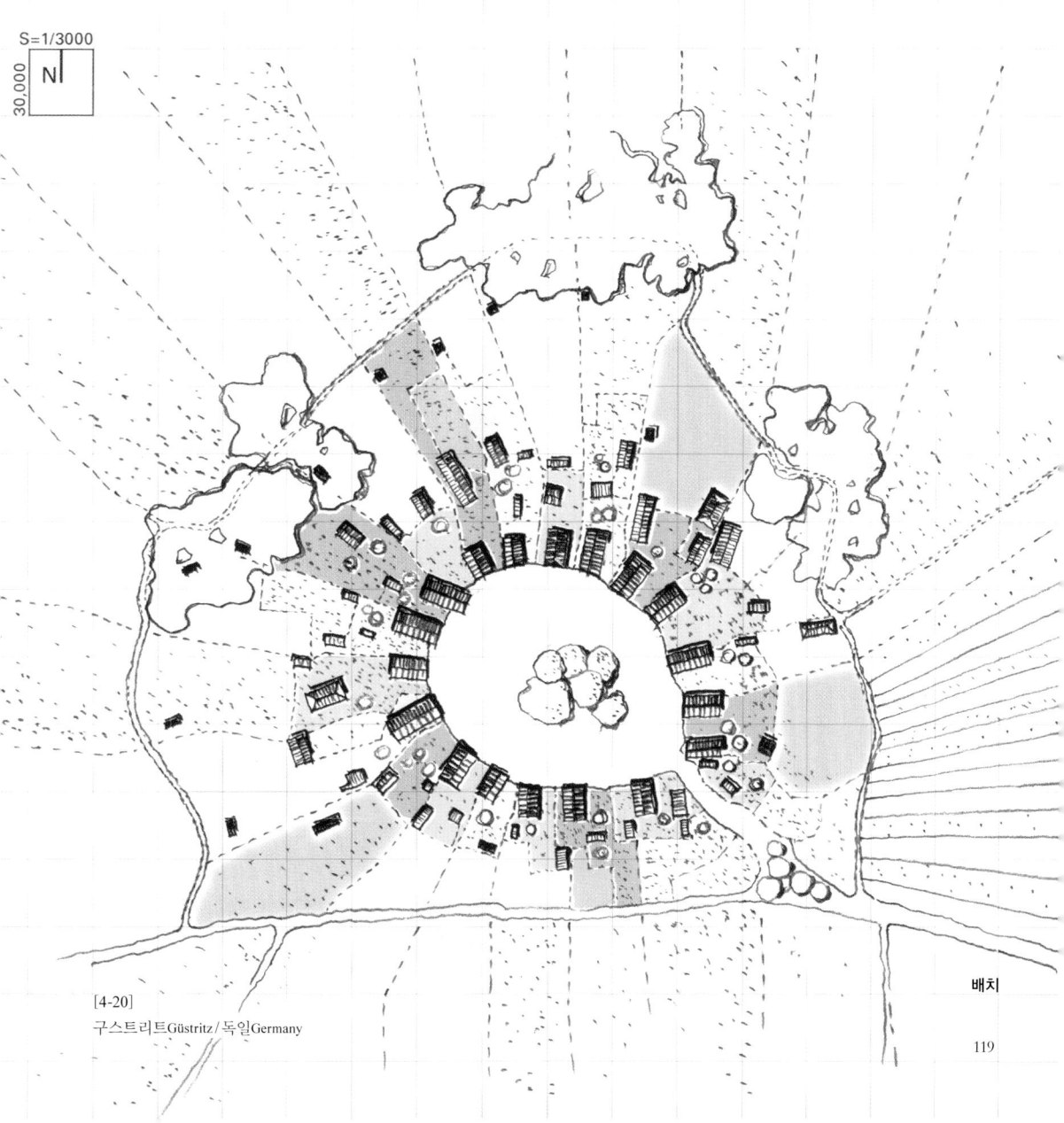

[4-20]
구스트리트Güstritz / 독일Germany

자연의 구조

토야마현富山県의 토나미 평야礪波平野에는 흩어져 있는 집들이 아름다운 풍경을 펼쳐낸다.
각각의 주택이 들판 위에 점점이 분산되어 있는 마을의 집합 방식이다.
각 주택의 필지마다 작은 숲을 조성하는 것이 이 마을의 특징으로 토나미 지방에서는 '카이뇨垣入'라고 불리며, 이 숲은 주택의 필지를 에워싸 계절풍을 막고 집의 품격을 높인다. 소나무와 팽이나무, 잣밤나무 외에 크고 작은 수목을 이용하여 자연이나 산기슭 마을 같은 다양한 풍경을 만드는 것이다.
이 마을의 여름에는 저녁부터 아침까지 개구리 울음소리가 이어진다. 인간뿐만 아니라 다양한 생명체가 주택을 중심으로 한 공간에 모여 함께 살아가는 소우주인 것이다.
주택을 둘러싼 숲은 환경을 조절한다. 여름에는 그늘을 만들어 시원한 공간이 되므로 사람들은 농사일 중간에 이곳에서 휴식을 취하고, 자연의 물을 맛있게 들이키며 목을 축인다. 겨울에는 차가운 북풍으로부터 주택과 사

[4-21]
분산형 마을/토야마현, 토나미 평야

람을 보호한다. 이렇게 주택 필지는 자연을 포함하여 완결성 높은 독립된 형태를 띠는 것이다.

주택들이 흩어져 있는 분산형 구조는 극단적인 마을의 형태이기도 하다. 주택들이 어느 정도의 밀도를 가지고 모여 있는 응집형 마을은 그 윤곽이 뚜렷한 데 반해, 분산형 마을은 경계가 뚜렷하지 않기 때문이다. 인접한 주택 간의 거리는 일반적으로 40~50m이며 멀어도 100m 이내로 알려져 있지만, 토나미 지방에서는 75m 정도로 편차가 적다는 연구 결과도 있다. 넓게 펼쳐진 마을에 특별히 강조되는 장소로 보이는 주택들이 일정한 간격으로 분포되어 있는 것이다.

초 봄, 논에 가득 찬 물이 얼면 마치 마을이 물 위에 떠 있는 것처럼 풍경이 변한다. 계절이나 시간의 변화에 따라 마을의 공간 이미지가 크게 변하는 것은 흩어진 주택들 사이에 자연을 끌어들였기 때문이다. 분산형 마을이 되어 자연과의 일체감을 더 할 수 있었다.

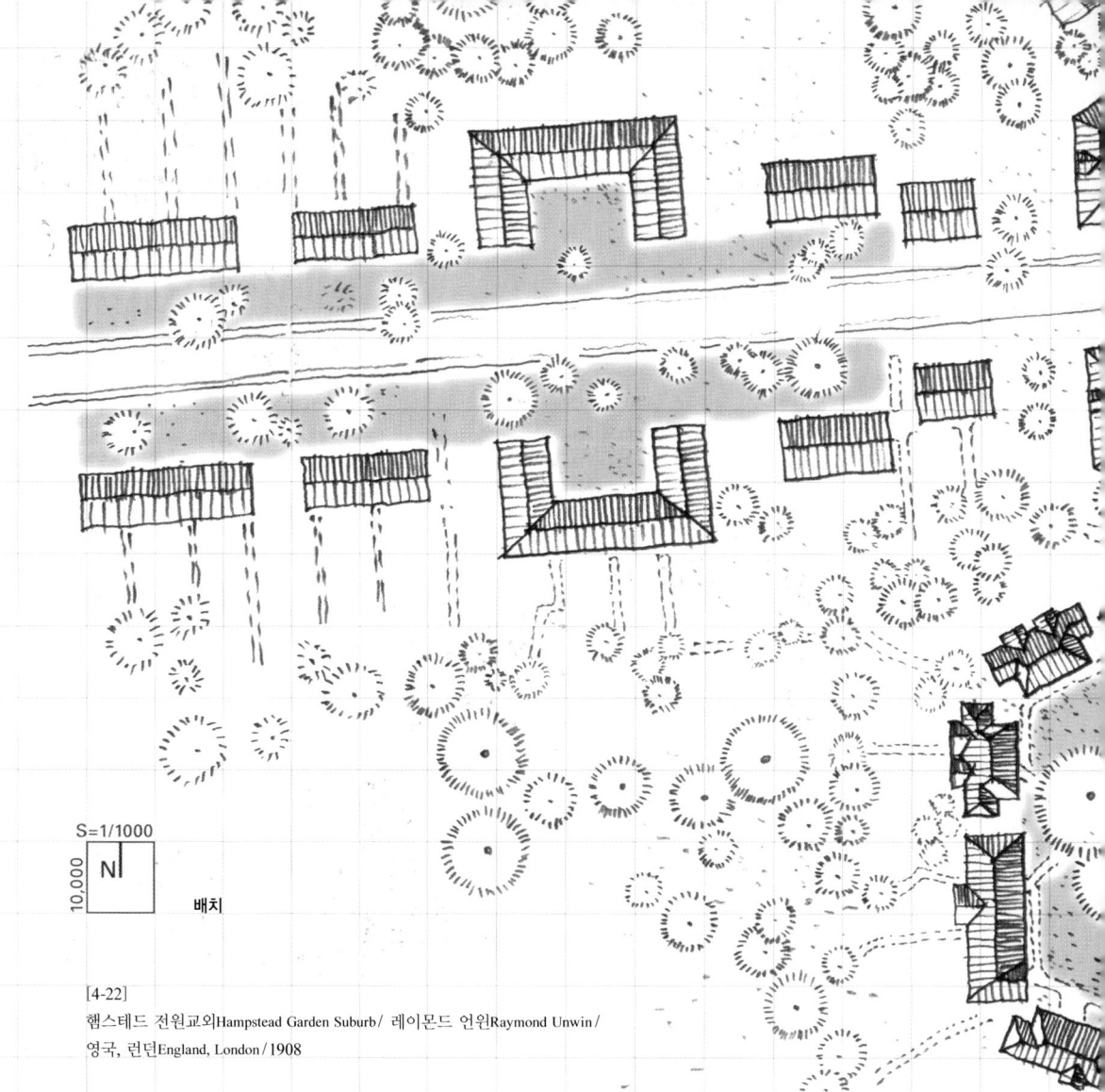

[4-22]
햄스테드 전원교외Hampstead Garden Suburb/ 레이몬드 언윈Raymond Unwin/
영국, 런던England, London/1908

백년의 계획

햄스테드 히스Hampstead heath는 런던 교외의 녹지다. 완만한 경사를 지닌 영국 특유의 메마른 땅으로 언덕의 정상에서는 멀리 런던의 거리를 조망할 수 있다.
1900년 무렵, 런던은 도시 확대가 급속히 이루어지면서 교외의 녹지가 소멸되었다. 이것을 막으려던 헨리에타 바넷Henrietta barnett라는 여성이 있었다. 그녀는 80ac(약 32ha)의 녹지를 인수하여 자치단체에 기부하고자 하였다. 이러한 그녀의 꿈은 점점 사람들을 끌어들여 최종적으로는 243ac(약 98ha)에 이르는 토지를 매수하게 되었으며, 녹지의 보전과 주택지의 개발을 같이 하는 트러스트 회사를 설립하게 된다.
그리고 마침내 1908년에 레이몬드 언윈Raymond Unwin의 설계로 도시 노동자도 주거하는 쾌적한 주택지가 건설된다. 이것이 햄스테드 가든 서버브Hampstead Garden Suburb이다. 여기에서는 어떤 특별한 마을의 이미지를 구현하기 위하여 자연을 훼손하는 데 부정적이며 지형을 잘 유지하면서 주택지를 계획하였다. 또한 특별한 장소를 계획적으로 조성하고 이에 성격을 부여하기보다는, 직교하지 않는 길, 주동으로 둘러싸인 공간, 주동 앞의 세미퍼블릭한 마당 등이 자연스럽게 조성되어 주민들의

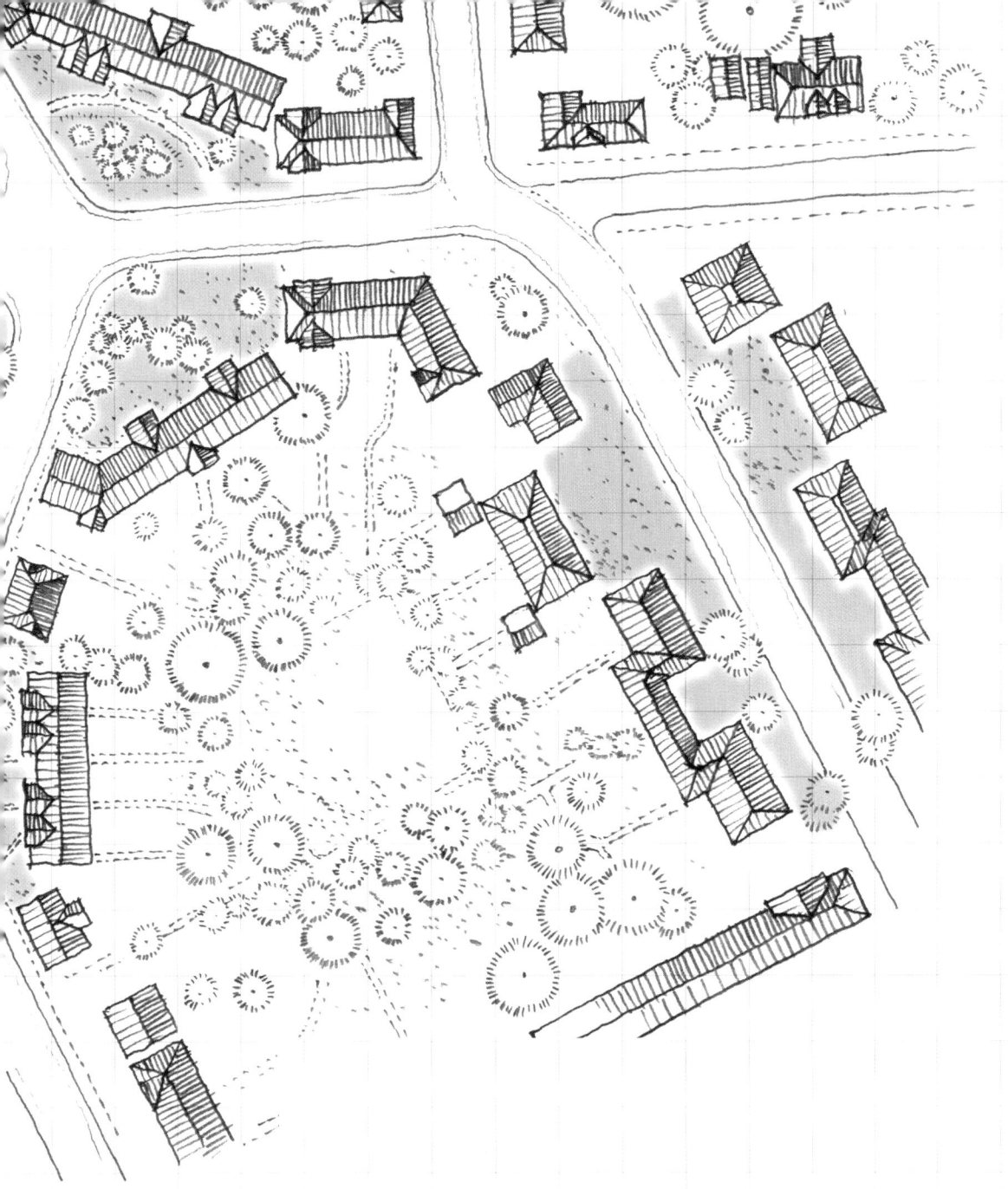

생활 속에서 거리가 만들어지고 또한 거리에서 주민의 삶이 이루어지기를 의도하였다.
햄스테드 가든 서버브의 주택지 헌장은 '어떤 사회 계층에 속하거나 어떤 소득의 사람들도 구별하지 않고 함께 살며 장애인도 환영한다. 대지의 경계는 담이 아닌 생울타리나 펜스로 한다. 모든 도로에는 가로수를 심고 생울타리와 어울리도록 고려한다. 숲과 공원은 모든 주민들이 자유롭게 이용한다. 소음을 방지하며 교회, 예배당, 회관의 종소리도 금지한다. 주택은 신중하게 계획되었으므로 외관을 훼손해서는 안 되며, 아름다운 이웃집의 외관도 해치는 행위를 해서는 안 된다'고 선언하고 있다. 이곳에 사는 주민들 모두가 약속을 지키면서 함께 만들어가는 공간인 것이다.
이 정원 같은 주택지는 100년이 지난 지금도 한결같이 그 모습을 유지하고 있다.
현대의 우리는 모여서 산다는 것을 위하여 도대체 어떤 구상을 해야 하는가?

녹지와 코먼

1950년대 후반에는 교외형 주택지 개발이 시작되었다. 이 당시에는 고도 성장 시대에 들어서면서 부족한 도시 주택을 공급하겠다는 사회적 사명이 있었다. 신주쿠新宿에서 서쪽으로 약 6km 떨어진 이 주택지는 도쿄 녹지 계획에 포함된 '젠푸쿠지善福寺 녹지 계획'과 밀접한 관계를 가진다. 도쿄 녹지 계획은 1939년에 규정된 최초의 토지 이용 마스터 플랜으로 환형環形의 녹지대나 공원, 경승지 등, 도쿄 도시 계획에서의 녹지 조성의 기본방향을 정하고 있다.

젠푸쿠지 녹지 계획은 공원의 계획 개념을 응용한 것으로 젠푸쿠지 강변을 따라 선형으로 녹지를 정비해 초·중·고교나 운동 시설, 공원 등의 공공 시설을 배치하였다.

주택은 2층 규모의 저층 연립 주택동과 3·4층의 중층동으로 구성된다. 이 주택 단지가 개발되었던 시대에는 건축에 있어서 경제성이 중요한 가치를 지녔으며, 한편으로는 새로운 라이프 스타일을 수용하는 주택 계획의 연구도 크게 일어났다. 여기에서는 휴먼스케일을 고려한 양질의 주거 공간으로 디자인 되었고, 프라이버시를 배려하면서도 주위 환경과 조화를 추구하는 신중한 주거지로 계획되었다.

몇 개의 주동에 둘러싸인 작은 스케일의 공용 공간은 코먼으로 불린다. 마당과 같이 아이들이 안심하고 놀 수 있는 공간이며, 주민들이 일상적으로 만나고, 마주치고, 대화를 할 수 있는 장소다. 이 주택 단지에서 생활해 나가는데 공용의 공간은 큰 역할을 하지만 외부인들

은 들어오기에 망설여지는 곳이다.
세월이 지나면서 코먼에는 낙엽이 쌓이듯이 완만한 둔덕이 만들어졌고 수목도 크게 자랐다.
세대가 변해 가지만 여전히 사람은 살고 있다. 이 주택 단지에는 세월을 쌓으며 살아가는 구조가 처음부터 마련되어 있었을까? 아니면 인간의 생활이 물리적 환경을 능가했을까?

배치

[4-23]
아사가야 단지(일본주택공단 아사가야 분양 주택) / 일본주택공단＋마에카와 쿠니오 / 도쿄도 / 1958

랜드스케이프

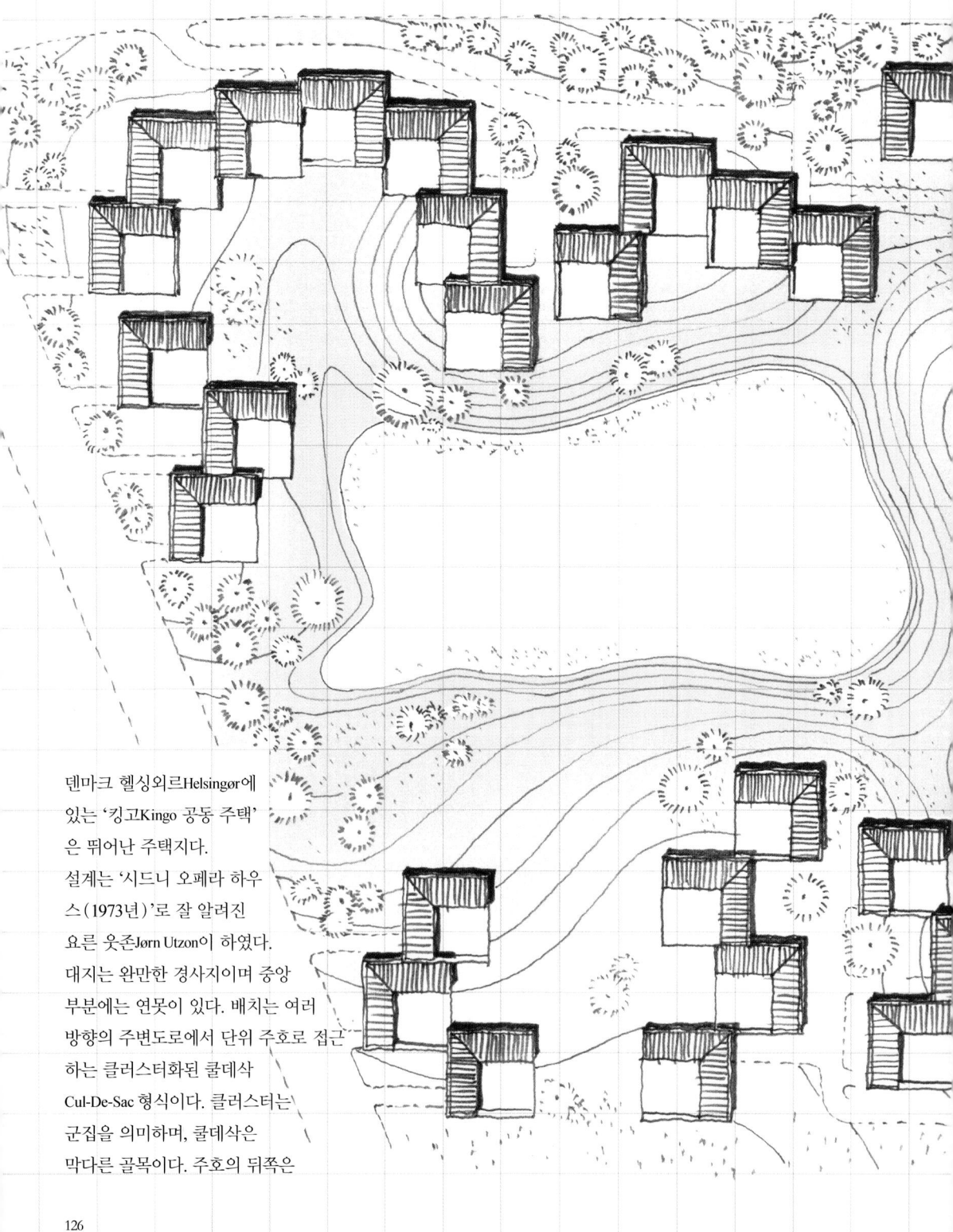

덴마크 헬싱외르Helsingør에 있는 '킹고Kingo 공동 주택'은 뛰어난 주택지다. 설계는 '시드니 오페라 하우스(1973년)'로 잘 알려진 요른 웃존Jørn Utzon이 하였다. 대지는 완만한 경사지이며 중앙 부분에는 연못이 있다. 배치는 여러 방향의 주변도로에서 단위 주호로 접근하는 클러스터화된 쿨데삭 Cul-De-Sac 형식이다. 클러스터는 군집을 의미하며, 쿨데삭은 막다른 골목이다. 주호의 뒤쪽은

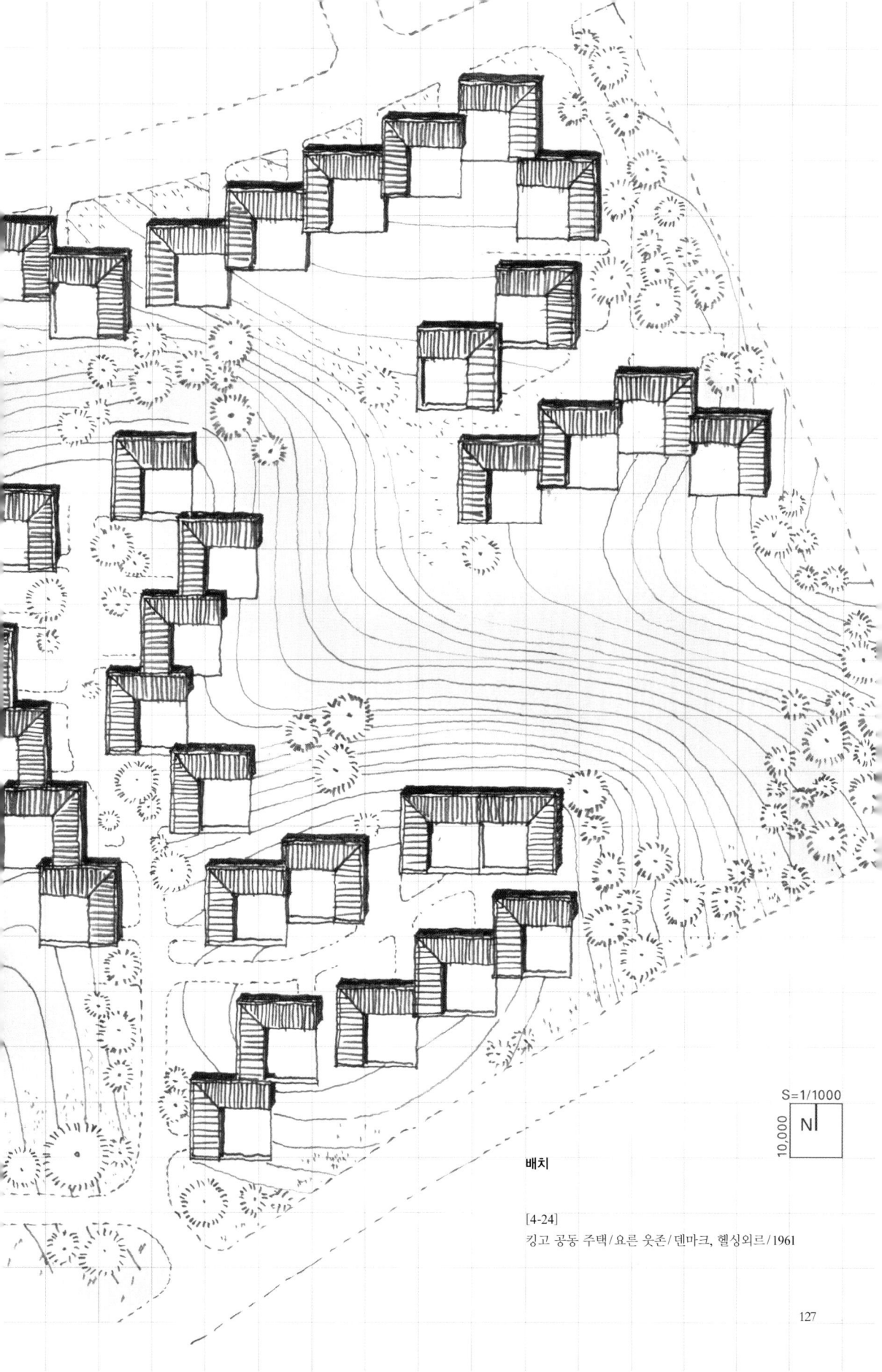

배치

[4-24]
킹고 공동 주택 / 요른 웃존 / 덴마크, 헬싱외르 / 1961

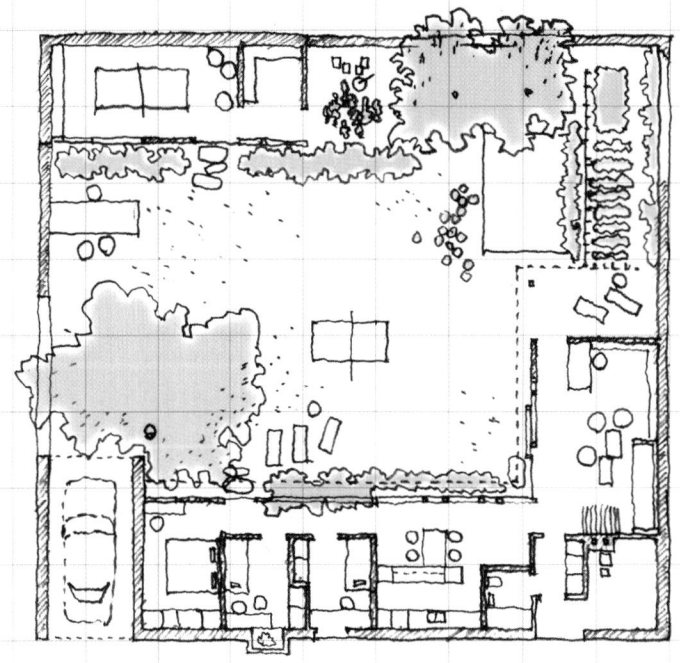

킹고 공동 주택의 하나의 주호 평면   S=1/200

막다른 도로에 연결되어 자동차는 거기까지만 진입이 가능하다. 단위 주호의 전면에는 푸른 녹지가 완만한 경사면을 따라 펼쳐지며 이곳에서의 생활은 그 풍경 속에 녹아들도록 디자인되어 있다. 같은 모습인 60채의 주호가 자연의 경사를 따라 기러기 떼처럼 비스듬히 줄지어 배치되면서 다양한 장소를 만들어 낸다.

단위 주호는 덴마크 전통의 적벽돌을 사용한 단층 건물이다. 외벽의 색이나 질감이 자연의 흙이나 나무들이 있던 장소와 잘 어울려 마치 주택들이 훨씬 오래전부터 여기 있었던 듯하다.

단위 주호는 한 변이 15m 정도인 정사각형의 전용필지에 L자형의 평면이 안마당과 함께 구성되어 있다. L자형의 평면은 프라이버시가 필요한 공간과 가족의 공용 공간으로 명쾌하게 구분되며, 어디서든 안마당을 면하는 심플하고 명쾌한 합리주의적 공간구성을 보여준다. 주호의 내부 공간은 뒤쪽의 진입로에서는 폐쇄적인 구조이지만 안마당 쪽으로는 큰 창을 계획하여 외부의 녹지와 연속된 느낌을 가진다.

단위 주호의 평면은 모두 동일하지만 거주인은 각자 개성적인 삶의 방식을 취하여 내부 공간과 안마당을 자유롭게 조성할 수 있다.

이처럼 같은 평면의 단위 주호를 정렬하면서도 단조롭지 않고 풍부한 공간을 만들어 낼 수 있었던 것은 대지의 자연 지형과 공간감을 존중하면서 신중한 해석을 통해 주호 각각의 장소적 특징을 살릴 수 있도록 계획하였기 때문이다. 즉 랜드스케이프의 거리감과 건축의 스케일감이 좋은 관계로 공존하고 있다. 작은 장소(단위 주호), 큰 통합(단지의 배치, 클러스터), 3차원의 고저차(지형), 단순한 형태의 반복 등으로 넉넉한 자연과 어울리는 전혀 차원이 다른 주거지를 만들어 내었다.

사실, 웃존은 같은 주택지를 하나 더 만들었다. '프레덴스보그Fredensborg 공동 주택'이다.

같은 주택지라는 의미는 L자형 평면의 주호를 랜드스케이프 속에 기러기가 무리지어 나는 형식인 안항雁行배치를 하고 있다는 것이다. 이전의 킹고 공동 주택이 일반적인 중산층 가족을 위한 주택 단지였던 것에 반해, 프레덴

배치

[4-25]
프레덴스보그Fredensborg 공동 주택/
요른 웃존/덴마크, 프레덴스보그Denmark, Fredensborg/1963

스보그 공동 주택은 자식들도 독립하고, 은퇴해 나름의 자유를 얻어 풍요로운 생활을 보내고자 하는 고령자를 위한 주택지이다. 이곳은 골프장 옆에 위치해 골프장의 풍경과 어우러지도록 계획되었다. 레스토랑 등의 공용 시설을 갖춘 것도 특징적이다. 이러한 단지 내 공용 시설은 부채의 손잡이처럼 단지 중심에 배치되어 있다.
같은 단위 주호로 단지가 구성되더라도 그곳에 사는 사람을 위한 프로그램이 다르면, 단위 주호가 모여서 배치되는 형식도 다른 것이다.

● Column

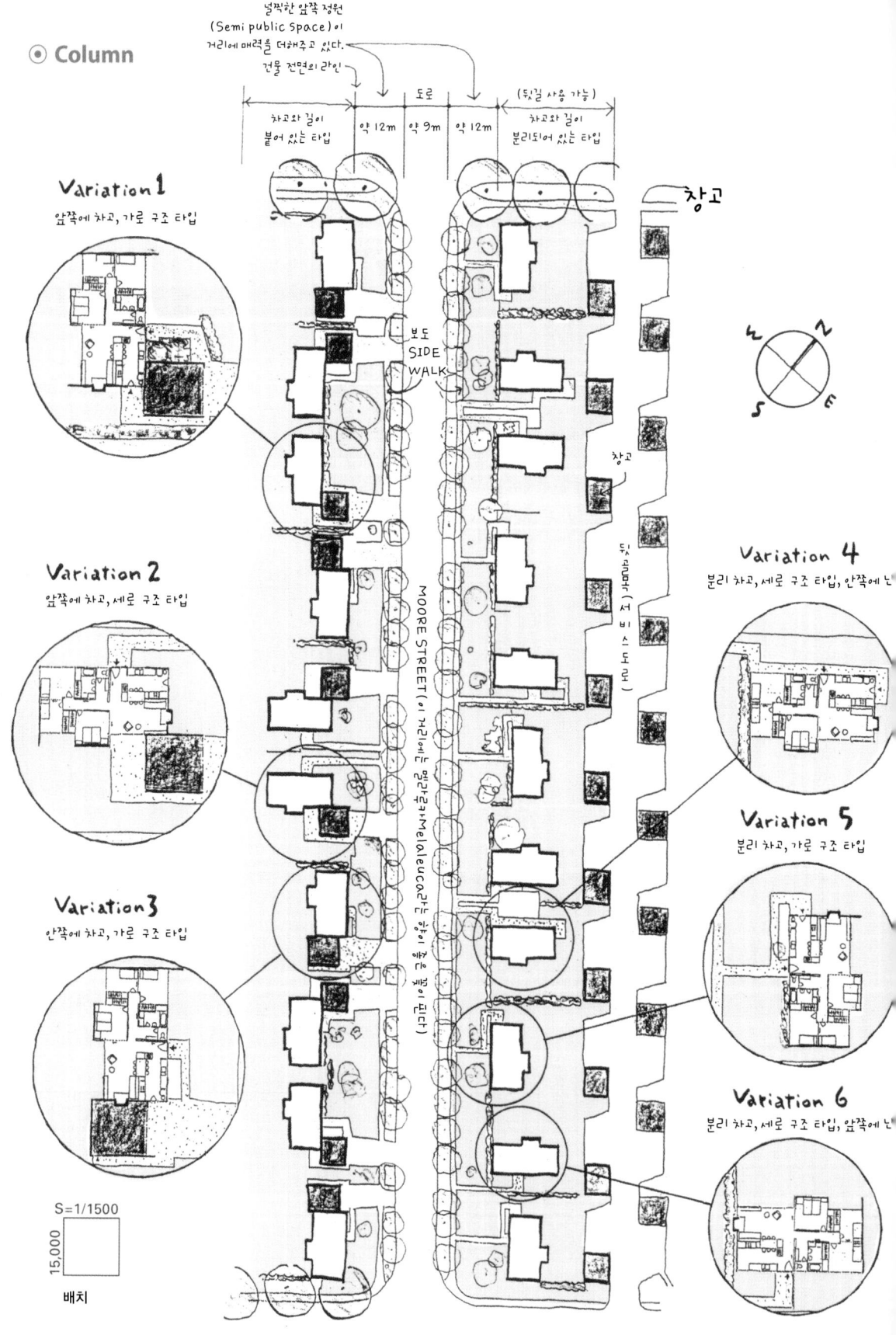

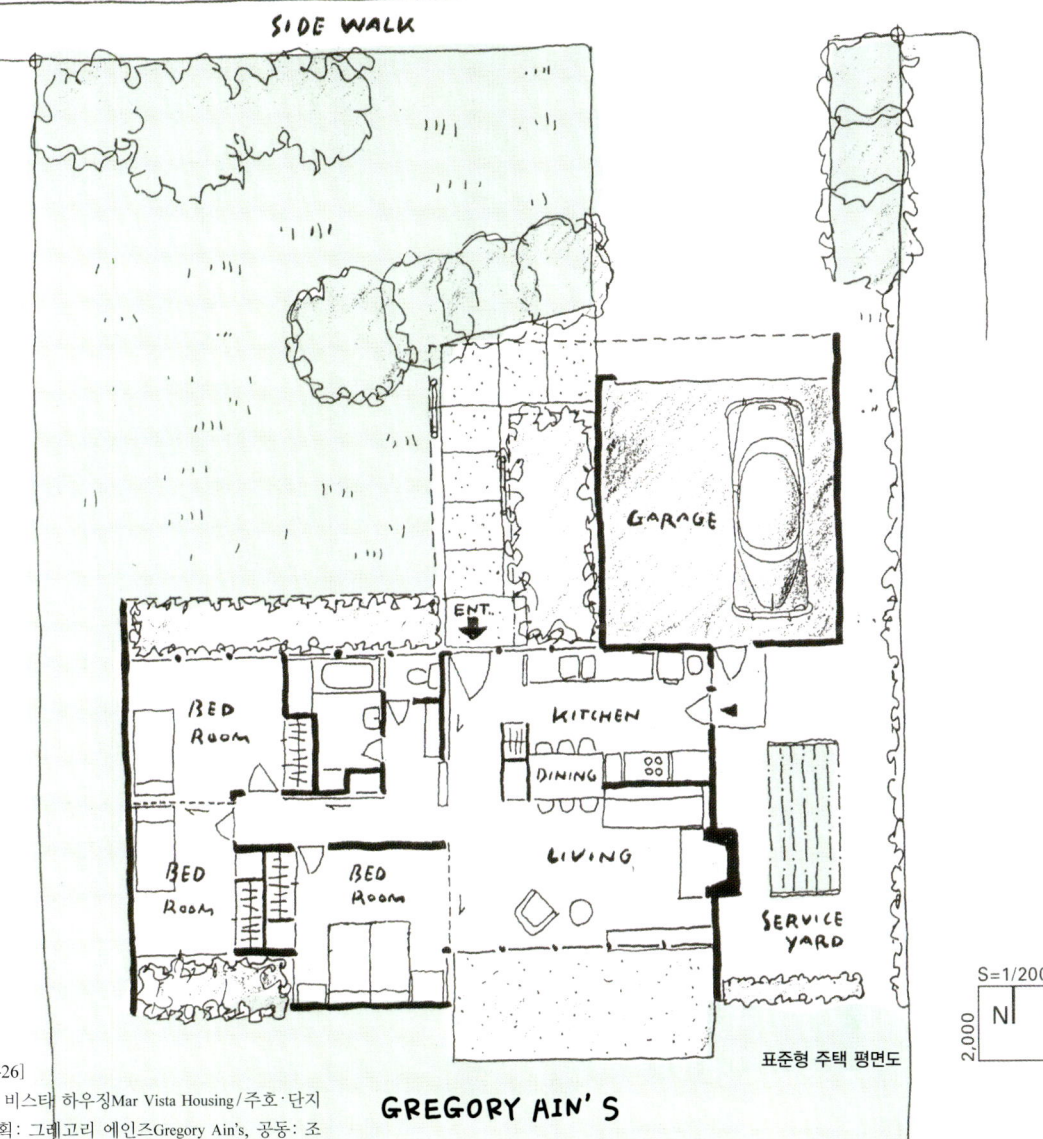

표준형 주택 평면도

GREGORY AIN'S Mar Vista Housing

[4-26]
마 비스타 하우징Mar Vista Housing/주호·단지 계획: 그레고리 에인즈Gregory Ain's, 공동: 조셉 존슨Joseph Johnson, 알프레드 데이Alfred Day, 외관·조경 계획: 가렛 에크보Garrett Eckbo/미국, 로스앤젤레스America, Los Angeles/1948

단위 평면은 가동형 칸막이를 개폐함으로써 거주인의 라이프 스타일에 따라 변경할 수 있다. 시공성의 이유로 사용된 4피트(약 120cm) 모듈은 계획에서도 충실히 반영되었다. 기준이 되는 단위 평면을 회전시키거나 반전시키고, 더하여 차고의 위치도 변화시켜 13가지의 평면형을 조합하였다. 이를 통하여 분양 주택임에도 단조롭지 않으며 풍부한 변화를 가진 거리 풍경을 만들 수 있었다. 즉 프라이버시와 거리의 풍경이 적절히 조절되도록 단위 주호를 배치함으로써 거리는 리듬감 있고 녹음이 가득 찬 공간이 되었다.

로스앤젤레스 교외에 분양된 52호로 구성된 주택군은 반세기 이상 지난 현재에도 분양 당시의 모습을 유지하고 있는 한적한 동네이다. 단위 주호의 면적은 93m²으로 작지만, 평면은 주방을 중심으로 실들이 배치되어 있고 뒷마당 쪽을 자유롭게 사용하도록 하며 대규모로의 주택 개조를 억제하였다. 모든 주택이 같은 평면으로 계획되었으므로 이웃 간에 실의 사용 방식이나 주택 설비 등의 문제 해결에 관한 정보 교환도 이루어진다. 또한 앞마당에 연속된 잔디밭과 함께 크게 성장한 가로수는 주택지에 풍부한 녹지 공간을 제공한다.

카메이 야스코亀井靖子

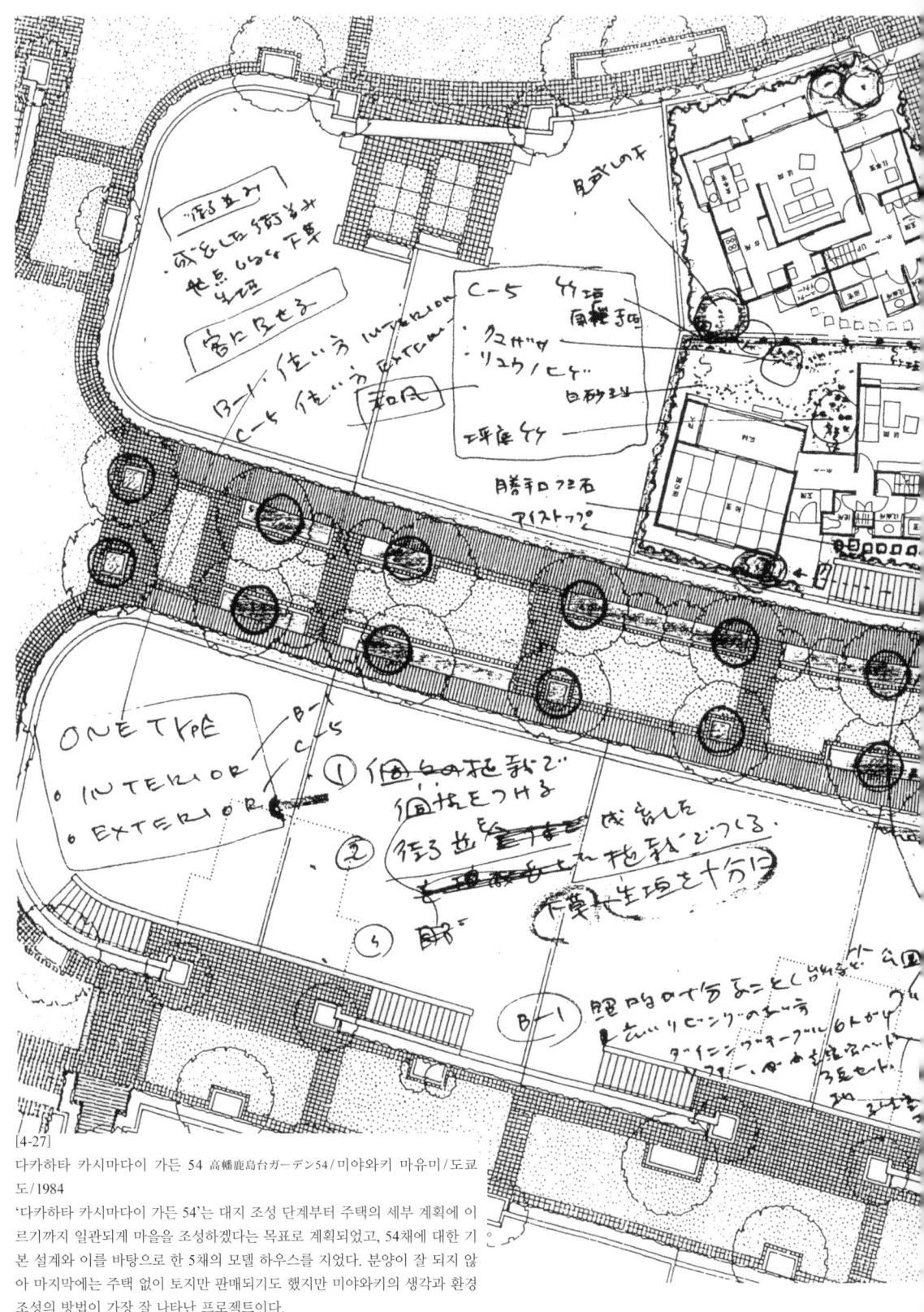

[4-27] 다카하타 카시마다이 가든 54 高幡鹿島台ガーデン54 / 미야와키 마유미 / 도쿄도 / 1984

'다카하타 카시마다이 가든 54'는 대지 조성 단계부터 주택의 세부 계획에 이르기까지 일관되게 마을을 조성하겠다는 목표로 계획되었고, 54채에 대한 기본 설계와 이를 바탕으로 한 5채의 모델 하우스를 지었다. 분양이 잘 되지 않아 마지막에는 주택 없이 토지만 판매되기도 했지만 미야와키의 생각과 환경 조성의 방법이 가장 잘 나타난 프로젝트이다.

● **Column**

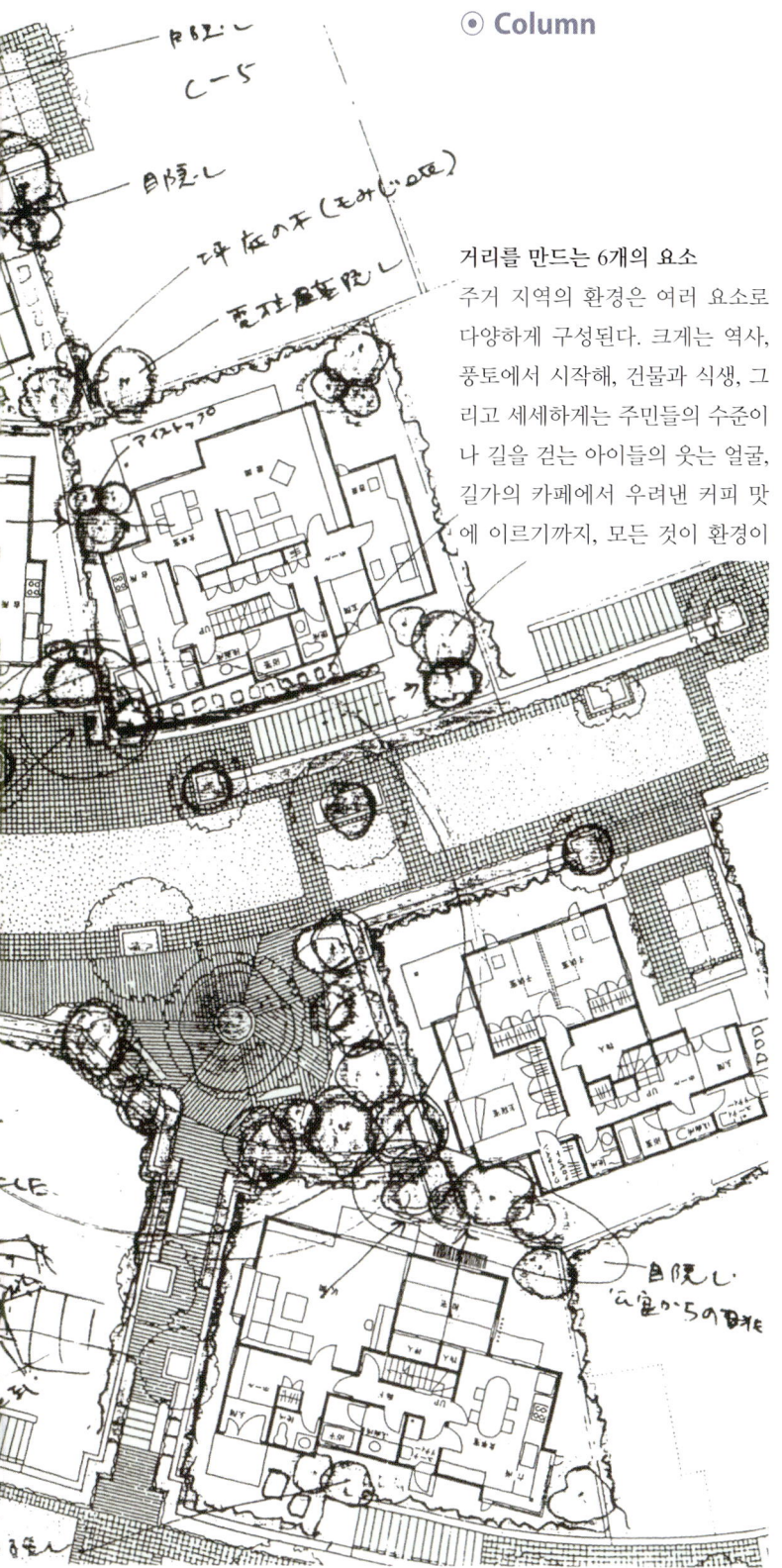

다섯 개의 하드웨어와 하나의 소프트웨어

거리를 만드는 6개의 요소

주거 지역의 환경은 여러 요소로 다양하게 구성된다. 크게는 역사, 풍토에서 시작해, 건물과 식생, 그리고 세세하게는 주민들의 수준이나 길을 걷는 아이들의 웃는 얼굴, 길가의 카페에서 우러낸 커피 맛에 이르기까지, 모든 것이 환경이나 경관을 결정하는 요소이다. 그 많은 요소들 가운데 직접 컨트롤 가능한 것을 골라내고 구체화시켜서 계획 선상에 올리는 바로 그 단계에서 단독 주택지의 계획이 시작된다. 이런 계획을 진행하는 데에는 행정적 절차를 거쳐야 하는데, 관공서 특유의 경직된 시스템으로 인한 절차상의 혼란을 바로잡기 위해서는 아래와 같은 작업이 필요하다.

우선 우리가 조작 가능한 요소를 크게 나누면 6단계로 정리할 수 있다.
1) 조성 계획 단계
2) 시설 계획 단계
3) 외부 계획 단계
4) 대지 내 계획 단계
5) 건물 계획 단계
이상의 다섯 개의 하드웨어적 단계와 하나의 소프트웨어적 단계인
6) 관리 계획 단계(건축협정 등)
이다.

과거에 이런 단계의 계획들은 서로 무관하게 다른 입장에서 기획되었고, 각각의 범주 내에서 편리성·경제성·시공성 등을 고려하여 진행되었다. 이런 점이 바로 일상에서 마주치는 단독 주택지가 몰개성적으로 보이는 원인 중 하나라면, 각각의 단계를 일관된 철학적 관점으로 체계화하는 것이 주거 환경 디자인의 첫걸음이 될 것

이다. 이렇게 될 때, 어떤 중요한 제안이라도 그것이 다른 단계에서의 가치 판단 기준에 의하여 논의의 장에서 밀려날 수 있다. 달리 말하면 '현장'의 입장에서는 전혀 새로운 시각에서 제시되는 발상을 받아들이기에는 어느 정도 시간이 필요하다. 예를 들어 차량이 진행하는데 도로는 곡선이 유용하다고 제안하면 도면 작업이 힘들고, 시공시의 기초 말뚝이 늘어나고 실수할 가능성도 많으며, 측량 시 기준점이 증가하여 번거롭고, 대지의 면적 계산에도 시간이 더 걸리는 등, 실무 차원에서 수준 낮은 반대가 쏟아진다. 건축 분야에서와 같이 상호 이해하고 배려하는 원칙이 아직 이 단계에는 미치지 못하고 있다. 관공서가 사업의 주체로서 전체를 준비하고 조절해야 하는데 오히려 이런 문제들을 제기하는 장본인이라는 점은 말이 안 되는 것이다. 우리가, 말하자면 아마추어가 억지로 콘트롤러(중재자), 관리자가 될 수밖에 없었던 것은 그렇지 않으면 누구도 관리자의 역할을 떠맡지 않기 때문이며 아마추어이기 때문에 불가침의 영역이라 할지라도 서슴지 않고 파고 들어 갈 수 있기 때문이다.

1) 조성 계획 단계

이 단계에서는 압도적으로 효율성이 지배한다. 즉 얼마나 많은 우량한 대지를 확보할 수 있는가?, 대지율을 높일수 있는가? 그 안에서도 성토·절토를 균형있게 할 수 있는가하는 요구가 절대적이 되는 것이다. 경사면의 성토·절토를 해야 하는 경우 단차가 1m 이상이 되면 시야를 차단하는 환경이 된

다. 길은 차를 위한 것이 되고, 길 위에서 주택지 커뮤니케이션의 대부분이 이루어진다는 점은 무시되고, 사람은 그저 살기만 할 뿐 어슬렁거리며 걷거나 잠시 멈춰 서서 이야기를 나누는 환경조차 거부될 것이다.

2) 시설 계획 단계

공원 등 공공 시설(도로도 포함)이나 가스, 전기, 상하수도 공급 처리 시설은 일본에서는 지도관청이 건설성建設省과 통산성通産省으로, 서로 우호적이지 않은 기관들이 관할한다. 게다가 민간 회사도 자체의 내부 규정을 가지고 시설 계획에 참가하므로 서로 원활한 연락을 유지하는 것은 무리이다. 또한 케이블 TV나 통신망을 포함한 새로운 시설들도 추가적으로 계획 단계에 포함되어야 하므로 서로 긴밀한 조율을 통하여 이렇게 많은 시설들이 개별적으로 설치하거나 조정되지 않도록 하여야 한다. 또한 일반적으로는 새로이 조성되는 공공 시설의 규모와 배치도 중·고층 공동 주택 단지의 개발 시에만 고려되므로 단독 주택지에서도 이에 대한 새로운 발상이 필요할 것이다.

3) 외부 계획 단계

대지 내에서 도로에 접하는 부분도 반공적 영역으로 도로와 같이 공공의 성격이 강하다는 점은 대체로 동의하지만, 누군가가 한번 대지를 소유하게 되면 이런 공공의 성격은 흐려지고 소유자 개인의 의사에 따르게 된다. 게다가 일본에서는 자신의 주택이 주변의 전체 환경에 속해 있다고 생각하

는 관습이 없었으므로 어느 정도라도 서로 조화를 이루는 외관 디자인을 고려하기 어려웠으며, 오히려 영세한 건설업자가 인접한 소규모 대지들을 함께 개발할 때에 동일한 평면과 입면으로 주택을 건설하면서 외관이 서로 비슷해지곤 했다. 그리고 주택 구매자가 입주 후에 건물의 외관을 변경하는 것을 제한할 정도의 건축협정도 없으므로 계획된 환경을 잘 유지하기 위해서는 주민들이 스스로 주민 헌장을 만들고 이를 세부적으로 규정하는 관리 규정도 갖추어야 한다.

4) 대지 내 계획 단계

일본에서는 도로에 접하는 부분이 마을 전체와의 관계에 포함된다는 의식이 없었으므로 담과 생울타리로 완전히 구획된 대지 내에서의 계획은 전적으로 개인의 의사에 따랐다. 이렇게 되면 형형색색의 세탁물이 거리 풍경을 어지럽히고, 어떤 주택은 도로를 등지고 지어지기도 하며 주택마다 모습이 다를 것이고, 간이차고의 지붕 역시 제각각으로 지어져 길가의 경관을 어지럽힐 것이다. 도로에서 훤히 들여다보이는 이 간이차고도 대지내 개인 소유물이니 쓰레기가 넘쳐나도 괜찮다고 여길 수도 있다. 그러므로 마을에서 모여 산다는 의식이 싹트도록 하기 위해서는 겨우 포스터 등을 사용하여 이해시키는 방법 외에는 없을 것이다.

5) 건물 계획 단계

대지 내 주택에서는 일정한 환경에서 활동하며 살아가는 과정과 관련

하여 방만함이 있을 수도 있지만 개인의 자기표현 욕구가 훨씬 강하게 드러나는 것이 더욱 문제다. 건물주의 '나는 다른 사람과 다르고 싶다'라는 생각, 여기에 공급자인 각 건설업자의 사정이 더해져 주택은 그야말로 제각각이 된다. '집이 나쁘면 모두 나쁘다'라는 말처럼, 만약 주택의 품질이 높으면 어떤 외관상의 조치도, 또는 조경마저도 필요가 없을 텐데, 인접한 집들을 함께 조정하는 건축 협정이나 지구 설계 제도가 잘 갖춰져 있지 않는 한, 나무를 많이 심고 건물을 감추는 것 외에는 방법이 없는 실정이다.

6) 관리 계획 수준(건축 협정 등)

주택의 하드웨어적인 부분이 잘 구축되었다고 해도 세월을 지나면서 거주인이나 세대가 바뀌어 갈 때 공동의 재산인 주택지 환경을 잘 지켜 주는 것은 소프트웨어적인 각종의 협정 외에는 없을 것이다.

단독 주택지는 공공의 입장에서 관심이 소홀해졌고, 개인에 의해 무분별하게 개발되도록 방치되어 왔다. 이제는 난개발이 더 이상 무시할 수 없을 정도에 이르러 경관적 차원에서 주거 환경을 생각하지 않으면 안 된다. 이런 단독 주택지의 난개발은 한 번에 바로 잡을 수 있는 것이 아니라 조금씩 점진적으로 바꾸어 나가면서 최종적으로는 전체적인 개선에 이르도록 해야 한다.

미야와키 마유미宮脇檀
〈도시주택〉1985년 8월호에서 옮김

'다카하타 카시마다이 가든54'의 본네프본엘프 도로와 대지 외부에 대한 미야와키의 스케치. 도로와 대지의 경계를 구분하지 않고 연속해 다룸으로써 공간이 일체화된 공동체적 생활 환경을 만들고 있다.

참고 사례 건축개요
※ 여기에서는 각 장에서 설명하는 사례들의 개요를 자료의 정확성을 위해 원어로 다시 한번 정리하였다.

번호	명칭	설계	소재	시공	층수(지상)	건축면적	주호수(1주호면적)
1-5	東雲キャナルコートCODAN1街区	山本理顕設計工場、都市基盤整備公団、三井住友建設	東京都(도쿄도)	2003	14층	50,014㎡	420호
1-6	岡山県営中庄団地第2期	阿部勤/アルテック建築研究所+岡山県設計技術センター設計共同体	岡山県(오카야마현)	1996	4층	6,565㎡	
1-7	岐阜県営住宅ハイタウン北方南ブロック妹島棟	妹島和世建築設計事務所, 山満設計	岐阜県(나라현)	1기:1998 2기:2000	10층	9,461㎡	107호
1-8	Residential Home for the Elderly, Masans	Peter Zumthor	Switzerland, Chur	1993			
1-9	ラビリンス	早川邦彦建築研究所	東京都	1989	5층	1,339㎡	
1-10	熊本県営保田窪第一団地	山本理顕設計工場	熊本県(구마모토현)	1991	5층	8,753㎡	110호(51-67㎡)
1-11	Viviendas en Calle Doña Maria Coronel	Antonio Cruz+Antonio Ortiz	Spain, Siviglia	1976	4층		11호(100-110㎡)
1-12	上桜田の集合住宅SQUARES	谷内田章夫/ワークショップ	東京都	1995	4층	1,636㎡	29호(30-70㎡)
1-13	Tietgen Student Hall	Lundgaard & Tranberg	Denmark, Copenhagen		7층		
1-14	Sea Ranch	MLTW(Moore, Lyndon, Tutnbull, Whitaker)	America, California	1966	2층		10호
1-17	HI-ROOMS明大前A/線路際の長屋	若松均建築設計事務所	東京都	2008	2층	760㎡	15호(39-79㎡)
1-18	ネクサスワールドレム棟・コールハース棟	OMA/レムコールハース	福岡県(후쿠오카현)	1991	3층	5,764㎡	4호(96-222㎡)
1-19	下馬の連統住居	北山恒+architecture WORKSHOP	東京都	2002	4층	1,445㎡	10호
1-20	船橋アパートメント	西沢立衛建築設計事務所	千葉県(지바현)	2004	3층	648㎡	15호
1-21	羽根木の森	坂茂建築設計	東京都	1997	3층	984㎡	11호
1-24	森山邸	西沢立衛建築設計事務所	東京都	2005	3층	263㎡	6호
1-25	egota house A	坂本一成研究所+アトリエ・アンド・アイ	東京都	2004	3층	310㎡	1가.5호
1-26	祐天寺の連結住棟	北山恒+architecture WORKSHOP	東京都	2010	4층	2,751㎡	46호(30-69㎡)

번호	명칭	설계	소재	시공	층수(지상)	건축면적	주호수(1주호면적)
1-27	成城タウンハウススガーデンコート成城UNITED CUBES	坂倉和世建築設計事務所+大成建設	東京都	2007	3층	1,467㎡	14호(84-118㎡)
1-28	Lake Shore Drive Apartments	Mies van der Rohe	America, Chicago	1951	26층		
1-29	Nanterre Sud	Émile Aillaud	France, Paris	1975	37층		
1-30	Neue Vahr highrise residential building	Alvar Aalto	German, Bremen	1962	22층		
1-31	調布のアパートメント	石黒由紀建築設計事務所	東京都	2004	4층	703㎡	12호
1-32	Casa 13, Wohnen 2000	Erick van Egeraats	German, Stuttgart	1993	8층	892㎡	16호(53-108㎡)
1-33	代官山集合住宅	木下道郎/ワークショップ	東京都	2007	5층	4,068㎡	14호(25-29㎡)
1-34	Sceneway Garden	Dennis Lau+Ng Chun Man	中国, 九龍	1992	4층	4,112호	
1-35	ベルコリーヌ南大沢(ポイント高層棟)	大谷研究室	東京都	1990	14층	2,896㎡	111호(101-150㎡)
1-36	Grosswohnsiedlung Märkisches Viertel	O. M. Ungers	German, Berlin	1969	14층		1,305호(49-94㎡)
1-37	Kildrum 5	Cumbernauld Development Corporation	England, Cumbernauld	1961			525호
1-38	海岸の集合住宅 ALTO B	谷内田章夫/ワークショップ	東京都	1997	11층	2,798㎡	20호(90-120㎡)
1-39	Unité d'Habitation	Le Corbusier	France, Marseille	1952	17층		337호
1-40	Kanchanjunga Apartments	Charles Correa	India, Mumbai	1983	28층		32호
1-41	n-HA[フォレシア東麻布	國分昭子+池田靖史/IKDS	東京都	2004	11층	1,639㎡	22호(50㎡)
1-42	Spittelhof Housing Estate	Peter Zumthor	Switzerland, Basel-Land	1996	3층		
1-43	crevice	関根裕司/ARBOS	東京都	2001	3층	1,045㎡	6호(38-55㎡)
1-44	FLEG自由が丘	渡辺康建築研究所	東京都	2006	4층	300㎡	24호(43㎡)
1-45	Double House Utrecht	MVRDV	Netherlands, Utrecht	1997	4층	693㎡	2호
1-46	Hi-ROOMS哲学堂	渡辺康建築研究所	東京都	2006	4층	2,648㎡	17호(40㎡)
1-47	練馬の集合住宅	谷内田章夫/ワークショップ	東京都	2007	7층	470㎡	35호(30-80㎡)
1-48	Glasfall	北山恒+architecture WORKSHOP	東京都	2008	3층		6호(66-84㎡)

번호	명칭	설계	소재	시공	층수(지상)	건축면적	주호수 (1주호면적)
1-49	Odhams Walk	Greater London Council	England, London	1981	5층		102호(53-103㎡)
1-50	Habitat'67	Moshe Safdie	Canada, Montreal	1967	11층		158호(62-187㎡)
1-51	Space Blocks Hanoi Mode	小嶋一浩+東京理科大学小嶋研究室+東京大学生産技術研究所曲渕研究室	Vietnam, Hanoi	2003	4층	466㎡	6호
2-1	森山邸	西沢立衛建築設計事務所	東京都	2005	3층	263㎡	6호
2-2	熊本県営保田窪第一団地	山本理顕設計工場	熊本県	1991	5층	8,753㎡	110호
2-3	University of Virginia	Thomas Jefferson	America, Charlottesville	1819			
2-4	洗足の連結住棟	北山恒+architecture WORKSHOP	東京都	2006	5층	2,635㎡	
2-14	熊本県営保田窪第一団地	同上	熊本県	1991	5층	8,753㎡	110호
2-15	同潤会代官山アパート	同潤会	東京都	1925	2-3층	12,003㎡	337호
2-16	高島平の集合住宅	小林克弘+デザインスタジオ	東京都	1992	6층	1,650㎡	
2-17	東雲キャナルコートCODAN1 街区	山本理顕設計工場, 都市基盤整備公団, 三井住友建設	東京都	2003	14층	50,014㎡	420호
2-18	羽根木の森	坂茂建築設計	東京都	1997	3층	984㎡	11호
2-19	Slash / kitasenzoku	篠原聡子/空間研究所	東京都	2006	3층	160㎡	4호
2-20	三宿の集合住宅	architecture WORKSHOP, aWn (設計協力)	東京都	2005	3층	633㎡	7호
2-21	上井草の集合住宅 モダ・ビエント杉並柿ノ木	合田道男夫/ワークショップ	東京都	2008	6층	3,860㎡	43호(52-110㎡)
2-22	厚木の集合住宅 A	川辺直哉建築設計事務所	神奈川県	2005	3층	747㎡	12호
2-23	Apartment Zürich	M·spooler+D. Muntz+B·Hin	Switzerland, Zürich	1995	6층	892㎡	64호(53-177㎡)
2-24	代官山集合住宅	木下道郎/ワークショップ	東京都	2007	5층	892㎡	14호(25-29㎡)
2-25	森のとなり	武井誠+鍋島千恵/TNA	東京都	2008	3층	1,808㎡	28호(44-80㎡)
2-26	switch	千葉学建築計画事務所	東京都	2006	3층	297㎡	5호
2-27	森の10居	遠藤秀平建築研究所	大阪府(오사카부)	2007	2층	165㎡	4호(41㎡)
2-28	NEアパートメント	ナカエアーキテクツ, 高木昭良建築設計事務所, オーノJAPAN	東京都	2007	3층	289㎡	8호(28-49㎡)

번호	명칭	설계	소재	시공	층수(지상)	건축면적	주호수(1주호면적)
2-32	清新北ハイツ4.9号棟	住宅·都市整備公団	東京都	1983	8층		32호(120㎡)
2-33	Riverbend Housing	Davis, Brody & Associates	America, New York	1967			625호(약 90-100㎡)
2-35	Pawson House	John Pawson	England, London	1999	1층(지하)	191㎡	
2-36	百人町の家	渡辺康建築研究所	東京都	2009	3층	88㎡	
2-37	ヨコハマアパートメント	西田司+中川エリカ/オンデザイン	神奈川県(가나가와현)	2009	2층	152㎡	4호(22㎡)
2-38	船橋アパートメント	西沢立衛建築設計事務所	千葉県	2004	3층	648㎡	15호
2-39	サッポロアパートメント	納谷学+納谷新/納谷建築設計事務所	北海道(홋카이도)	2008	2층	262㎡	9호(27-49㎡)
2-40	間の門	五十嵐淳建築設計事務所	北海道	2008	2층	202㎡	
2-41	[laatikko]	木下道郎/ワークショップ	東京都	2009	2층	68㎡	
2-42	調布の集合住宅A	西沢大良建築設計事務所	東京都	2004	5층	691㎡	13호
2-43	森山邸	西沢立衛建築設計事務所	東京都	2005	3층	263㎡	6호(29-234㎡)
2-44	洗足の連結住棟	北山恒+architecture WORKSHOP	東京都	2006	5층	2,635㎡	
2-45	梅屋敷ハウス	室伏次郎/スタジオアルテック	東京都	2008	3층	493㎡	
2-46	山川山荘	山本理顕設計工場	長野県(나가노현)	1977	1층	68㎡	
2-47	ドッグハウス	木下道郎/ワークショップ	東京都	2005	1층	94㎡	100호
3-1	SLIDE西荻	駒田剛司+駒田由香/駒田建築設計事務所	Netherlands, Amsterdam	1997	9층		420호
3-2	ヨコハマアパートメント	西田司+中川エリカ/オンデザイン	東京都	2008	3층	748㎡	9호(60-100㎡)
3-3	WoZoCo's Apartments for Elderly People open up 100 living units	MVRDV	神奈川県(가나가와현)	2009	2층	152㎡ 3,091㎡	140호(10㎡) 5호(20-22㎡)
3-4	東雲キャナルコートCODAN 1街区	山本理顕設計工場, 都市基盤整備公団, 三井住友建設	東京都	2003	14층		
3-5	12のストックヴィオーロ (MM1221)	小嶋一浩+赤松佳珠子/CAt	東京都	2009	4층	151㎡	4호(22㎡)
3-6	APERTO	篠原聡子/空間研究所	千葉県	2000	5층	1,349㎡	
3-8	中銀カプセルタワービル	黒川紀章建築都市設計事務所	東京都	1972	13층	50,014㎡	16호(8-16㎡)

139

번호	명칭	설계	소재	시공	층수(지상)	건축면적	주호수(1주호면적)
3-9	アパートメントI	乾久美子建築設計事務所	東京都	2007	4층	127㎡	12호(10-15㎡)
3-10	TEO	aat+ヨコミゾマコト建築設計事務所	東京都	2007	8층	243㎡	24호(35㎡)
3-11	武田先生の個室群住居	黒沢隆	神奈川県	1971	1층	85㎡	
3-12	自立家族の家	シーラカンス	大阪府(오사카부)	1993		140㎡	
3-13	NT	設計組織ADH/渡辺真理+木下庸子	千葉県	1999	2층	189㎡	
3-15	Pavillion Suisse a la Cte Universitaire	Le Corbusier	France, Paris	1932	5층		
3-16	MIT, Baker House	Alvar Aalto	America, Cambridge	1948	7층		
3-17	W BOX (C3タイプ)	椎名英三建築設計事務所	千葉県	1986			(17㎡)
3-18	1LDK	-	日本	1980년대			(26㎡)
3-19	中銀カプセルタワービル	黒川紀章建築·都市設計事務所	東京都	1972			(10㎡)
3-20	せいびグリーンビレッジ (Bタイプ)	黒沢研究室	東京都	1983			(34㎡)
3-21	せいびグリーンビレッジ (Cタイプ)	黒沢研究室	東京都	1983			(25㎡)
3-22	ホシカワ·キューピクルズ	黒沢隆研究室	千葉県	1977			(19㎡)
3-23	コワンキャンパス (A2タイプ)	黒沢隆研究室	東京都	1987			(33㎡)
3-24	スーパールームプラスワン	黒沢隆	日本	2008			(55㎡)
3-27	河田町コンフォガーデンC棟インフィル	谷内田章夫/ワークショップ	東京都	2003	41층/29층	1,458㎡	15호
3-28	Presto Goeshagen	-	Sweden, Stockholm	1984	5층		31호(39-79㎡)
3-29	Fardknappen	-	Sweden, Stockholm	1993	5층		43호(36-74㎡)
3-30	コレクティブハウスかんかん森	NPOコレクティブハウジング社	東京都	2003	12층/2,3층	약 2,000㎡	28호(24-62㎡)
3-31	兵庫県営「片山ふれあい住宅」	兵庫県都市住宅部住宅整備課, 市浦都市開発建築 コンサルタンツ	兵庫県(효고현)	1997	2층	321㎡	6호
3-32	ヨコハマアパートメント	西田司+中川エリカ/オンデザイン	神奈川県	2009	2층	152㎡	4호(22㎡)
3-33	西国分寺の集合住宅マージュ西国分寺	谷内田章夫/ワークショップ	東京都	2008	6층	622㎡	9호(19-80㎡)

번호	명칭	설계	소재	시공	층수(지상)	건축면적	주호수(1주호면적)
3-34	Hilversum Meent	Central Wohnen	Netherlands, Hilversum	1977	8층		54호(41-107㎡)
3-35	The Doyle Street Cohousing Community	CoHousing Company+Williams Frank Ohlin	America, Emeryville	1992	2층		12호(70-145㎡)
3-36	Siedlung Halen	Atelier 5	Switzerland, Berne	1961	3층		81호(120-170㎡)
3-37	SLIDE재狭	駒田剛司+駒田由香/駒田建築設計事務所	東京都	2008	3층	748㎡	9호(60-100㎡)
3-38	The Byker Wall Redevelopment	Ralph Erskine	England, Newcastle	1980	8층		약 2,300호
3-39	The medical quarter of the Catholic University of Louvain	Lucien Kroll+Students	Belgium, Brussels	1974			
3-40	沢田マンション	沢田嘉農+沢田裕江	高知県(코치현)	1971-	6층		
3-41	Ecolonia	Lucien Kroll	Netherlands, Amsterdam	1993			101호
3-42	Colorado court	Brooks & Scarpa	America, Santa Monica	2000	5층		44호(35㎡)
3-43	欅ハウス	HAN環境建築設計事務所	東京都	2003	5층	1,492㎡	15호(59-117㎡)
3-44	NEXT21	大阪ガスNEXT21建設委員会	大阪府	1993	6층	4,577㎡	18호(32-190㎡)
3-45	経堂の杜	甲斐徹郎/チームネット, 大村龍一/邑計画工房, 松本篤, 阿部靖子/アトリエHOR	東京都	2000	3층	1,661㎡	12호(66-106㎡)
3-46	求道学舎リノベーション	近角建築設計事務所, 集工舎建築都市デザイン研究所	東京都	2006	3층	768㎡	10호
3-48	Nemausus Housing	Jean Nouvel	France, Nimes	1987	4층		
3-51	Eigen Haard housing	Michel de Kler	Netherlands, Amsterdam	1920			
3-52	Madrid Public Housing	Morphosis	Spain, Madrid	2007	7층	22,200㎡	
4-23	阿佐ヶ谷団地(日本住宅公団佐ヶ谷分譲住宅)	日本住宅公団+前川國男	東京都	1958	2-4층	18,100㎡	350호(45-54㎡)
4-24	Kingo Houses	Jørn Utzon	Denmark, Helsingør	1960	1층	6,900㎡	60호(100-104㎡)
4-25	Fredensborg Houses	Jørn Utzon	Denmark, Fredensborg	1963	1층	약 4,700㎡	47호(96-110㎡)
4-26	Mar Vista Housing	Gregory Ain's, Garrett Eckbo(Collaboration: Joseph Johnson, Alfred Day)	America, Los Angeles	1948	1층		52호(93㎡)
4-27	高幡鹿島台ガーデン54	宮脇檀建築研究室	東京都	1984			54호

참고 문헌

※ 본서에 게재한 도판은 다음을 바탕으로 작성되었으며, 특별히 기록하지 않은 것은 편집자 원본이다.

제1장

[1-1] 베네치아의 블록 / Google Earth

[1-2] 튀니스의 블록 / Google Earth

[1-3] 교토의 거리 / Google Earth

[1-4] 파리의 블록 / Google Earth

[1-5] 시노노메 캐널코트 CODAN 1블록/ 新建築, 2003.09

[1-6] 오카야마 현영 나카쇼단지 제2기/ 新建築, 1996.07

[1-7] 기후 현영 주택 하이타운 남·북쪽 블록 세지마동/ 新建築, 1998.5/2000.5

[1-8] 마상스의 노인 주택/ a+u, 1997.01

[1-9] 라비린스/ 建築文化, 1989.08

[1-10] 쿠마모토 현영 호타쿠보 제1단지/ 建築文化, 1992.06

[1-11] 도냐 마리아 코로넬 거리의 공동 주택/ Floor Plan Atlas: Housing, Friederike Schneider ed., Birkhäuser, 2004

[1-12] 카미타카다의 공동 주택 SQUARES/ 谷内田章夫/集合住宅を立体化ユニットでつくる, 谷内田章夫 ワークショップ 編著, 彰国社, 2008.

[1-13] 코펜하겐의 학생 기숙사/ ディーテイル·ジャパン, 2008.12

[1-14] 시 랜치(엑소노메트릭)/ コンパクト建築設計資料集成〈居住〉, 日本建築學會編, 丸善, 2001.

[1-15] 객가客家 주택의 여러 가지 평면형/ 中國民家研究·客家の方楼, 円楼について. 茂木計一郎, 建築資料研究所

[1-16] 베네치아의 블록/ 図説·都市の世界史2·中世, Leonardo Benevolo, 佐野敬彦, 林完次 訳, 相模書房, 1983.

[1-17] HI-ROOMS 메이다이마에 A/선로 주변의 나가야/ 新建築, 2008.08

[1-18] 넥서스 월드 렘 동·쿨하스 동/ 新建築, 1991.08

[1-19] 시모우바의 연속 주거/ 新建築, 2002.05

[1-20] 후나바시 아파트먼트/ 新建築, 2004.06

[1-21] 하네기의 숲/ 新建築, 1998.03

[1-22] 이슬람 블록/ イスラーム世界の都市空間, 陣内秀信, 新井勇治 編, 法政大学出版局, 2002.

[1-23] 칸페마/ 住居集合論5-西アフリカ地域集落の構造論的考察, 東京大学生産技術研究所原研究室編, 鹿島出版会, 1979

[1-24] 모리야마 주택/ 新建築, 2006.02

[1-25] egota house A/ 新建築, 2004.06

[1-26] 유텐지의 연결주동/ 新建築, 2010.08

[1-27] 세이죠우 타운하우스 가든코트 세이죠우 UNITED CUBES/ 新建築, 2007.11

[1-28] 레이크 쇼어 드라이브/ 建築設計資料集成〈居住〉, 日本建築學會編, 丸善, 2001.

[1-29] 낭트레 서드/ 建築設計資料集成〈居住〉, 日本建築學會編, 丸善, 2001.

[1-30] 노이에 바르의 고층 주택/ 建築設計資料集成〈居住〉, 日本建築學會編, 丸善, 2001.

[1-31] 조후의 아파트먼/ 新建築, 2005.02

[1-32] 보우넨 2000 '하우스 13'/ Floor Plan Atlas：Housing, Friederike Schneider ed., Birkhäuser, 2004.

[1-33] 다이칸야마 공동 주택/ 新建築, 2007.08

[1-34] 신웨이 가든/ 建築設計資料集成〈居住〉, 日本建築學會編, 丸善, 2001.

[1-35] 베루코리뉴 미나미 오오사와(포인트 고층동))/ 建築文化, 1990.05

[1-36] 마르키세 피어텔 공동 주택/Floor Plan Atlas：Housing, Friederike Schneider ed., Birkhäuser, 2004.

[1-37] 킬드럼 5/ 底層集合住宅を考える1, 都市住宅偏集部編, 鹿島出版会, 1978.

[1-38] 해안의 공동 주택 ALTO B/ 建築文化, 1997.02

[1-39] 유니테 다비타시옹/ 建築設計資料集成〈居住〉, 日本建築學會編, 丸善, 2001.

[1-40] 캉첸중가 아파트먼트/ 建築設計資料集成〈居住〉, 日本建築學會編, 丸善, 2001.

[1-41] n-HA1 포레시티 히가시아자부/ 新建築, 2005.02

[1-42] 스핏텔호프 에스테토/ a+u臨時增刊ピーター・ズントー, 1998.

[1-43] crevice/ スズキ不動産 vol.2-デザイナーズマンジョン情報, 鈴木紀慶, ギャップ出版, 2002.

[1-45] 위트레흐트의 2 연립 주택/ a+u, 1998.09

[1-46] Hi-ROOMS 테츠가쿠도우/ 新建築, 2006.08

[1-47] 네리마의 공동 주택/ 集合住宅を立体化ユニットでつくる, 谷内田章夫 ワークショップ 編著, 彰国社, 2008.

[1-48] Glasfall/ 新建築, 2008.08

[1-49] 오드햄스 워크/ 建築設計資料集成〈居住〉, 日本建築學會編, 丸善, 2001.

[1-50] 해비타트 '67/ 新建築, 2008.02, 建築設計資料集成〈居住〉, 日本建築學會編, 丸善, 2001.

[1-51] 스페이스 블록 하노이 모델/ 新建築, 2002.09

제2장

[2-1] 모리야마 주택/ 新建築, 2006.02

[2-2] 쿠마모토 현영 호타쿠보 제1단지/ 新建築, 1992.08

[2-3] 버지니아 대학/ Google Earth

[2-4] 센조쿠의 연결주동/ 新建築, 2006.08

[2-15] 도준카이 다이칸야마 아파트/ 同潤会のアパートメントとその時代. 佐藤滋, 伊藤裕久, 真野洋介, 高見沢邦郎, 大月敏雄, 鹿島出版会, 1998.

[2-16] 다카시마다이라의 공동 주택/ 新建築, 1992.05

[2-17] 시노노메 캐널코트 CODAN1 블록/ 新建築, 2003.09

[2-18] 하네기의 숲/ 新建築, 1998.03

[2-19] Slash/kitasenzoku/ 新建築, 2006.08

[2-20] 미슈쿠의 공동 주택/ 新建築, 2005.08

[2-21] 카미이구사의 공동 주택, 모다 베엔토 스기나미카키노키/ 新建築, 2008.08

[2-22] 아츠기의 공동 주택 A/ 新建築, 2005.08

[2-23] 취리히의 아파트먼트/ Grundrisstlas Wohrungsbau/ Floor Plan Manual：Housing, Friederike Schneider ed., Birkhäuser, 2004.

[2-24] 다이칸야마 공동 주택/ 新建築, 2007.08

[2-25] 숲의 이웃/ 新建築, 2008.08

[2-26] switch/ 新建築, 2006.08

[2-27] 숲의 10개의 주거/ 新建築, 2007.08

[2-28] NE아파트먼트/ 新建築, 2008.02

[2-32] 세이신키타 하이츠 4-9호동/ 新建築, 2002.09

[2-33] 리버밴드 재개발/ 建築設計資料集成〈居住〉, 日本建築學會編, 丸善, 2001.

[2-35] 파우슨 주택/ I'm home(no.3), 2001.冬

[2-37] 요코하마 아파트먼트/ 新建築, 2010.02

[2-38] 후나바시 아파트먼트/ 新建築, 2004.06

[2-39] 삿포로 아파트먼트/ 新建築, 2008.08

[2-40] 레이어드 주택/ 新建築 住宅特集, 2009.02

[2-41] [Iaatikko]/ 新建築 住宅特集. 2009.11

[2-42] 조후의 공동 주택 A/ 新建築, 2004.03

[2-43] 모리야마 주택/ 新建築, 2006.02

[2-44] 센조쿠의 연결주동/ 新建築, 2006.08

[2-45] 우메야시키 하우스/ 新建築, 2008.08

[2-46] 야마카와 산장/ 新建築, 1978.08

[2-47] 도그 하우스/ 新建築 住宅特集, 2005.09

제3장

[3-1] SLIDE 니시오기/ 新建築, 2009.02

[3-2] 요코하마 아파트먼트/ 新建築, 2010.02

[3-3] 고령자를 위한 100호의 공동 주택/ a+u, 1997.08

[3-4] 시노노메 캐널코트 CODAN 1블록/ 新建築, 2003.09

[3-5] MM1221/ 新建築, 2010.02

[3-6] APERTO/ 新建築, 2000.06

[3-8] 나카진 캡슐타워 빌딩/ 新建築, 1972.06

[3-9] 아파트먼트 I / 新建築, 2007.08

[3-10] TEO/요코미죠 마코토/ 新建築, 2008.02

[3-11] 타케다 선생의 셰어 하우스/ 都市住宅, 1971.11

[3-12] 자립가족의 주택/ 建築文化, 1994.01

[3-13] NT/와타나베 마코토渡辺真理＋키노시타 요코木下庸子/ 新建築 住宅特集, 1999.10

[3-14] 카르투지오회의 수도실/ 住宅의 逆說あるいは技術思想としての居住-近代住居論ノート:生活編. 黒沢隆. レオナルドの飛行機出版会. 1976.

[3-15] 스위스 학생회관/ Le Corbusier, Œuvre complète Volume2·1929-34, Willy Boesiger ed., Birkhäuser Publishers, 2000.

[3-16] MIT 학생 기숙사(베이커 하우스)/ALVAR AALTO APARTMENTS, Jari Jetsonen, Sirkkaliisa Jetsonen,

Alvar Aalto, Rakennustieto Oy, 2004.

[3-17] W BOX (C3타입)/ 集合住宅原論の試み, 黒沢隆, 鹿島出版会, 1998.

[3-18] 1LDK / 集合住宅原論の試み, 黒沢隆, 鹿島出版会, 1998.

[3-19] 나카진 캡슐타워 빌딩/ 新建築, 1972.06

[3-20] 세이비 그린 빌리지(B'타입) / 集合住宅原論の試み, 黒沢隆, 鹿島出版会, 1998.

[3-21] 세이비 그린 빌리지(C타입) / 集合住宅原論の試み, 黒沢隆, 鹿島出版会, 1998.

[3-22] 호시카와·큐비클즈/ 集合住宅原論の試み, 黒沢隆, 鹿島出版会, 1998.

[3-23] 코원 키 송느 (A2타입)/ 集合住宅原論の試み, 黒沢隆, 鹿島出版会, 1998.

[3-25] 밍글의 사례/ すまいろん, 2007.春

[3-26] 교토에서의 셰어 하우스 사례/ すまいろん, 2007.春

[3-27] 카와다초 콤포 가든 C동·인필/ 新建築, 2003.04

[3-28] 프레이스트 고스하겐 / コレクテイブハウジングで暮らそう―成熟社会のライフスタイルと住まいの選択, 小谷部育子, 丸善, 2004.

[3-29] 페르드크네펜 / コレクテイブハウジングで暮らそう―成熟社会のライフスタイルと住まいの選択, 小谷部育子, 丸善, 2004.

[3-30] 콜렉티브 하우스 캉캉모리 /コレクテイブハウジングで暮らそう―成熟社会のライフスタイルと住まいの選択, 小谷部育子, 丸善, 2004.

[3-31] 효고 현영 '카타야마 만남의 주택'/ 日経アーキテクチュア, 1998.05

[3-32] 요코하마 아파트먼트/ 新建築, 2010.02

[3-33] 니시코쿠분지의 공동 주택 '마쥬 니시코쿠분지' / 新建築, 2009.02

[3-34] 힐베르쉼 멘트 / 孤の集住体-非核家族の住まい, 渡辺真理, 木下庸子, 住まいの図書館出版局, 1998.

[3-35] 도일 스트리트 코 하우징 커뮤니티 / 孤の集住体-非核家族の住まい, 渡辺真理, 木下庸子, 住まいの図書館出版局, 1998.

[3-36] 하렌 지드롱 / GA23, アトリエ5 ハーレンの集合住宅地, A.D.A.EDITA Tokyo, 1973.

[3-37] SLIDE 니시오기 / 新建築, 2009.02

[3-38] 바이커 재개발 / GA55, ラルフ·アースキン バイカー再開発, A.D.A.EDITA Tokyo, 1980.

[3-39] 루반 카톨릭 대학 의대 기숙사 / SDS 第9巻-集合, SDS編集委員会編, 新日本法規出版, 1996.

[3-40] 사와다 아파트 / 事例で読む現代集合住宅のデザイン, 日本建築学会住宅小委員会編, 彰国社, 2004.

[3-41] 에콜로니아 / Google Earth

[3-42] 콜로라도 코트 / ファイドン·アトラス世界の現代建築, Phaidon, 2005.

[3-43] 케야키 하우스/ 日経アーキテクチュア, 2004.04

[3-44] NEXT21 / 建築文化, 1994.01

[3-45] 교우도사 / 新建築 住宅特集, 2000.07

[3-46] 쿠도학사 리노베이션/ 新建築, 2006.08

[3-47] 공영 주택의 기본 평면 51C형 / 孤の集住体-非核家族の住まい, 渡辺真理, 木下庸子, 住まいの図書館出版局, 1998.

[3-48] 네마쥬스 공동 주택/ EL croquis 65/66 Jean Nouvel 1978-1994, EL croquis editorial, 1998.

[3-49] 도쿄 시영 후루이시바 주택/ 新版図説·近代日本住宅史, 内田青蔵, 大川三雄, 藤谷陽悦, 鹿島出版会, 2008.

[3-50] 구 미츠비시 타카시마탄광 하시마 아파트/ 軍艦島実測調査資料集―大正·昭和初期の近代建築群の実証的研究, 阿久井喜孝, 滋賀秀實, 東京電機大学出版局, 1984.

[3-51] 에이헌하르트 공동 주택/ Michel de Klerk Architect and Artist of the Amsterdam School 1884-1923, Manfred Bock, Sigrid Johannisse, Vladimir Stissi, NAI Publishers, 1997.

[3-52] 마드리드 소셜 하우징/ MORPHOSIS BUILDINGS & PROJECTS 1999-2008, Thom Mayne, RIZZOLI, 2009.

제4장

[4-1] 산쿄 마을 / Google Earth

[4-2] 아사가야 단지 (일본주택공단 아사가야 분양 주택) / 都市史図集, 都市史図集編集委員会編, 彰国社, 1999년 / Google Earth

[4-3] 킹고 공동 주택/Jørn Utson, Logbook vol.1 : The Courtyard Houses, Edition Bløndal, 2004.

[4-4] 와쥬우 마을 / 図説·集落-その空間と計画, 日本建築学会編, 都市文化社, 1989.

[4-5] 토라니파타의 수상 마을 / 住居集合論 I·II, 東京大学生産技術研究所原研究室編, 鹿島出版会, 2006.

[4-6] 크사르 우레드 데바부/ 地中海のイスラム空間—アラブとベルベル集落への旅, 森俊偉, 丸善, 1992.

[4-7] 자바의 컴파운드/ 住居集合論 I·II, 東京大学生産技術研究所原研究室編, 鹿島出版会, 2006.

[4-8] 이반족의 롱 하우스/ 'アジアの集落-その暮らしと空間' 森川倫子, 平田智隆住宅建築, 2008.02

[4-9] 멕스칼티탄의 마을/ 住居集合論 I·II, 東京大学生産技術研究所原研究室編, 鹿島出版会, 2006.

[4-10] 푸에르토 발디비아 마을/ 住居集合論 I·II, 東京大学生産技術研究所原研究室編, 鹿島出版会, 2006.

[4-11] 산다칸의 수상 마을 / Google Earth

[4-12] 스페인의 동굴/ 住居集合論 I·II, 東京大学生産技術研究所原研究室編, 鹿島出版会, 2006.

[4-13] 다케토미지마의 마을/竹富島MAP, 遺産管理型NPO法人たきどぅん

[4-14] 오키나와의 민가 (오키나와 본섬·나카무라 주택) / 意中の建築上·下巻, 中村好文, 新潮社, 2005.

[4-15] 발리의 마을 / Google Earth

[4-16] 한옥 / 都市·集まって住む形, 鳴海邦碩編, 朝日新聞出版, 1990.

[4-17] 우르/ 図説·都市の世界史1-古代, Leonardo Benevolo, 佐野敬彦·林完次 訳, 相模書房, 1983.

[4-18] 사합원/中国の歴史都市-これからの景観保存と町並みの再生へ, 大西國太郎·朱自煊編, 鹿島出版会, 2001.

[4-19] 와쥬 마을 / 図説·集落-その空間と計画, 日本建築学会編, 都市文化社, 1989.

[4-20] 독일의 규스트리트 마을 / Google Earth

[4-21] 산쿄 마을 / Google Earth

[4-22] 햄스테드 전원교외/ アンウィンの住宅地計画を読む-成熟社会の住環境を求めて, 西山康雄, 彰国社, 1992. / Google Earth

[4-23] 아사가야 단지 (일본주택공단 아사가야 분양 주택) / 都市史図集, 都市史図集編集委員会編, 彰国社, 1999. / Google Earth

[4-24] 킹고 공동 주택/Jørn Utson, Logbook vol.1 : The Courtyard Houses, Edition Bløndal, 2004.

[4-25] 프레덴스보그의 공동 주택/Jørn Utson, Logbook vol.1 : The Courtyard Houses, Edition Bløndal, 2004.

마치며

미야와키 마유미宮脇檀 씨가 작고한 후, 그의 강의 노트를 바탕으로 '안목을 키우는 수작업眼を養い手を練れ_미야와키 마유미 주택 설계 학원宮脇檀住宅設計塾'(2003, 창국사彰国社)을 출판했다. 그가 수장이 되고 시작한 니혼대학日本大學 생산공학부 건축공학과의 주거 공간 디자인 과정도 그의 교육 방침을 계승하면서 계속 이어지고 있다.

또한 '아름다운 환경에서 설계 교육'을 주장하며 제도실을 정비하였다. 이후 디자이너의 의자는 지속적으로 교환 및 수리되었고 주방이나 제도대도 새롭게 바뀌었지만 여전히 배움의 장소로 훌륭하게 사용되고 있다. 강사진으로는 나카무라 요시후미中村好文 선생이 학원장을 계승해 '강사실'의 멤버들도 조금씩 교체했다. 전원이 교육 내용을 논의하고 수업과 연관하여 팀 교육과 여행, 파티 등을 학생과 함께 즐기고 잦은 만남을 통하여 건축에 대한 생각을 교류하는 관계의 장점은 창설 때부터 변치 않고 있다.

당초의 강사실 멤버가 담당한 '안목을 키우는 수작업'의 단체로 주택 설계에 대해서만 정리하였다. 페이지 수에 한계가 있어 주택이 모여 가능한 거리나 공동 주택 설계에 관해 생략한 것이 아쉬웠다. 미야와키 씨는 '코먼을 가진 단독 주택의 집합'의 설계에서 보듯이 모여 산다는 '집주체로서의 주택'에 깊은 관심을 가지고 있으므로, 공동 주택 설계는 또 하나의 교육의 기둥이기도 하다.

학부 학생에게 있어서 공동 주택 설계는 어렵다. 누구나 잘 알고 있는 곳이므로 쓸모없거나 이상한 공간은 바로 눈에 띈다. 그렇다고 일반적인 공동 주택처럼 주호를 효율적으로 쌓는 것만으로는 '공동 주택'의 설계가 되는 것은 아니다.

'공동 주택'에는 주호의 집적만이 아니라, 모여 산다는 '장소'로서의 장점이 없으면 안 된다. '장소'를 어떻게 마련하는가 하는 방법은 학생에 따라 나름대로 고안하도록 하는 것이 교육이다. 그 '장소'를 구현하기 위하여 '구조·관계'를 만드는 것이 개념적 접근이다. 또한 보다 구체적인 건축의 '형태'로 나타나기 위해서는 구조 및 설비에 대한 기본적인 지식은 물론이고, 계획적인 측면에서의 기술도 필요하다. 건축을 알지 못했던 학생들이 각각 개성적인 공동 주택을 설계할 수 있기 전까지는 교사의 지도·어드바이스 등이 반드시 필요하다. 이 책은 우리의 경험을 바탕으로 일련의 설계 프로세스에서 참고가 된다고 생각되는 도면이나 자료를 시각적으로 나타낸 것으로, 학생의 설계에 직접 도움이 될 것이라고 기대한다.

이 책의 집필은 '안목을 키우는 수작업' 이후 새롭게 참여한 강사진이 중심이 되었고, 다른 멤버들은 칼럼 등을 담당했다.

확인해보니, 2007년 4월 출판사와의 첫 미팅 이후, 오랜 시간이 걸렸다.

2010년 9월

소네 요코曽根陽子

저자 약력   ※ 저서는 원어 그대로 정리한다.

이레이 사토시 伊礼智

1959년	오키나와현沖縄県 출생
1982년	류큐대학琉球大学 이공학부 건설공학과 졸업
1985년	도쿄예술대학東京藝術大学 대학원 석사과정수료
	마루야 히로丸谷博男+A&A 근무
1996년	이레이 사토시 설계실 설립
현재	니혼대학日本大学 생산공학부 건축공학과 주거 공간 디자인코스 비상근 강사
주요작품	힌푼하우스屏風ハウス, 도쿄초의 주택-9평 주택東京町家·9坪の家, 9평 주택-length9坪の家·length, 모리야 주택守谷の家 외
주요저서	オキナワの家(インデックスコミュニケーションズ, 2004),
	伊礼智の住宅設計作法-小さな家で豊かに暮らす(アース工房, 2009) 외

이와이 타츠야 岩井達弥 (조명디자이너)

1955년	도쿄도東京都 출생
1980년	니혼대학 공학부 건축학과 졸업
	TL야마기와ヤマギワ 연구소 근무
1996년	이와이 타츠야 광경 디자인 설립
현재	국제조명디자이너 협회(IALD) 프로페셔널 회원, 니혼대학 생산공학부 건축공학과 주거 공간 디자인코스, 조시미술대학女子美術大学 상기대학부 조형학과, 무사시노 미술대학武蔵野美術大学 조형학부 공간연출 디자인학과 비상근 강사
주요작품(조명계획)	신국립미술관新国立美術館, 카나가와현립 미술관 하야마神奈川県立近代美術館葉山, 도요타시 미술관豊田市美術館, 우메다 스카이빌딩梅田スカイビル 외
주요저서	ライティングデザイン(共著, 産調出版, 1997), 眼を養い手を練れ宮脇檀住宅設計塾
	(共著, 彰国社, 2003), 空間デザインのための照明手法(共著, オーム社, 2008)

카메이 야스코 亀井靖子 (니혼대학 전임강사)

1974년	도쿄도 출생
2000년	워싱톤주립대학University of Washington 파견교환 유학 (1년간)
2002년	니혼대학 대학원 생산공학연구과 건축공학전공 박사전기과정 수료
현재	니혼대학 생산공학부 건축공학과 주거 공간 디자인코스 전임강사, 박사 (공학)

키노시타 미치오 木下道郎 (건축가)

1951년	효고현兵庫県 출생
1975년	요코하마 국립대학横浜国立大学 공학부 건축학과 졸업
1978년	동대학 대학원 석사과정을 마치고 워크숍 설립(야치다 아키오, 키타야마 코우와 공동설립)
1995년	키노시타 미치오 워크숍 설립
현재	니혼대학 생산공학부 건축공학과 비상근 강사
주요작품	다이칸야마 공동 주택代官山集合住宅, dog house, laatikko, 샤토 메르시앙chateaumercian 카츠누마勝沼 와이너리 외

키노시타 요코 木下庸子 (건축가, 고카쿠인工学院대학교수)

1956년	도쿄도 출생
1977년	스탠포드대학Stanford University 졸업
1980년	하버드대학Harvard University 대학원수료
1981년	우치이 쇼조内井昭蔵 건축설계사무소 근무
1987년	설계 조직 ADH설립(와타나베 마코토渡辺真理와 공동설립)
현재	고카쿠인대학工学院大学 공학부 건축학과 교수, 니혼대학 생산공학부 건축공학과 주거 공간 디자인코스 비상근 강사
주요작품	NT, 시로이시시영 타카스 제2주택 실버 하우징白石市営鷹巣第2住宅シルバーハウジング, 아파트먼트 시노노메 케널코트東雲キャナルコート 외
주요저서	孤の集住体非核家族の住まい(共著, 住まいの図書館出版局, 1998), 眼を養い手を練れ宮脇檀住宅設計塾(共著, 彰国社, 2003), 集合住宅をユニットから考える(共著, 新建築社, 2006)

쿠로사와 타카시 黒沢隆 (건축가)

1941년	도쿄도 출생
1964년	니혼대학 이공학부 건축학과 졸업
1971년	동대학 대학원 박사과정 수료
1972년	쿠로사와 타카시 연구실개설
1970년 이후	시바우라 공업대학芝浦工業大学, 니혼대학 이공학부, 도카이대학東海大学, 도쿄 예술대학東京藝術大学, 니혼대학 예술학부, 니혼대학 생산공학부 등의 강사를 역임
주요작품	일련의 개실군주거一連の個室群住居, 일련의 평범한 주택一連の普通の家, 일련의 공동 주택一連の集合住宅, 하야미예술학원 3호관·1호관早見芸術学園3号館·1号館 외
주요저서	住宅の逆説生活編, 住宅の逆説匠編(レオナルドの飛行機出版会, 1976, 1979), 建築家の休日, 続建築家の休日(丸善, 1987, 1990), 翳りゆく近代建築(彰国社, 1979), 個室群住居(住まいの図書館出版局, 1997), 集合住宅原論の試み(鹿島出版会, 1998) 외

쿠와야마 히데야스 桑山秀康 (인테리어디자이너)

1950년	아이치현愛知県 출생
1974년	아이치현립 예술대학愛知県立芸術大学 미술학부 디자인과 졸업
1975년	크라마타 디자인クラマタデザイン사무소 근무
1982년	이소자키磯崎 아뜰리에 근무
1984년	쿠와야마 디자인 사무소 설립
현재	니혼대학 생산공학부 건축공학과 주거 공간 디자인코스 비상근 강사
주요작품	부티크·토키오 쿠마가이 교토ブティック·トキオクマガイ京都, 레스토랑 오자와·시로카네レストラン小沢·白金, 레스토랑 야마모모·아오야마 점レストラン山桃·青山店, 카시나Cassina 롯뽄기 점カッシーナ六本木店, 카시나 아오야마 점 1층カッシーナ青山店一階 외

시노자키 켄이치 篠崎健一 (건축가, 랜드스케이프 아키텍트⟨RLA⟩)

1961년	도쿄도 출생
1986년	도쿄공업대학東京工業大学 공학부 건축학과 졸업
1987년	스위스연방공과대학(ETH)
1989년	도쿄공업대학 대학원 석사과정 수료
	이토 토요伊東豊雄 건축설계사무소 근무
1994년	시노자키 켄이치 아뜰리에 설립(현재, 소켄創建으로 개칭)
현재	니혼대학 생산공학부 건축공학화 주거 공간 디자인코스·건축종합코스 비상근 강사
주요작품	M하우스, N진료소, 한강 유역ハン河流域 랜드스케이프+카간河岸 중심지구 재개발 (21세기 에콜로지칼·시티 제안 중국, 심양시), 심양시 랴오닝성 전시대신보도同市遼寧電視台新報道 스튜디오+극장, 마드리드 가비아La Gavía-Madrid 공원※, 스기나미杉並 예술극장 '극장 코엔지座·高円寺'※ 외 ※이토 도요 건축설계사무소에서의 설계참여

소네 요코 曾根陽子 (니혼대학 교수)

1941년	후쿠시마현福島県 출생
1964년	히로세 켄지広瀬鎌二 건축연구소 근무
1971년	오사카대학大阪大学 대학원 석사과정 수료
1973년	사이타마현埼玉県 주택공급공사 외 근무
현재	니혼대학 생산공학부 건축공학과 주거 공간 디자인코스 교수, 공학박사
주요저서	住宅の計画学(鹿島出版会, 1993), 眼を養い手を練れ宮脇檀住宅設計塾(共著, 彰国社, 2003)

나카무라 요시후미 中村好文 (건축가, 니혼대학 교수)

1948년	치바현千葉県 출생
1972년	무사시노 미술대학武蔵野美術大学 건축학화 졸업
1972년	신지宍道 건축설계사무소 근무(~74년)
1976년	도립 시나가와品川 직업훈련소 목공과
1976년	요시무라 준조吉村順三설계사무소 근무(~80년)
1981년	레밍 하우스Lemming House 설립
현재	니혼대학 생산공학부 건축공학과 주거 공간 디자인코스 교수
주요작품	미타니씨 주택三谷さんの家, 카즈사 주택上総の家, 이타미 주조 기념관伊丹十三記念館, 메이게츠가야츠 주택明月谷の住宅 외
주요저서	眼を養い手を練れ宮脇檀住宅設計塾(共著, 彰国社, 2002), 住宅巡礼, 意中の建築(以上 新潮社, 2000, 2005), 中村好文普通の住宅-普通の別荘(TOTO出版, 2010) 외

나카야마 시게노부 中山繁信 (건축가)

1942년	토치기현栃木県 출생
1965년	호세이대학法政大学 공학부 건축학과 졸업
1971년	동대학 대학원 석사과정 수료
	미야와키 마유미 건축설계실 근무
1972년	고카쿠인대학(이토 테이지伊藤ていじ연구실) 조수
1977년	나카야마 시게노부 설계실 설립(현재, TESS계획연구소로 개칭)
2000년	공학대학 특별전임교수(~10년)
현재	니혼대학 생산공학부 건축공학과 주거 공간 디자인코스, 공학대학 공학부 건축학과 비상근 강사
주요작품	스와다 주택須和田の家, 요츠야미츠케 파출소四谷見附派出所, 카와지 온천역사川治温泉駅舎, 고반칸 빌딩五番幹ビル 외
주요저서	眼を養い手を練れ宮脇檀住宅設計塾(共著, 彰国社, 2003), 現代に生きる<境内空間>の再発見(彰国社, 2000), 手で練る建築デザイン(彰国社, 2006), 宮脇檀の住宅設計(共著, エクスナレッジ, 2010), 階段がわかる本(共著, 彰国社, 2010) 외

야치다 아키오 谷内田章夫 (건축가)

1951년	니가타현新潟県 출생
1975년	요코하마 국립대학横浜国立大学 공학부 건축학과 졸업
1978년	도쿄대학東京大学 대학원 석사과정 수료
	워크숍 설립(키노시타 미치오, 키타야마 코우와 공동설립)
1995년	야치다 아키오/워크숍 설립
현재	니혼대학 생산공학부 건축공학과 주거 공간 디자인코스, 니혼 여자대학 가정학부 주거학과 비상근 강사
주요작품	카미타카다 공동 주택上高田の集合住宅, SQUARES, 해안의 공동 주택海岸の集合住宅, ALTO B, 오치아이의 공동 주택落合の集合住宅, FLAMP, 카미이구사의 공동 주택上井草の集合住宅, 모다 비엔트 스미나미카키노키モダ·ビエント杉並柿ノ木 외
주요저서	谷内田章夫/集合住宅を立体化ユニットでつくる(彰国社, 2008) 외

와타나베 야스시 渡辺康 (건축가)

1962년	도쿄도 출생
1984년	도쿄예술대학 미술학부 건축학과 졸업
1986년	동대학 대학원 석사과정 수료
	아르테크 건축연구소 근무
1996년	와타나베 야스시 건축연구소 설립
현재	니혼대학 생산공학부 주거 공간 디자인코스, 카나가와대학神奈川大学 공학부 건축학화 비상근 강사
주요작품	모리노 하우스森野ハウス, KAFKA HAUS, SILHOUETTE 1.2 외

미야와키 마유미 宮脇檀 (건축가)

1936년	아이치현 출생
1959년	도쿄예술대학 미술학부 건축과 졸업
1961년	도쿄대학 대학원 석사과정 수료
1964년	미야와키 마유미 건축연구실 설립
1991년	니혼대학 생산공학부 건축고학과 연구소 교수
1998년	사망(향년 62세)
주요작품	모비딕もうびぃでぃっく, 마츠가와 박스松川ボックス, 이즈시초 관청出石町役場, 모모치하마 욘초메 단독 주택 주택지구百道浜四丁目戸建住宅地区 외
주요저서	日本の住宅設計(編著, 彰国社, 1976), 続·現代建築用語録(共著, 彰国社, 1978), 宮脇檀の住宅設計ノウハウ(丸善, 1987), 宮脇檀の住宅(丸善, 1996), 宮脇檀旅の手帖(宮脇彩編, 彰国社, 2008) 외

도판 제작

이레이 사토시 ⟨pp.108-117⟩

이와이 타츠야 ⟨pp.65-66⟩

키노시타 미치오 ⟨pp.42-55 / pp.60-63⟩

쿠로사와 타카시 ⟨pp.82-83⟩

쿠와야마 히데야스 ⟨pp.58-59⟩

이노자키 켄이치 ⟨pp.106-107⟩

나카무라 요시후미 ⟨pp.16-18⟩

나카야마 시게노부 ⟨pp.68-72⟩

야치다 아키오 ⟨pp.74-81 / pp.84-87 / p.93 / pp.95-104⟩

와타나베 야스시 ⟨pp.10-15 / pp.19-40 / pp.56-57 / p.72 / p.94⟩

도판 출전 · 제공

⟨pp.16-18⟩ 続·住宅巡礼, 中村好文, 新潮社, 2002

⟨pp.82-83⟩ 文藝春秋12月臨時増刊号 おひとりさまマガジン, 2008

⟨pp.130-131⟩ 意中の建築上卷, 中村好文, 新潮社, 2005

⟨pp.132-133⟩ 코야마 히로야사小山博正

⟨p.135⟩ コモンで街をつくる―宮脇檀の住宅地設計, 宮脇檀建築研究室編, 丸善プラネット, 1999

옮긴이 소개

김경연 · 전병권 (건축가)

두 건축가 모두 홍익대학교에서 박사를 마쳤다.

현재, 김경연은 구우건축에서 건축 설계업무를 하며 대학에 출강하고 있다.

전병권은 대진대학교 건축공학과 교수로 재직하며 건축 설계 및 건축 이론 분야의 수업을 맡고 있다.

또한, 두 사람은 대진대학교 '건축 설계 연구실'을 플랫폼으로 건축과 도시 환경에 대한

실증적 연구를 수행하면서 이를 바탕으로 폭넓은 학문적 성과를 구축하고 있다.

**내일의 공동 주택 설계를 위한
디자인 사례 탐구**

발행일	2020. 01.15
저자	주거 공간 디자인 건축 강의 그룹 편저
옮긴이	김경연. 전병권
편집	주거 공간 디자인 건축 강의 그룹
표지 디자인	야마구치 디자인

발행인	유정오
발행사	엠지에이치북스社 (MGHBooks Company)
출판등록	1997년 3월 25일 25100-2009-103
주소	서울시 송파구 충민로52, Garden5 Works B동 511호 (우) 05839
전화	(02) 2047-0360 팩스 (02) 2047-0363
이메일	mghbooks511@gmail.com 홈페이지 www.mghbook.com

한글어판 저작권 (C) 2020 MGHbooks Company

저작권법에 의해 한국 내에서 보호를 받는 저작물입니다. 이 책의 어느 부분이든
이에 대한 어떤 유형의 가공, 어떤 형식의 정보 검색시스템 저장, 어떤 방식에 의한
전자적, 기계적 복사, 녹음 등의 행위는 출판사의 서면에 의한 사전 허락을 득하지
않고는 불가능함을 고지합니다. 관련 문의 사항은 발행 출판사에 직접 문의하시기
바랍니다.

ISBN 979-11-86655-59-7

정가 23,500원